结构力学

思维训练与同步练习

蔡 婧 江 南 齐 欣 李翠娟◎编著

西南交通大学出版社
·成 都·

内容提要

本书是与《结构力学》教材配套的教学辅导书，涵盖了大部分高校《结构力学》的学习内容。全书共分为 8 章，主要内容为平面体系的几何组成分析、静定结构的内力求解、静定结构的位移计算、力法、位移法、矩阵位移法、影响线、结构动力学。每章都包括知识要点、典型例题和模拟自测等几部分。本书精选了 300 多道典型例题，由浅入深进行详细分析、解答，每章后面还附上相应的自测题及答案，便于读者进行练习。

本书内容丰富、重点突出，可作为高等学校土木、水利类学生学习结构力学的辅导用书，也可作为有关专业人员结构力学的复习参考书。

图书在版编目（CIP）数据

结构力学思维训练与同步练习 / 蔡婧等编著.
成都 ：西南交通大学出版社，2024. 8. -- ISBN 978-7
-5774-0008-2

Ⅰ. O342

中国国家版本馆 CIP 数据核字第 202449LD61 号

Jiegou Lixue Siwei Xunlian yu Tongbu Lianxi
结构力学思维训练与同步练习

蔡 婧 江 南 齐 欣 李翠娟 编著

策划编辑 张 波 韩洪黎
责任编辑 韩洪黎
封面设计 墨创文化
出版发行 西南交通大学出版社
（四川省成都市金牛区二环路北一段 111 号
西南交通大学创新大厦 21 楼）
营销部电话 028-87600564 028-87600533
邮政编码 610031
网 址 http://www.xnjdcbs.com
印 刷 成都中永印务有限责任公司
成品尺寸 185 mm × 260 mm
印 张 13
字 数 325 千
版 次 2024 年 8 月第 1 版
印 次 2024 年 8 月第 1 次
书 号 ISBN 978-7-5774-0008-2
定 价 39.00 元

课件咨询电话：028-81435775

前 言

本书是《结构力学》的学习辅导书，旨在帮助读者加深对结构力学知识的理解、掌握课程的基本内容和解题方法，激发读者自主学习的兴趣，培养读者的思考能力和解题能力。

本书按照《结构力学》教材的顺序进编排，内容符合教育部高等学校力学教学指导委员会力学基础课程教学指导分委会制定的“结构力学课程教学基本要求（A 类）”。每章对主要内容进行了归纳总结，对重点和难点进行较为详细而深入的说明，突出需要重点掌握的核心知识。其后精选多种类型的典型例题，包括判断题、选择题、填空题和计算题，由浅入深进行详细分析讲解，让读者从基本概念开始，逐步掌握每章的知识点以及相应的解题方法和解题技巧。每章都有相应的自测题和答案，可以帮助读者同步测试对本章知识的掌握程度，拓展读者解题思路，提高读者分析水平和解题能力。

本书适用范围广泛，可以作为土木、水利等专业本科、专科、自考学生学习结构力学的辅导用书，也可作为各类考试结构力学复习参考书。

本书由西南交通大学长期从事结构力学教学与课程建设的教师编写。参加本书编写工作的有李翠娟（第 1、2 章）、蔡婧（第 3、8 章）、齐欣（第 4、7 章）和江南（第 5、6 章）。

本书参考和借鉴了国内外众多结构力学教材和教参的思路，在策划、编写等方面得到了西南交通大学同行们的大力支持，在此一并表示衷心的感谢！

由于编者水平有限，书中难免会有不足之处，恳请读者批评指正。

编 者

2024 年 3 月

目 录

第 1 章　平面体系的几何组成分析

§ 1-1　知识要点

1. 重要概念

（1）自由度和计算自由度：自由度是确定体系位置所需要的独立坐标数，能够真实反映体系的真正自由度。而计算自由度仅从构成体系的基本组成杆件和连接所具有的自由度和约束角度进行计算，并未对杆件之间的连接关系进行分析，因此，计算自由度不一定是结构的真实自由度，其计算公式为

$$W = 3m - (2h + r) \qquad \text{（适用于所有体系）} \tag{1-1a}$$

$$W = 2j - (b + r) \qquad \text{（仅适用于纯铰接体系）} \tag{1-1b}$$

若 $W > 0$，几何可变；若 $W = 0$，几何可变/几何不变，需进一步通过组成规则进行分析；若 $W < 0$，有多余约束，但几何可变/几何不变，需进一步通过组成规则进行分析。

（2）链杆和等效链杆：链杆为两端带铰的刚性直杆或曲杆，一根链杆提供一个约束。两端都以铰接的方式与外界相连的任意刚片均可视为等效链杆（见图 1-1 中虚线），等效链杆的作用与链杆相同。

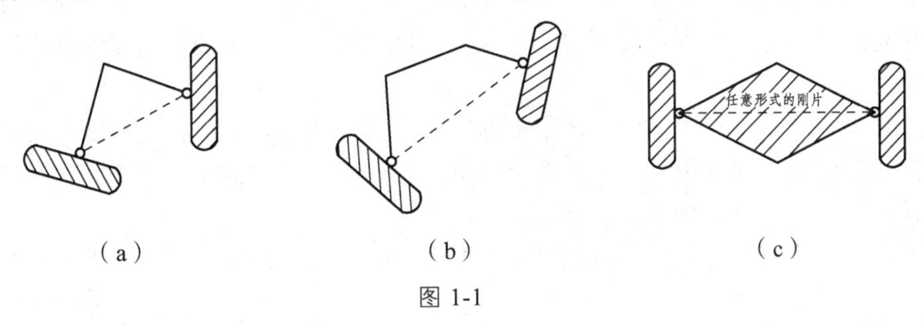

（a）　（b）　（c）

图 1-1

（3）实铰与虚铰（瞬铰）：直接与刚片相连的称为实铰，如若连接两个刚片的两根链杆不相交，则两根链杆的作用相当于在其延长线交点处的一个单铰，称为虚铰（瞬铰），如图 1-2 中 A 所示。虚铰与实铰具有相同的作用。但需注意，虚铰的位置会随着刚片的运动发生变化。

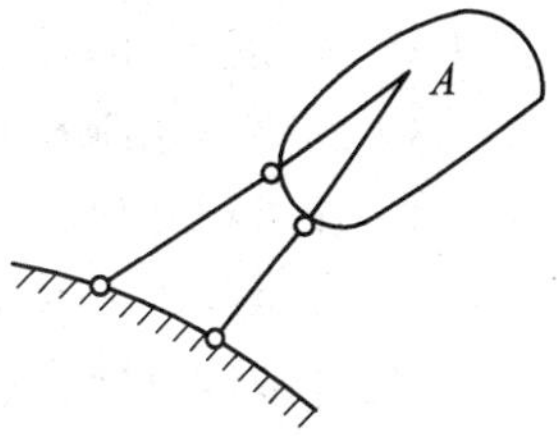

（4）单铰和复铰：连接两个刚片的铰称为一个单铰（单铰可以是实铰，也可以是虚铰），一个单铰相当于两个约束。若一个铰同时连接两个以上刚片称为复铰，连接 n 个刚片的复铰相当于 $n-1$ 个单铰，提供 $2(n-1)$ 个约束。

图 1-2

（5）静定结构与超静定结构：计算自由度$W=0$的几何不变且无多余约束的结构又称为静定结构，可通过平衡方程解出全部的反力和内力；而计算自由度$W<0$的几何不变且有多余约束的结构被称为超静定结构，仅通过平衡方程无法解出反力和内力，需要额外补充方程。

2. 几何不变体系的基本组成规则

（1）二元体规则

二元体由单铰联结两根不在同一条直线上的链杆构成。在原结构体系上增加或减少一个二元体，不会改变该结构体系的自由度数目，也不会改变原体系的几何构造特性。

（2）两刚片规则

两个刚片之间用不交于一点也不相互平行的三根链杆相连或用一个铰和不通过该铰的链杆相连，组成无多余约束的几何不变体系。

（3）三刚片规则

三个刚片用三个铰（实铰或虚铰）两两相连，且三个铰不共线组成无多余约束的几何不变体系。

三个规则的实质均是铰接三角形的几何不变规则，且三个规则可以互相转换。

3. 几何组成分析方法

首先在不改变机动性的前提下，尽可能地简化和调整待分析的结构体系，使其易于分析，而后再通过二元体规则、两刚片规则和三刚片规则进行结构组成分析。对待分析的结构体系进行简化的方法有：

（1）减少二元体使结构体系尽量简化，也可以在刚片上增加二元体，将其扩大为组合刚片，利用刚片规则进行分析。

（2）当体系与基础之间以三根链杆相连，且三根链杆不交于一点也不相互平行，也即上部结构和大地之间符合两刚片规则时，可先拆去这些链杆，只需分析上部体系的机动性即为整个体系的机动性。

（3）对于不能直接利用规则进行分析的体系，可先作等效变换，即把体系中某个内部无多余约束的几何不变部分用另一个无多余约束的几何不变部分替换，并按原状况保持与其余部分的联系，然后再作分析。

（4）注意刚片的拓展，尽可能地减少体系内的刚片数量，从而可以利用刚片规则对体系进行分析。

在分析的过程中，以下几点需特别留意：

（1）正确理解二元体的定义以及规则。二元体的拆除或添加需遵循一定的顺序。

（2）灵活选取刚片，只要是几何不变体系的都可以看作是刚片，注意刚片的拓展。

（3）综合运用刚片的几个规则，在组成分析进程中的每一步都必须有规则可依。

（4）在进行几何组成分析的时候，不可遗漏体系中的每一个杆件和每一个联系，确保分析过程中每个杆件或联系都用到过，并且只用到一次，直至最终得到明确的结论，此时尚未用到的杆件或约束即为多余约束。

（5）几何不变体系的简单组成规则可用于分析常见的体系。当体系不能用基本组成规则分析时，可采用其他分析方法，如零载法等。

（6）对于同一个结构体系，不论用什么方法进行分析，答案是唯一的，结论一定是相同的。

（7）机动性分析结论需包括：是否几何不变，有无多余约束。

§1-2　典型例题

1. 判断题

【例 1】　在图 1-3 所示体系中，去掉 1-5、3-5、4-5、2-5 四根链杆后，得简支梁 1-2，故该体系为具有四个多余约束的几何不变体系。(　　)

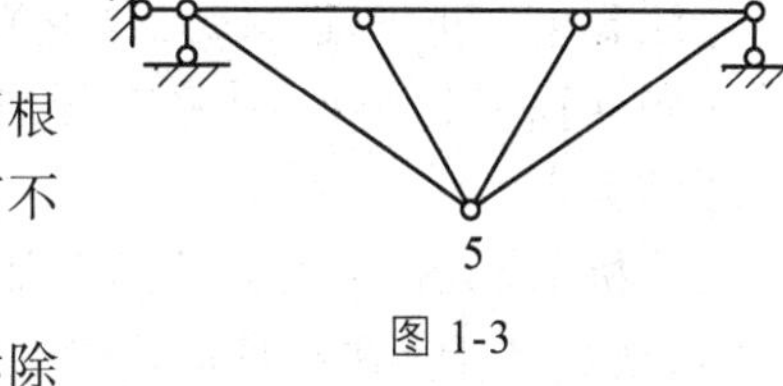

图 1-3

【答案】　×

【分析】　去掉四根链杆中的任意两根后，剩下的两根链杆构成二元体，与结构其余部分组成无多余联系的几何不变体系，因此原结构为有两个多余约束的几何不变体系。

【注意】　并不是能去掉的杆件都是多余联系，如拆除二元体时，对结构的多余约束数没有影响。

【例 2】　图 1-4（a）是单铰，图 1-4（b）是复铰。(　　)

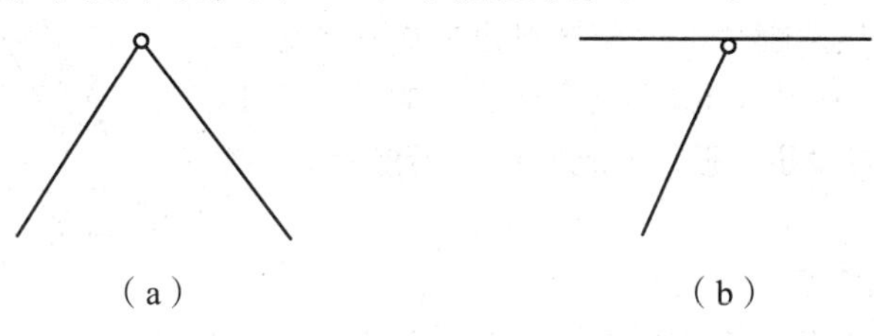

图 1-4

【答案】　×

【分析】　连接两个刚片的为单铰，连接多于两个刚片的称为复铰，图 1-4（b）中上侧杆件仍为 1 个刚片，因此是单铰。

【注意】　正确理解刚片和复铰的概念。

【例 3】　图 1-5 中的 ABC 均为二元体。(　　)

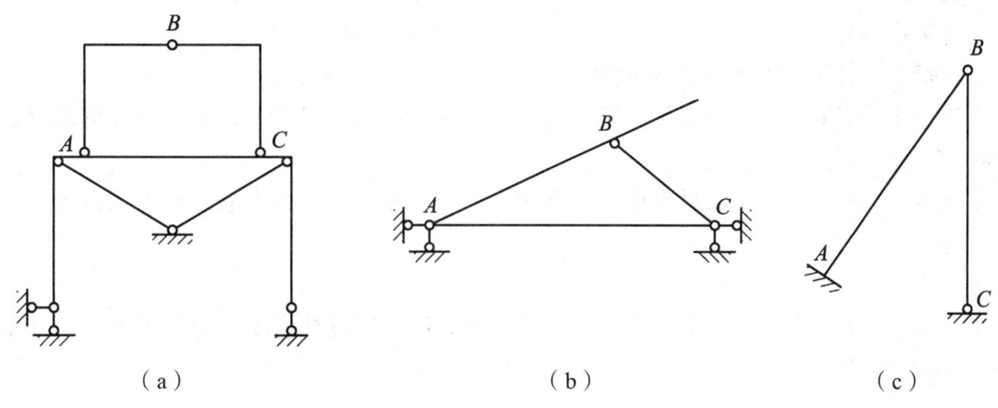

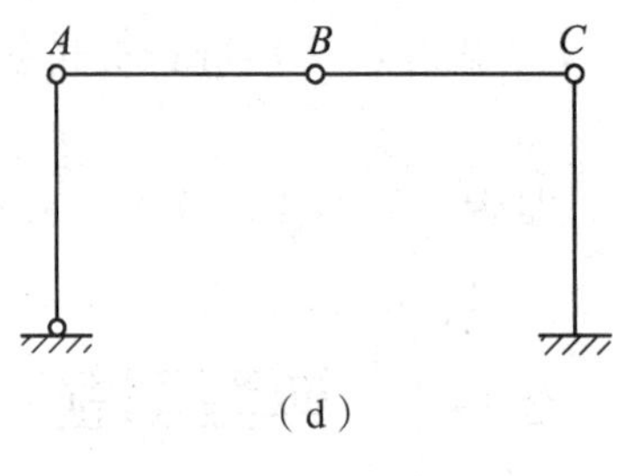

（d）

图 1-5

【答案】 ×

【分析】 图（a）和图（b）是二元体；图（c）中 AB 并非两端铰接的链杆，因此不是二元体；图（d）中 AB 和 BC 共线，因此不是二元体。

【注意】 正确理解二元体的概念。

【例 4】 几何可变体系在任何荷载作用下都不能平衡。（　　）

【答案】 ×

【分析】 几何可变体系是在某些方向上缺少必要的联系，但在不缺少联系的方向上可以承受荷载；另外，在本身是几何不变的部分上，可以承受平衡力系。

【例 5】 图 1-6 中链杆 1 和 2 的交点 O 可视为虚铰。（　　）

【答案】 ×

【分析】 同时连接两刚片的两链杆可以看作一个虚铰，本题图中两链杆连接的刚片不相同，链杆 1 连接的是刚片 Ⅰ、Ⅱ，链杆 2 连接的是刚片 Ⅱ、Ⅲ，因此两链杆不能看作一个虚铰。

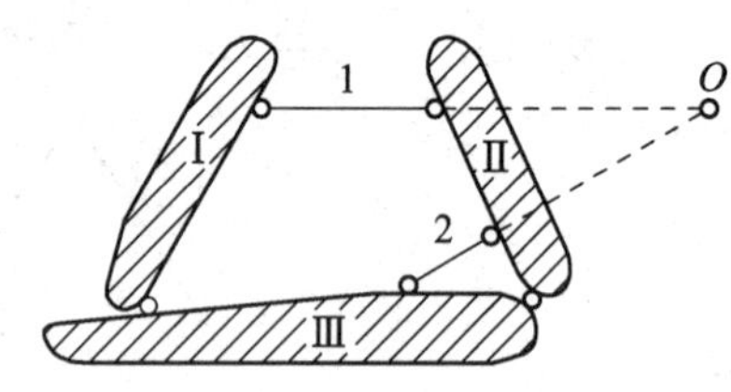

图 1-6

【注意】 虚铰的概念。

【例 6】 在平面体系的机动分析中，相互平行的链杆在无穷远处交于一点，不同方向的平行链杆交于无穷远处的不同点，无穷远处所有点均在同一条直线上，而有限远点则不在此直线上。（　　）

【答案】 √

【注意】 如遇到平行链杆，需注意平行链杆是否等长，是永远平行还是暂时平行，考虑虚铰的位置变化对体系机动性的影响。

【例 7】 体系计算自由度 $W>0$，则体系一定是几何可变体系。（　　）

【答案】 √

【分析】 体系缺少足够的有效联系。

【注意】 当 $W\leqslant 0$ 时，仅靠计算自由度无法得出明确的结论，尚需结合几何组成规则来判断体系的机动性。

【例 8】 一个具有 n 个自由度的几何可变体系，加入 n 个约束后就称为无多余约束的几何不变体系。（　　）

【答案】 ×

【分析】 n 个约束不一定能减少 n 个自由度，尚需通过几何组成分析来判断此 n 个约束的布置是否得当。

2. 选择题

【例 9】　图 1-7 所示体系为（　　）。

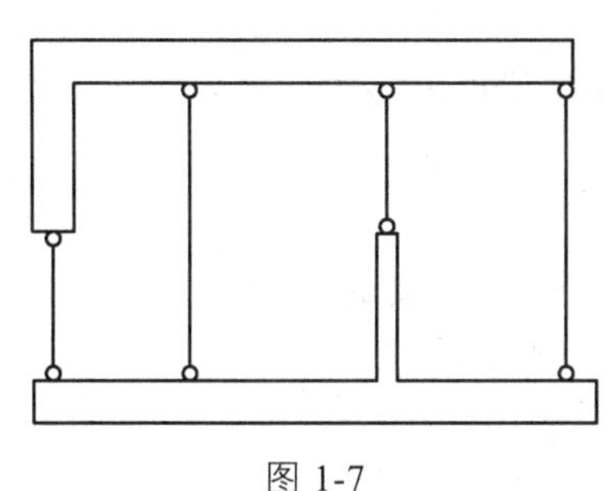

图 1-7

A. 几何瞬变有多余约束　　B. 几何不变

C. 几何常变　　D. 几何瞬变无多余约束

【答案】　A

【分析】　按照两刚片规则，图中上下两刚片间有四根链杆，显然有多余约束；但四根链杆全部平行，不等长，因此是有多余约束的瞬变体系。

【例 10】　图 1-8 所示体系为（　　）。

A. 几何瞬变有多余约束　　B. 几何不变

C. 几何常变　　D. 有多余约束的几何不变体系

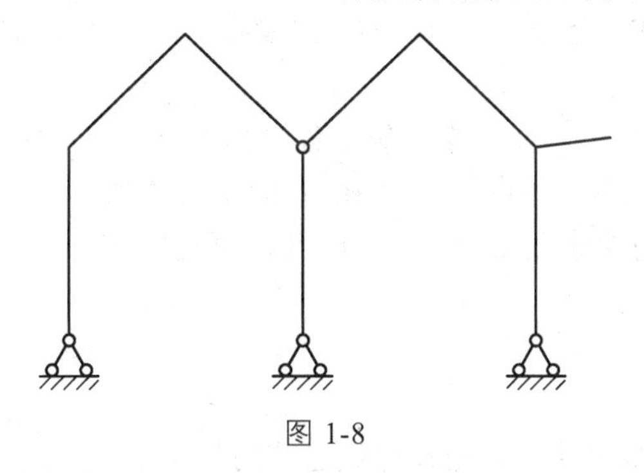

图 1-8

【答案】　D

【分析】　将三个固定铰支座视为添加在大地刚片上的二元体，然后依次将上部结构中的左半部分或右半部分视为二元体添加在扩大刚片之上，最终得出几何不变且有一个多余联系的几何不变体系。

【例 11】　将三个刚片组成无多余约束的几何可变体系，必要的约束个数为（　　）。

A. 2　　B. 3　　C. 4　　D. 6

【答案】　D

【分析】　三个刚片通过不在同一条直线上的三个单铰两两相连即为无多余约束的几何不变体系，三个单铰提供六个约束。

【例 12】　对几何不变体系描述正确的是（　　）。

A. 体系受到任意外力时均能保持几何形状和位置不变的体系

B. 体系受到任意外力时均能保持几何大小不变的体系

C. 体系受到任意外力时均不产生位移

D. 体系受到任意外力时均不产生变形

【答案】 A

【例 13】 对三刚片规则说法错误的是（　　）。

A. 三铰不能共线

B. 可以通过虚铰连接

C. 由三个刚片组成的体系是几何不变的

D. 符合三刚片规则的是几何不变的

【答案】 C

【例 14】 多余约束是指（　　）。

A. 设计之外的约束，不发挥作用，可以去掉

B. 超出数量的约束

C. 对于保证体系几何不变性来说是不必要的约束

D. 是不受力的构造

【答案】 C

【分析】 从保持几何不变性角度来说，多余约束是不必要的，但其可能是受力的，设计计划内的多余约束不可去掉。

【例 15】 $W \leqslant 0$ 是保证体系几何不变的（　　）条件。

A. 必要　　B. 充分　　C. 非必要　　D. 必要和充分

【答案】 A

【例 16】 在土木工程中不能用作建筑工程结构的是（　　）。

A. 几何不变体系，无多余约束　　B. 几何不变体系

C. 几何不变体系，有多余约束　　D. 几何可变体系

【答案】 D

3. 填空题

【例 17】 从几何组成上讲，静定和超静定结构都属于__________，前者_______多余约束，后者_______多余约束。

【答案】 几何不变体系；无；有

【例 18】 一个固定支座相当于________个约束，一个滑动支座相当于________个约束。

【答案】 3；2

【例 19】 图 1-9 所示结构是_________体系。

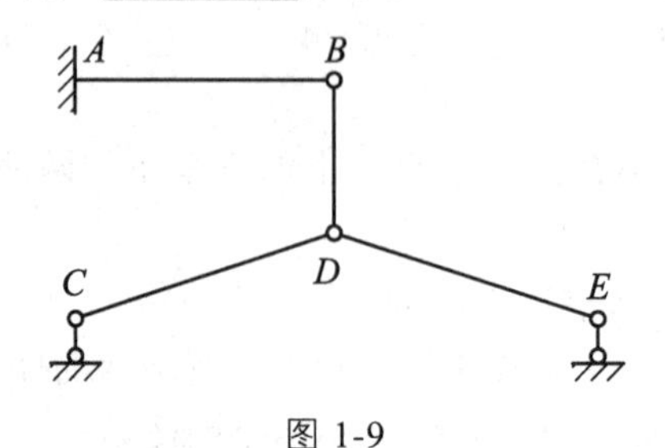

图 1-9

【答案】　常变

【分析】　刚片 AB 固接于基础，可与基础看作一个刚片；杆件 CD 和 C 处的支座链杆构成二元体，可以拆除；同理，拆除杆件 DE 和 E 处的支座链杆，剩下杆件 BD 通过一个铰 B 与前述刚片连接，缺少一个必要的联系，因此该体系为常变体系。

【例 20】　图 1-10 所示体系的计算自由度为_________。

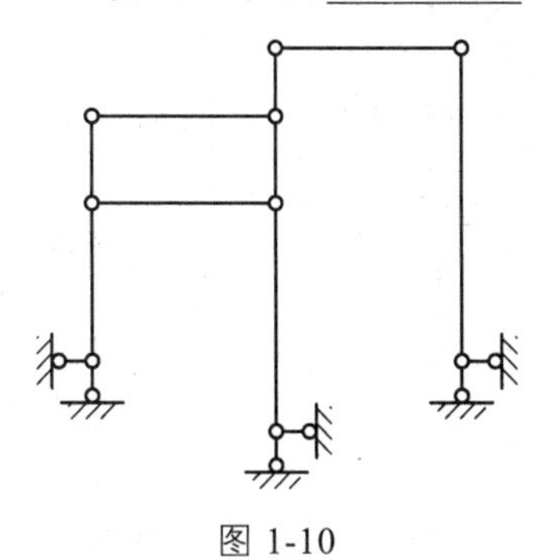

图 1-10

【答案】　3

【分析】　可以采用两种方法：（1）直接计算 $W=3m-(2h+r)$；（2）先拆除二元体，再计算最简结构的计算自由度。

【例 21】　体系在荷载作用下，若不考虑___________________，能保持几何形状和位置不变者，称为几何不变体系。

【答案】　材料本身的变形

【例 22】　图 1-11 所示体系为_________。

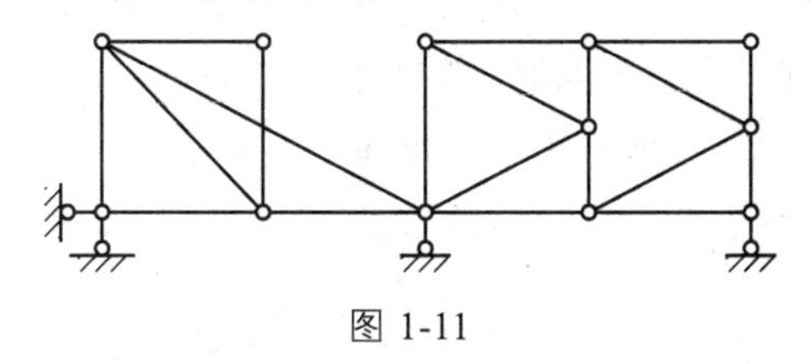

图 1-11

【答案】　几何不变体系，无多余联系

【分析】　二元体与两刚片、三刚片相结合分析。

4. 计算题

【例 23】　求图 1-12 所示结构计算自由度（E 为半铰）。

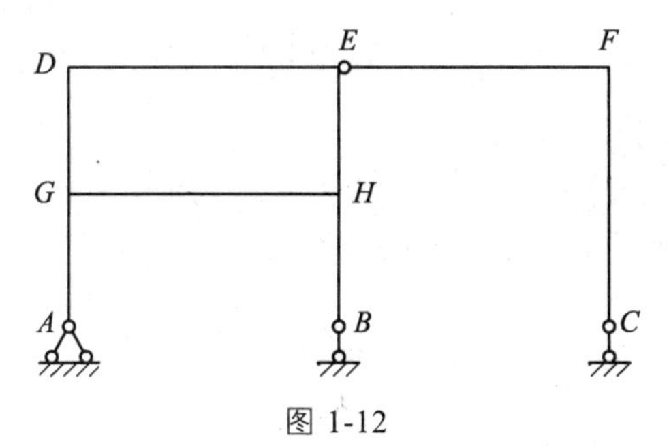

图 1-12

【答案】　−3

【分析】　此题结构中含复杂刚片，其计算自由度计算方法与公式（1-1）基本一样，但还需减去复杂刚片内部约束。*AGDEHB* 包围成 1 个刚片，但含有 3 个内部约束，*EFC* 为一个刚片，*E* 处铰连接这 2 个刚片，整个结构体系含 4 个链杆，所以

$$W=3\times2-3-2\times1-4=-3$$

【例 24】　对图 1-13（a）所示的体系进行几何构造分析。

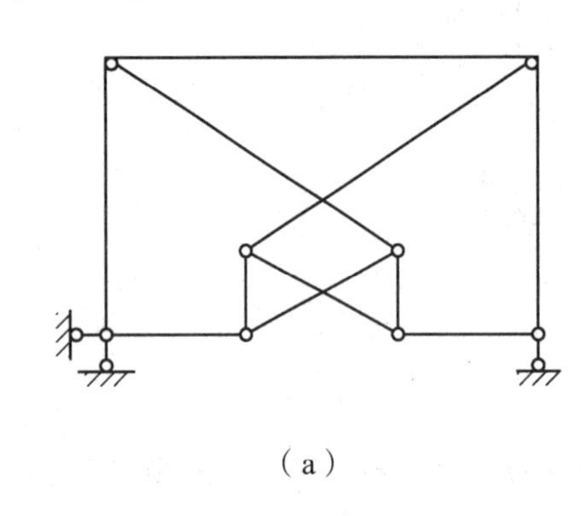

（a）

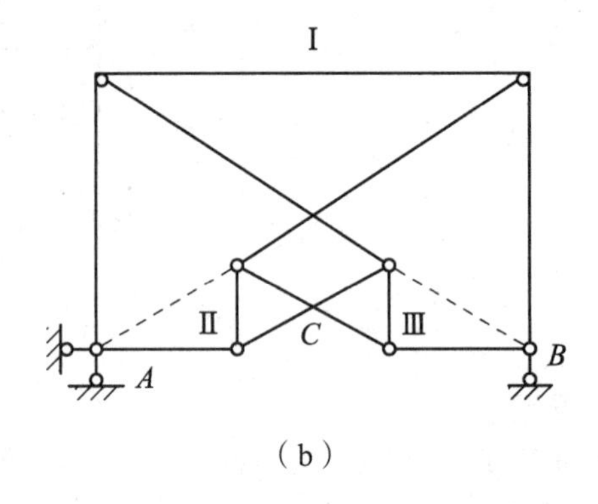

（b）

图 1-13

【答案】　无多余联系的几何不变体系

【分析】　首先，上部结构和大地之间符合两刚片规则，可仅分析上部结构。选取如图 1-13（b）所示的三个刚片，三个刚片间用三个虚铰两两相连。其中，连接刚片Ⅰ、Ⅱ的虚铰位于 *A* 点；连接刚片Ⅰ、Ⅲ的虚铰位于 *B* 点；连接刚片Ⅱ、Ⅲ的虚铰位于 *C* 处，三虚铰不在一直线上。根据三刚片规则，为无多余联系的几何不变体系。

【例 25】　对图 1-14（a）所示的体系进行几何构造分析。

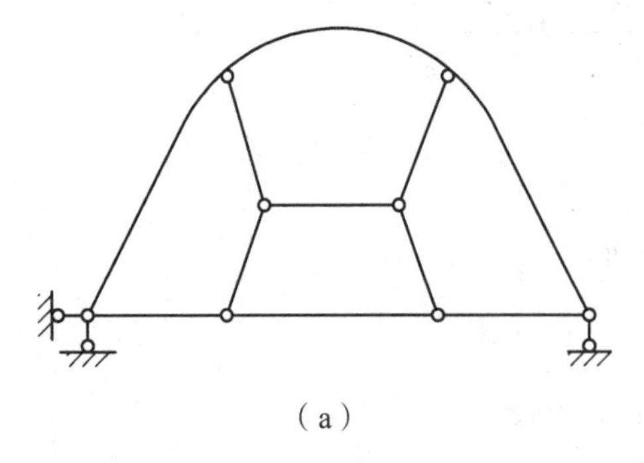

（a）

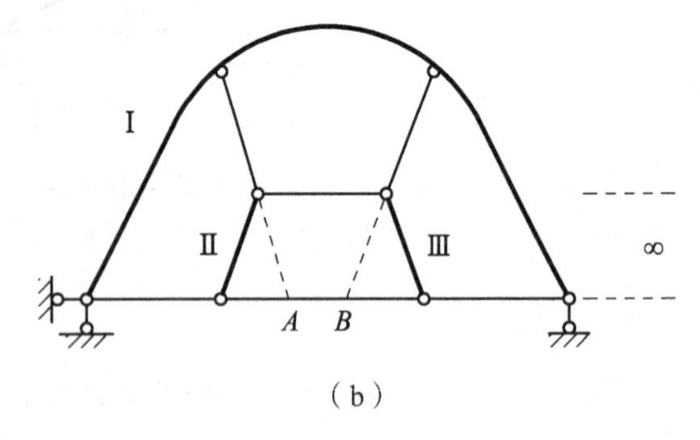

（b）

图 1-14

【答案】　几何瞬变体系

【分析】　选取如图 1-14（b）所示的三个刚片，三个刚片间用三个虚铰两两相连，三个虚铰分别位于 *A* 点、*B* 点和平行于 *AB* 方向的无穷远处。由于三个虚铰在一条直线上，因此为几何瞬变体系。

【例 26】　分析图 1-15 所示结构的几何组成。

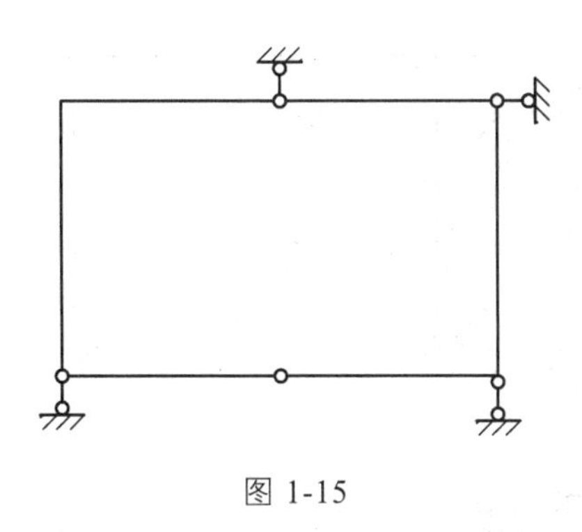

图 1-15

【答案】 几何不变无多余约束

【分析】 分析过程如图 1-16 所示。体系与基础间用四根链杆相连，因此分析时基础必须作为一个刚片，且与大地相连的滑动铰支座必定与某一刚片相连，换言之，据此可以大致确定目标刚片。

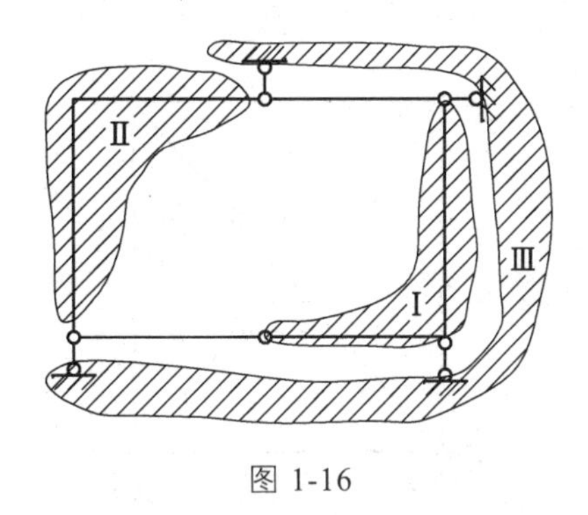

图 1-16

【例 27】 对图 1-17 所示体系作几何组成分析时，用三刚片组成规则进行分析。则三个刚片应是（　　）。

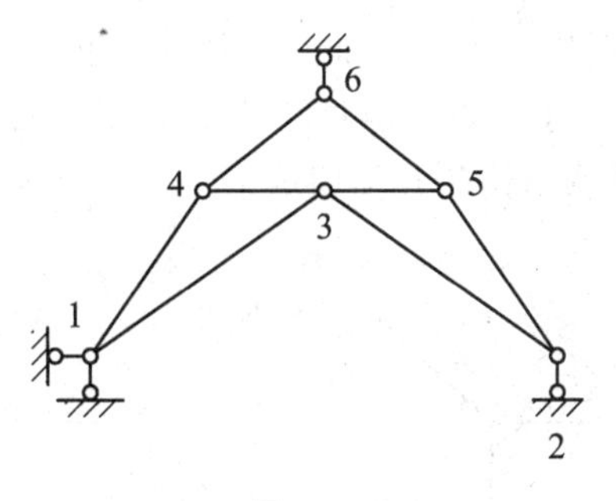

图 1-17

【答案】 △352、杆 4-6、基础

【分析】 体系与基础间用四根链杆相连，因此分析时基础必须作为一个刚片；如果取△143 和△325 作为刚片，那么在点 6 处将是链杆连接链杆，分析无法进行；如果取△143 和杆件 4-6 为刚片，它们与基础间的连接同样无法分析。因此，只有取△352、杆 4-6 和基础作为刚片，三个刚片间都以单铰（虚铰）相连。

【例 28】 分析图 1-18 所示结构的几何组成。

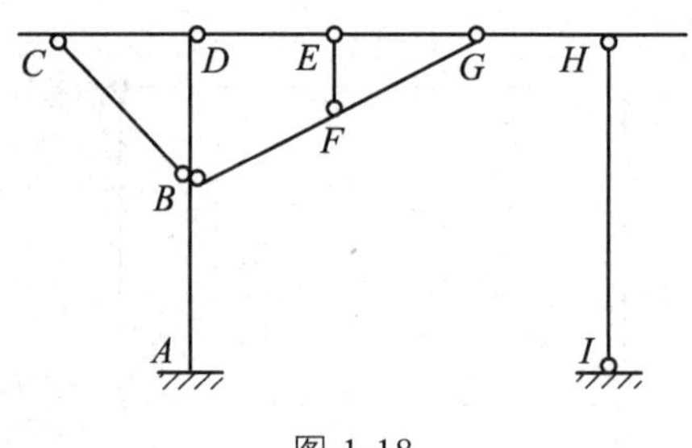

图 1-18

【答案】 几何不变有多余约束

【分析】 体系右边两杆件 *GH*、*HI* 可以看成二元体拆除；剩下的体系中，杆件 *EG*、*EF* 和 *BFG* 组成一几何不变体系，可看作一刚片，它与杆件 *CDA* 间用一根链杆 *DE* 和 *B* 点处的一个单铰相连，符合两刚片规则，因此整个体系是几何不变的；杆件 *CB* 为多余约束。

【注意】 正确识别和拆除二元体。

【例 29】 分析图 1-19 所示结构的几何组成。

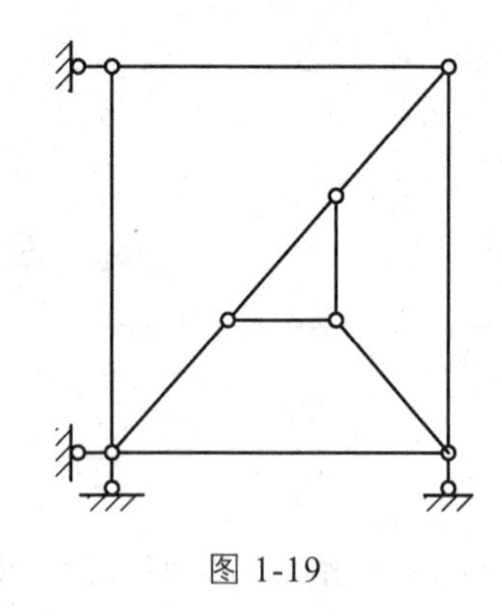

图 1-19

【答案】 无多余约束的瞬变体系

【分析】 大地作为基础刚片，通过添加二元体逐步扩大，最终扩大后的大地刚片与中间的铰接三角形暂时通过三根交于一点的链杆相连，因此为无多余约束的瞬变体系。

【例 30】 分析图 1-20 所示结构的几何组成。

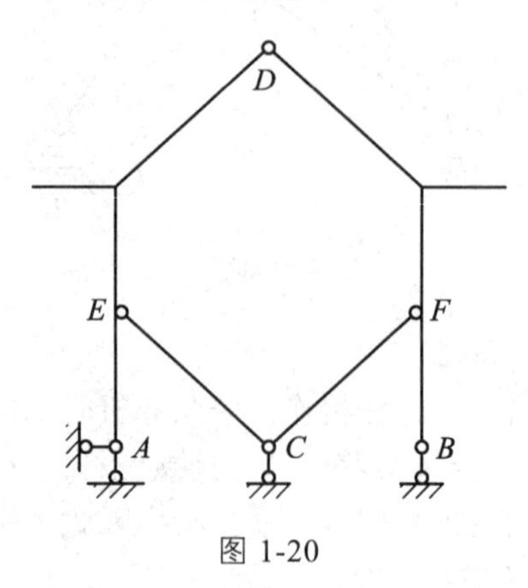

图 1-20

【答案】 无多余约束的几何不变体系

【分析】　将图 1-20 中 DEA 等效为图 1-21 中的结构，选择图 1-21 中三个刚片，可得该结构为无多余约束的几何不变体系。

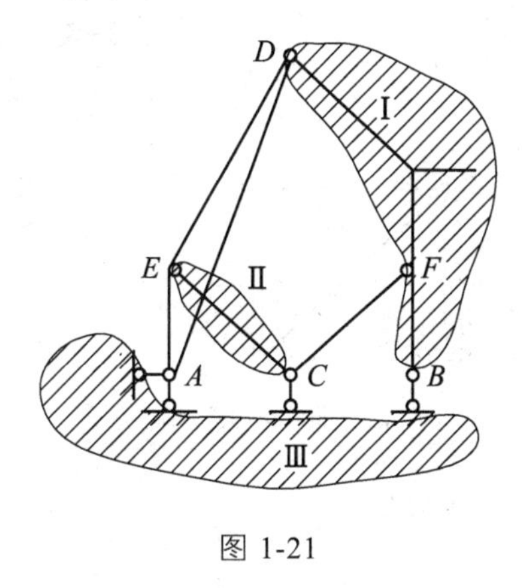

图 1-21

【注意】　使用等效替换法进行刚片替换时，与其他杆件的连接情况以及替换部分的自由度不能发生改变。

§1-3　自测题

1-1　对图示结构进行几何组成分析。

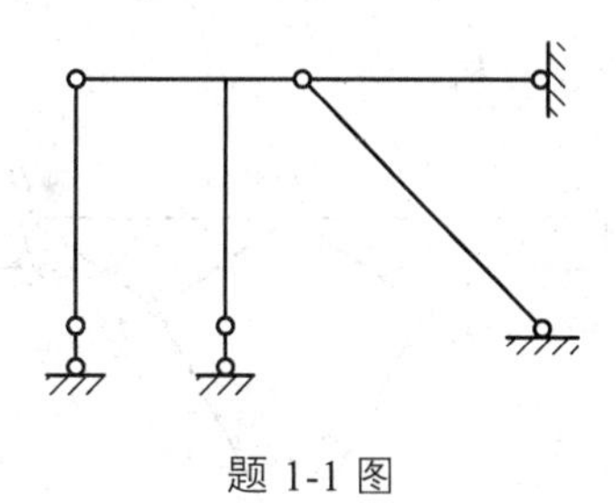

题 1-1 图

1-2　对图示结构进行几何组成分析。

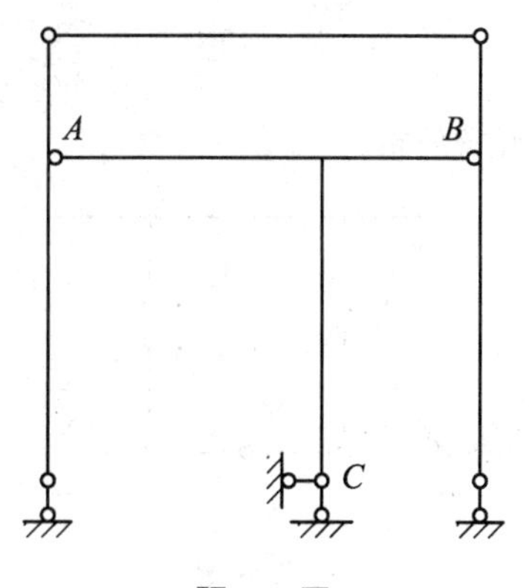

题 1-2 图

1-3　对图示结构进行几何组成分析。

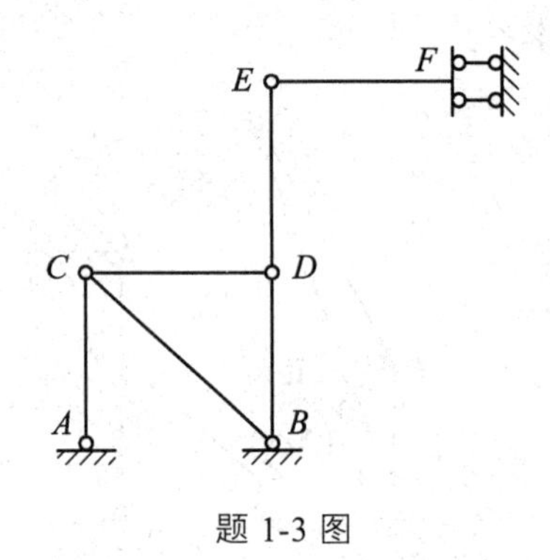

题 1-3 图

1-4　对图示结构进行几何组成分析。

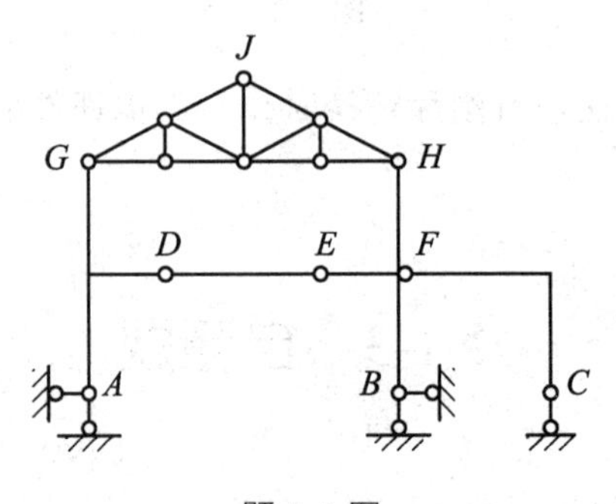

题 1-4 图

1-5　对图示结构进行几何组成分析。

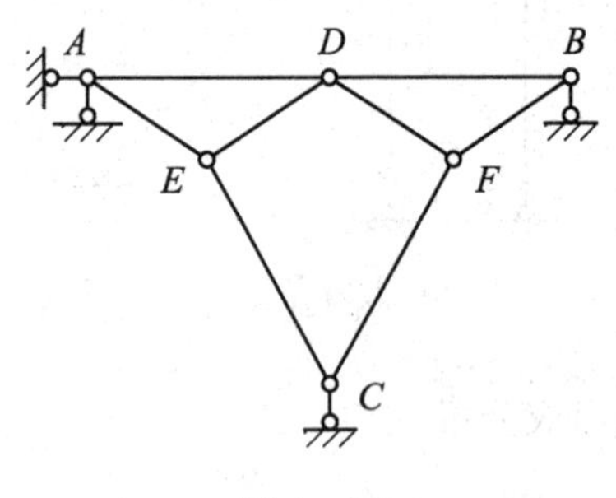

题 1-5 图

1-6　对图示结构进行几何组成分析。

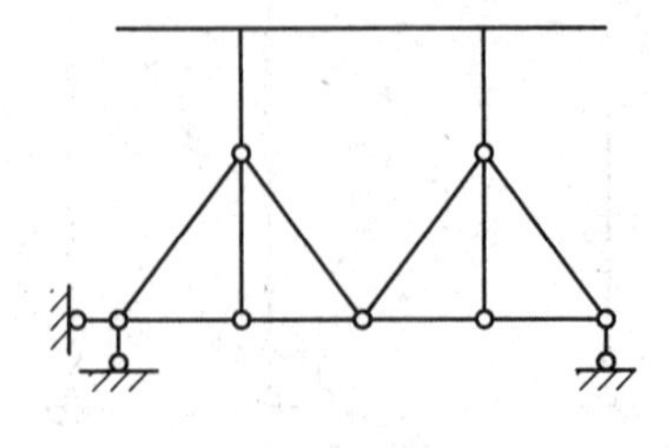

题 1-6 图

1-7　对图示结构进行几何组成分析。

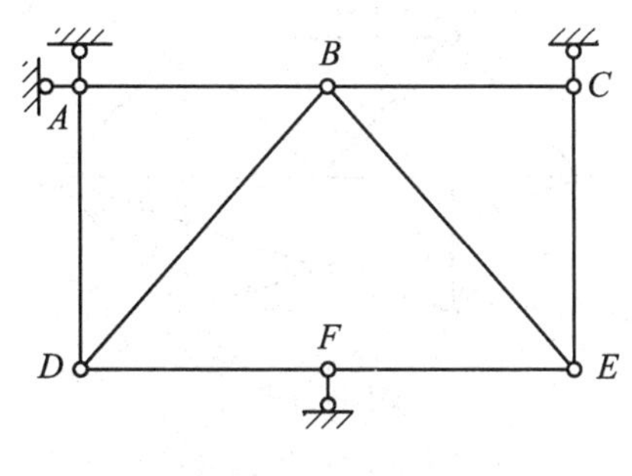

题 1-7 图

1-8　对图示结构进行几何组成分析。

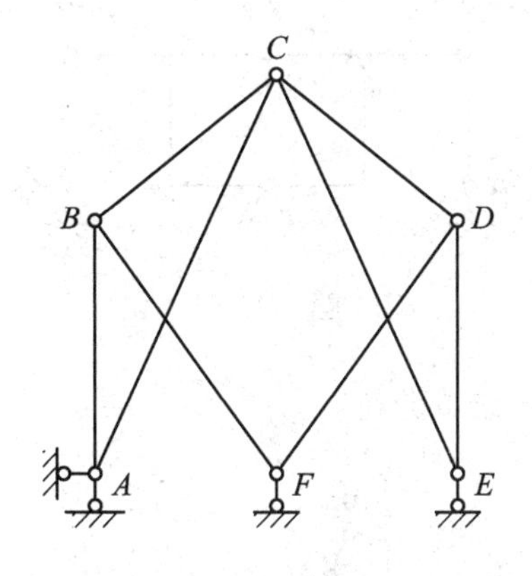

题 1-8 图

1-9　对图示结构进行几何组成分析。

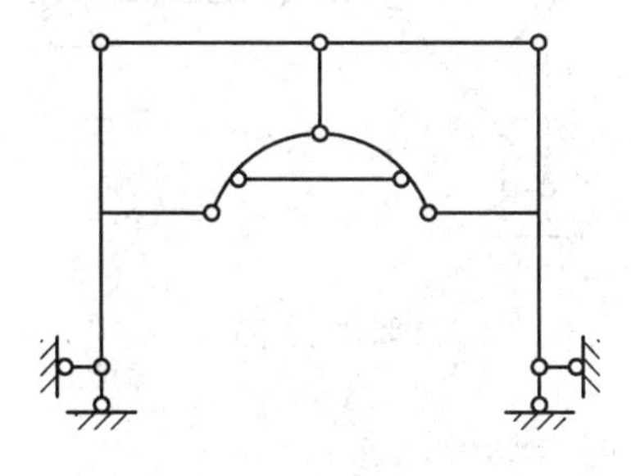

题 1-9 图

1-10　对图示结构进行几何组成分析。

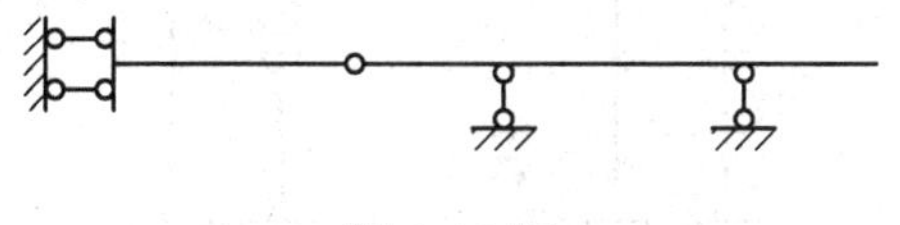

题 1-10 图

1-11　对图示结构进行几何组成分析。

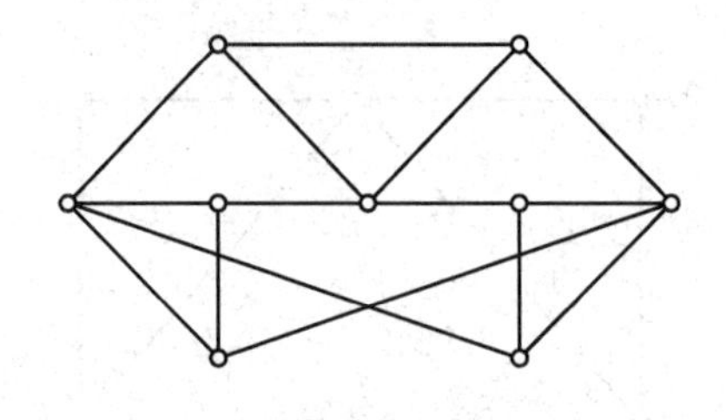

题 1-11 图

1-12　对图示结构进行几何组成分析。

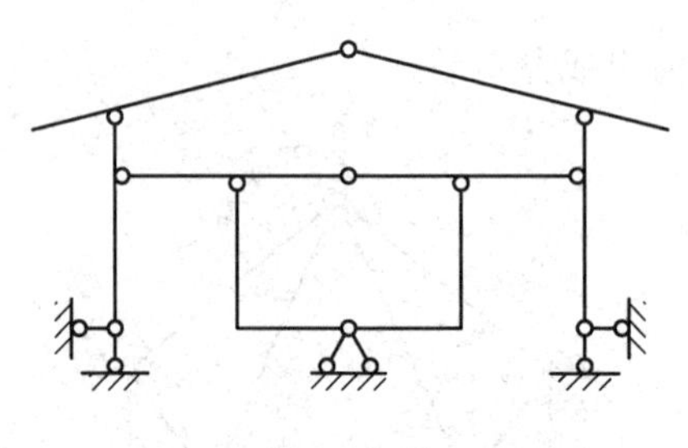

题 1-12 图

1-13　对图示结构进行几何组成分析。

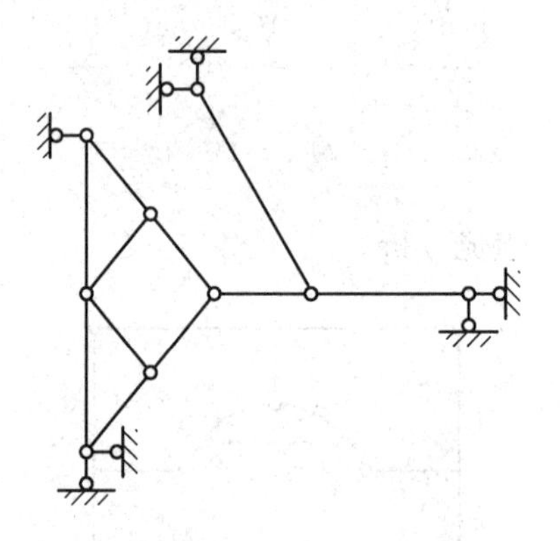

题 1-13 图

1-14　对图示结构进行几何组成分析。

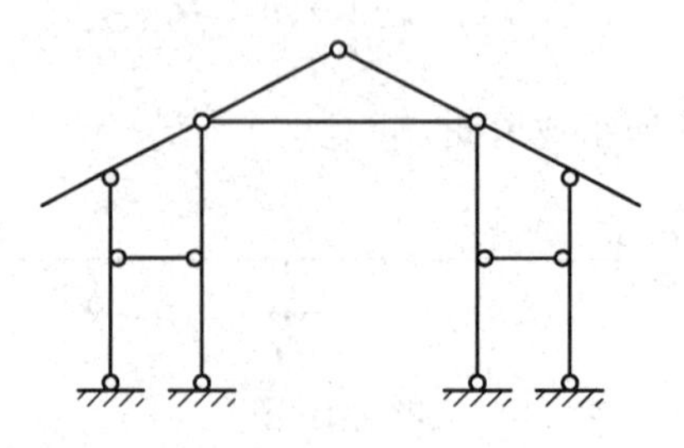

题 1-14 图

自测题答案

1-1　瞬变体系

1-2　瞬变体系

1-3　几何不变体系，并且无多余约束

1-4　瞬变体系

1-5　几何不变体系，并且无多余约束

1-6　几何不变体系，并且无多余约束

1-7　几何不变体系，并且无多余约束

1-8　几何不变体系，并且无多余约束

1-9　瞬变体系

1-10　几何不变体系，并且无多余约束

1-11　几何不变体系，并且无多余约束

1-12　几何不变体系，并且无多余约束

1-13　瞬变体系

1-14　几何不变体系，有一个多余约束

第 2 章　静定结构的内力求解

§ 2-1　知识要点

本章的静定结构主要包含：静定梁、静定平面刚架、三铰拱、静定平面桁架，以及组合结构。根据结构特性，下面将上述结构分为三组进行阐述。

1. 静定梁和静定平面刚架内力求解

（1）截面内力求解

求截面内力的基本方法是：截面法→取隔离体（一般取外力较少的部分）→隔离体受力分析（避免遗漏外力、内力和约束力）→列平衡方程→求出关键控制截面内力→绘制内力图。

对隔离体进行受力分析时，所有内力均假设为正，内力的符号规定为：

① 轴力以拉力为正；

② 剪力以绕隔离体顺时针方向转动为正；

③ 对于梁，弯矩一般规定使杆件下侧纤维受拉的弯矩为正；对于刚架，弯矩不强调正负，但弯矩图必须画在受拉的一侧。

（2）弯矩图和剪力图分布特征

通过 4 个微分关系得到剪力图、弯矩图的形状特征以及与荷载的对应关系（见表 2-1）。

表 2-1　直梁内力图特征

梁上情况	无外力区段	均布力 q 作用区段		集中力 P 作用处		集中力矩 M 作用处	铰处
剪力图	水平线	斜直线	为零处	有突变（突变值=P）	如变号	无变化	
弯矩图	一般为斜直线	抛物线（凸出方向同 q 指向）	有极值	有尖角（尖角指向同 P 指向）	有极值	有突变（突变值为 M）	为零

（3）叠加法作内力图

一般先通过以下 4 个步骤运用叠加法作出结构的弯矩图，再通过微分关系得到剪力图，最后针对结点列平衡方程得到轴力图。

① 确定控制截面，并用截面法求出控制截面弯矩；

② 在受拉的一侧竖起控制截面竖标，如若两相邻控制截面间无横向外荷载，则直接采用实直线连接相邻控制截面竖标；

③ 如若两相邻控制截面间有横向外荷载，则采用虚直线连接相邻控制截面竖标，并以此虚线为基线，在此基线上叠加相应简支梁荷载作用下的弯矩图；

④ 取最后图线与杆轴之间所包含的图形，得实际弯矩图。

内力图符号规定：

① 轴力图和剪力图需要标明正负号，可画在杆件任意一侧，但需保证同号在同侧；

② 弯矩图不需标明正负号，但要画在杆件受拉的一侧。

用叠加法作弯矩图应该注意的是：弯矩图的叠加是指各个截面对应的弯矩纵标的代数和，而不是弯矩图的简单拼合，纵标应垂直于杆轴；凸向与荷载指向一致；为了减少求控制截面的弯矩值，可在两控制截面之间，以虚线为基线叠加相应简支梁受任意荷载作用下的弯矩图；对于任意直杆段，不论其内力是静定还是超静定，不论是等截面还是变截面，弯矩叠加法均适用。

（4）主从结构内力分析

在对多跨静定梁或复合刚架等主从结构作内力分析之前，应进行几何组成分析，了解其各部分之间的构造关系、传力次序等，再进行计算。按照主从结构的传力方式可知，计算顺序应为先算附属部分，将附属部分的反力方向加在基本部分上，再算基本部分。

2. 三铰拱的反力和内力分析

在竖向荷载作用下，三铰拱产生水平推力（指向拱内的水平反力）。由于存在水平推力，三铰拱的截面弯矩小于相同跨度、相同荷载作用下简支梁对应截面的弯矩，主要承受轴向压力。

（1）三铰拱的反力

三铰拱是按三刚片规则组成的结构，共有四个支座反力，通过选取全拱为隔离体建立三个平衡方程式，取左半拱或右半拱为隔离体，利用顶铰弯矩为零的条件建立补充方程式，可求出全部反力。

三铰拱的反力只与荷载及三个铰的位置有关，与拱轴线的形状无关。

（2）三铰拱的内力

三铰拱的内力计算仍采用截面法。其符号规定为：弯矩以内侧受拉为正，轴力以压力为正，剪力的符号规定同前。三铰拱的内力与荷载、三个铰的位置以及拱轴线形状有关。

（3）拱的合理轴线

当三铰拱三个铰的位置和荷载确定时，若拱处于无弯矩状态，则称这样的拱轴为合理拱轴线。一种合理拱轴线只对应一种荷载，如果荷载的形式与作用位置改变，合理拱轴随之改变。

确定合理拱轴的常用方法是数解法，即通过建立平衡方程、按照合理拱轴的定义求得三铰拱的合理拱轴线方程。在竖向荷载作用下的三铰拱的合理拱轴线与相同跨度受相同荷载简支梁的弯矩图形状相同，竖标值呈倍数关系。

3. 静定平面桁架与组合结构

（1）桁架的特点和分类

桁架是铰结直杆体系且受结点集中力作用，桁架各杆件只产生轴力，杆件轴力以拉力为正、压力为负。在求某杆轴力时，假设其为拉力进行计算。若计算结果为正，表示假设正确；若计算结果为负，则表示与假设相反。

桁架可以按不同特征进行分类，按几何组成可分为：

简单桁架：由一个基本铰结三角形或基础，依次增加二元片形成简单桁架。

联合桁架：由几个简单桁架按几何不变体系的简单规则形成联合桁架。

复杂桁架：不按以上两种方式组成的桁架为复杂桁架。

（2）桁架内力的计算方法

① 结点法

结点法截取的隔离体只包含一个结点。隔离体上的外力和内力构成平面汇交力系，在每个结点上可以建立两个独立的平衡方程，未知轴力一般不得多于两个。结点法宜用于简单桁架的计算，应逆其组成次序截取结点。

② 截面法

截面法截取的隔离体包含两个以上结点。隔离体上的外力和内力构成平面一般力系，可建立三个独立的平衡方程，未知轴力一般不得多于三个。

截面法一般用于联合桁架和简单桁架中指定杆件的内力计算。截面法又可分为力矩法和投影法。力矩法的要点是找对两个点，即矩心和力的分解点；投影法适合于除了待求量以外，其他尽可能多的未知量平行的情况。

③ 联合法

联合法是指将结点法和截面法联合应用于桁架计算的方法。

（3）特殊结点

在桁架中，有一些特定的杆件布置和特殊形状的结点，如果掌握了这些结点的平衡规律，将给计算带来很大的方便。

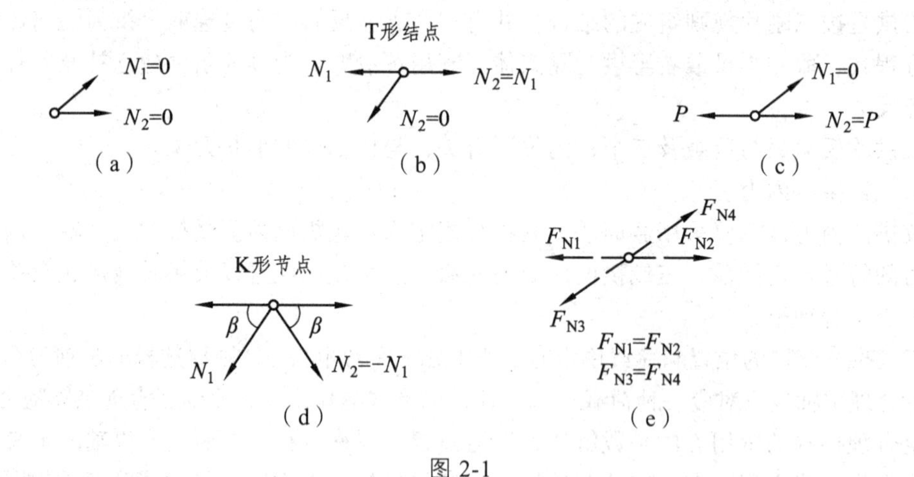

图 2-1

① 两杆交于一结点，结点上无荷载时，两杆内力为零［图 2-1（a）］。

② 三杆交于一结点，其中，两杆在一直线上。与结点上无荷载作用时，不在此直线上的杆件内力为零，在此直线上的两杆内力同号、等值［图 2-1（b）］。当结点上有荷载作用，且与某一杆件共线时，不在此直线上的杆件内力为零［图 2-1（c）］。

③ 四杆交于一结点，呈对称 K 形。当结点上无荷载时，两斜杆内力异号、等值［图 2-1（d）］。

④ 四杆交于一结点，且两两共线，呈 X 形。当结点上无荷载时，同一直线上的两杆轴力相等、性质相同［图 2-1（e）］。

（4）内力分量的应用

在桁架的内力分析中，为避免使用三角函数带来的不便，应掌握运用内力分量的技巧，将斜杆的内力 F_N 分解为水平分力 F_{Nx} 和竖向分力 F_{Ny} 进行计算。如图 2-2 所示，利用相似三角形中力与杆长的比例关系，在力 F_N、F_{Nx}、F_{Ny} 三者中，任知其一，便可推出其余两个力。

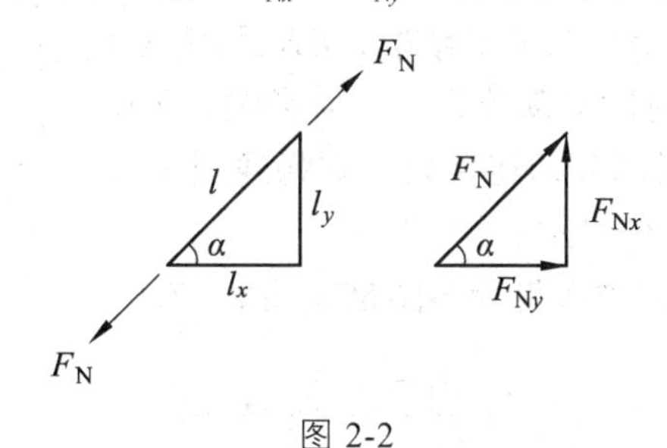

图 2-2

$$\frac{F_N}{l}=\frac{F_{Nx}}{l_x}=\frac{F_{Ny}}{l_y}$$

（5）组合结构的构造特点和受力分析

组合结构（或称混合结构）是由二力杆和梁式杆组成的结构。计算组合结构的关键问题是区分两类杆件：（1）二力杆为直杆、两端铰结、无横向外荷载作用（图 2-3），只有轴力，只需要画轴力图；（2）梁式杆为承受横向荷载作用的直杆或折杆，以及带有不完全铰的两端铰结杆件（图 2-4）等，受弯杆内力除有轴力外，还有弯矩、剪力。为不使隔离体上的未知力过多，应尽可能避免截断梁式杆，应尽量先切断二力杆杆。

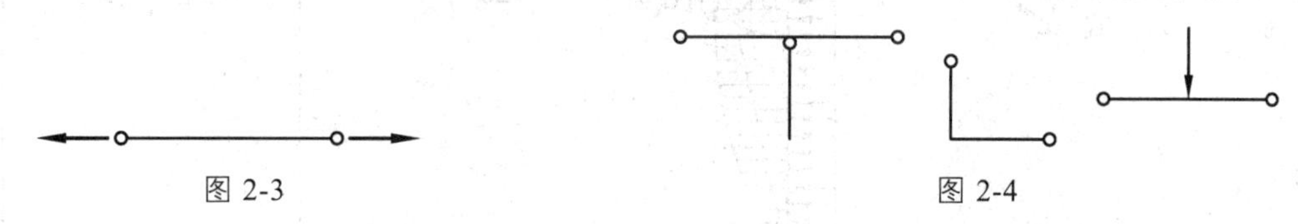

图 2-3　　　　图 2-4

4. 对称性利用

结构的对称性是指结构的几何形状、尺寸、材料属性和支撑形式均对称于某一几何轴线（对称轴）。对称结构在对称荷载作用下，结构的内力呈对称分布；在反对称荷载作用下，结构的内力呈反对称分布。利用对称性，能使内力分析得到简化。对称性结论对所有结构都适用。

§2-2　典型例题

1. 判断题

【例 1】　图 2-5 所示多跨静定梁中，CDE 和 EF 部分均为附属部分。（　　）

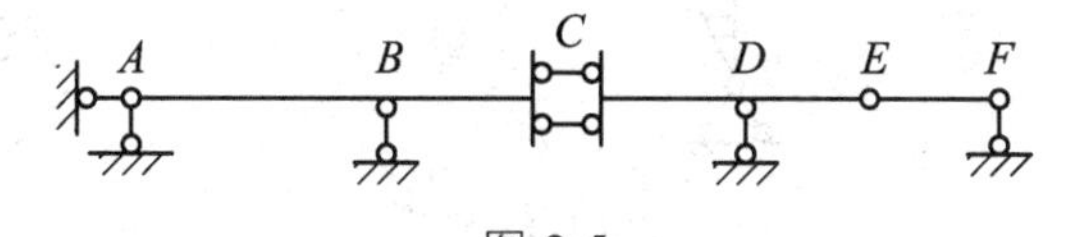

图 2-5

【答案】 √

【分析】 EF 为第二层附属部分，CDE 为第一层附属部分。

【例 2】 图 2-6 所示结构 B 支座反力等于 $F_P/2$（↑）。（　　）

【答案】 ×

【分析】 图示结构中，AC 为基本结构，CB 为附属结构。作用在基本结构上的力对附属部分没有任何影响。集中力 F_P 作用在基本部分和附属部分的连接处，它将通过铰 C 直接传递到基本部分，此时 B 支座的反力为 0。

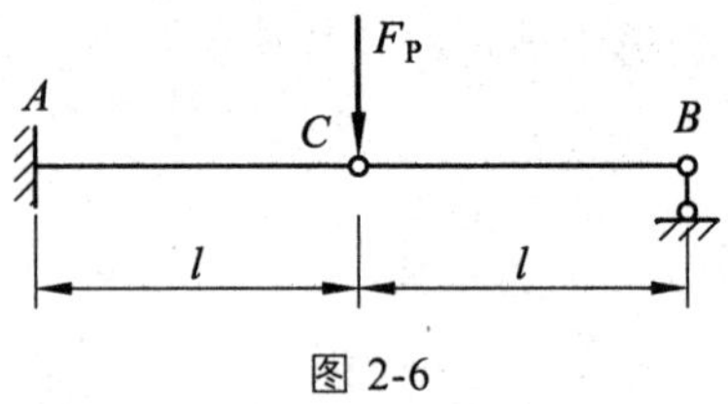

图 2-6

【例 3】 图 2-7 所示结构的弯矩分布图是正确的。（　　）

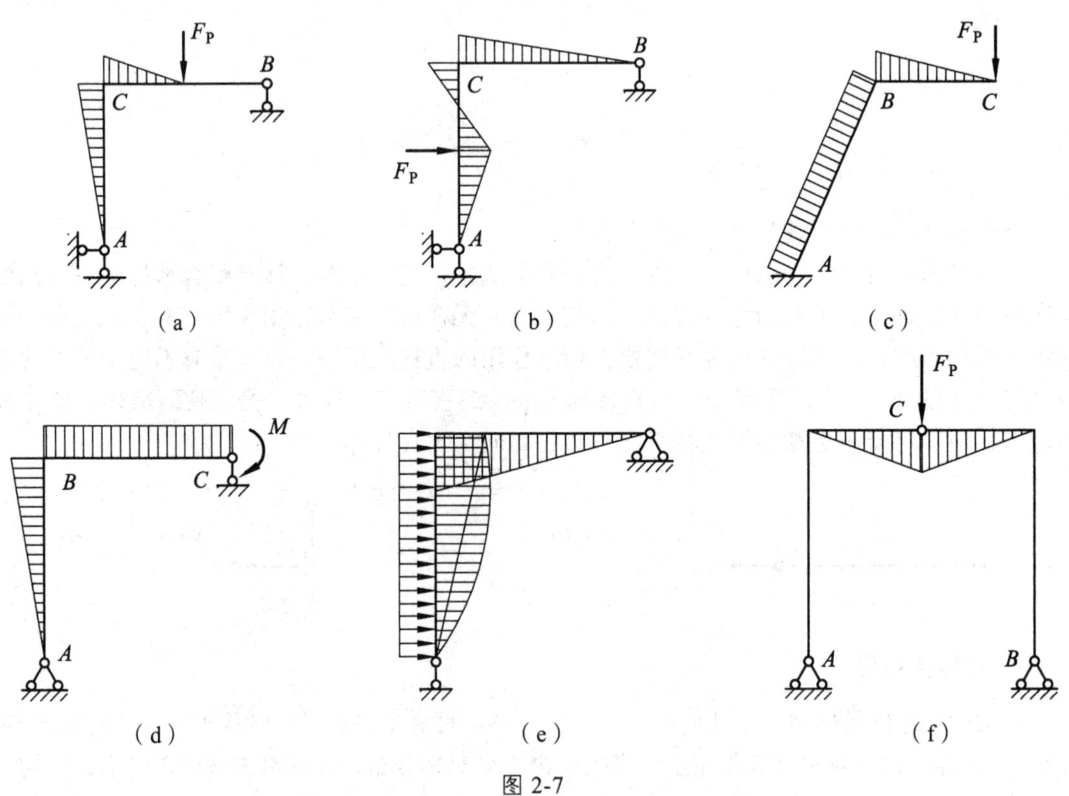

图 2-7

【答案】 ×

【分析】 结合 4 个微分关系可得正确结果如图 2-8 所示。

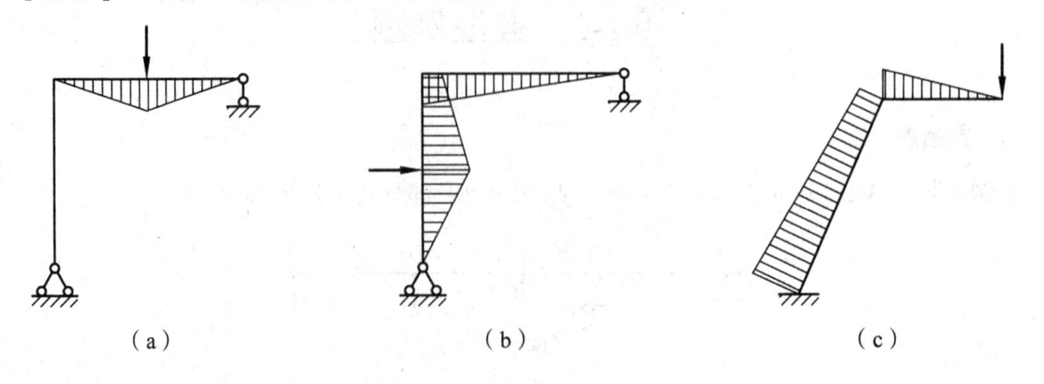

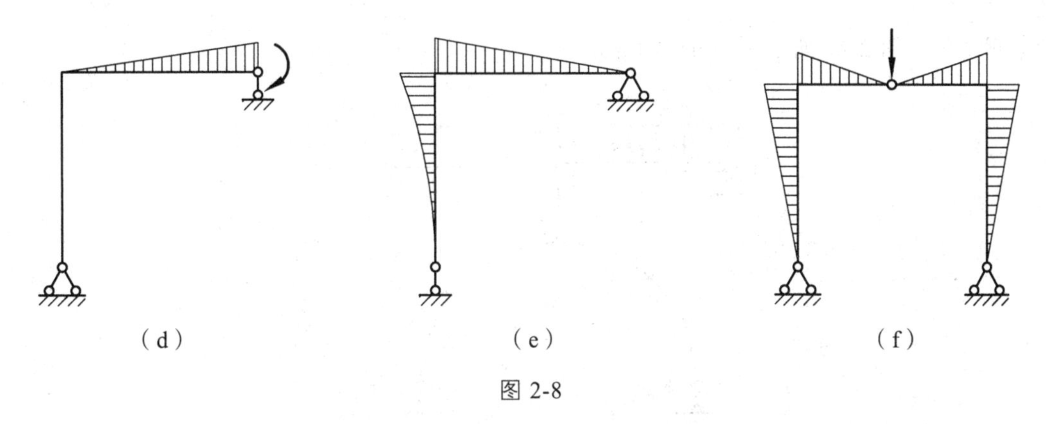

图 2-8

【例 4】　如图 2-9 所示刚架结构支座 A 转动 φ 角，则 $M_{AB}=0$，$R_C=0$。(　　)

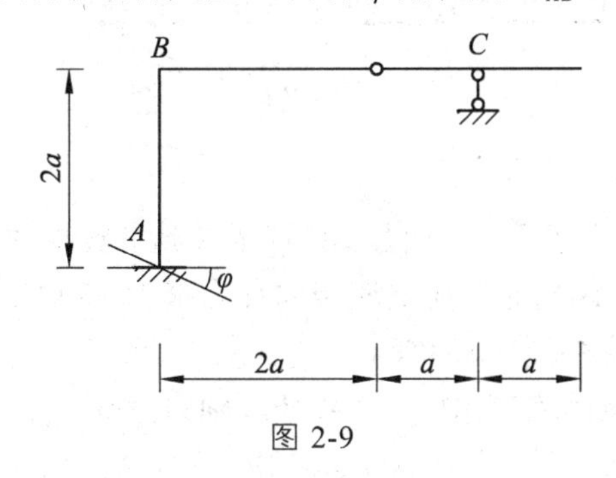

图 2-9

【答案】　√

【分析】　静定结构在支座移动等非荷载因素作用下无反力和内力。

【例 5】　图 2-10 所示结构中 DE 杆的轴力 $F_{NDE}=F_P/3$。(　　)

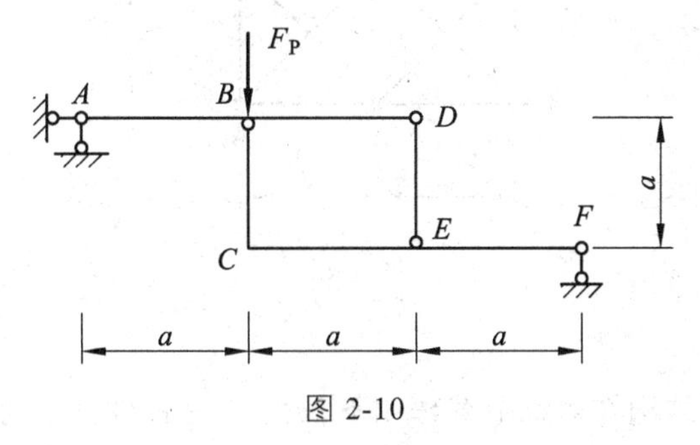

图 2-10

【答案】　×

【分析】　取整体为隔离体对 A 点取矩，求出 F 支座反力为向上的 $F_P/3$，再取 L 形刚片 $BCEF$ 为隔离体，对 B 点取矩，可求出 $F_{NDE}=-2F_P/3$。

【例 6】　当三铰拱的轴线为合理拱轴时，则顶铰位置可随意在拱轴上移动而不影响拱的内力。(　　)

【答案】　√

【分析】　当三铰拱的轴线为合理拱轴时，任一截面上只有轴力，没有弯矩和剪力。即：若将任一截面换为能承受轴力的铰，对结构的受力没有影响。因此，顶铰位置可随意在拱轴上移动而不影响拱的内力。

【例 7】 图 2-11 所示拱的推力 F_H 为 30 kN。(   )

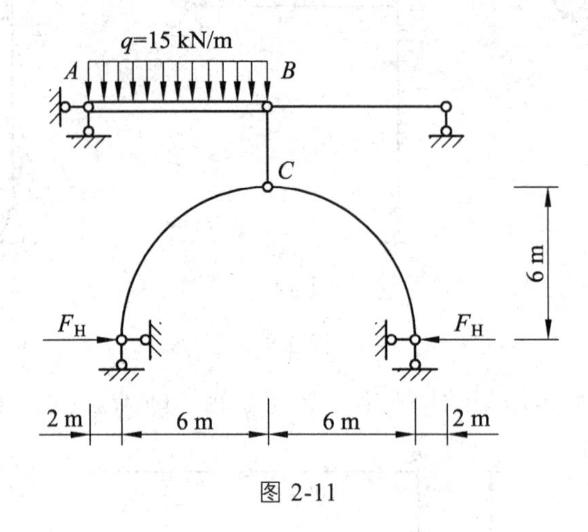

图 2-11

【答案】 √

【分析】 *AB* 部分按简支梁受力，通过 *BC* 杆传递到三铰拱的荷载为 60 kN；由于三铰拱为对称结构，荷载也对称，因此左右两支座竖向反力都为 30 kN；任取一半刚架为隔离体，对铰 *C* 求力矩平衡，可得推力 $F_H = 30$ kN 。

【例 8】 图 2-12 所示桁架结构中 1、2 号杆件轴力为 0。(   )

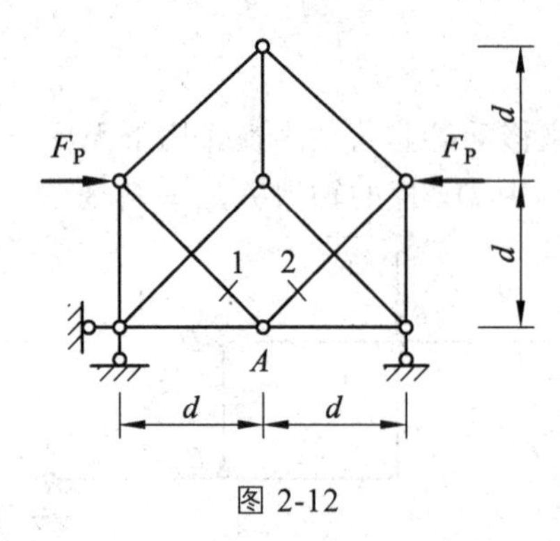

图 2-12

【答案】 √

【分析】 图示对称结构在对称荷载作用下，1、2 号杆件处于对称位置，轴力应相等。与此同时，*A* 结点为 K 形结点，1、2 号杆件轴力应大小相等、符号相反。因此，1、2 号杆件轴力均为 0。

2. 选择题

【例 9】 图 2-13 所示结构 *A* 点的弯矩（以下边受拉为正）M_{AC} 为（   ）。

A. $-Pl$

B. Pl

C. $-2Pl$

D. $2Pl$

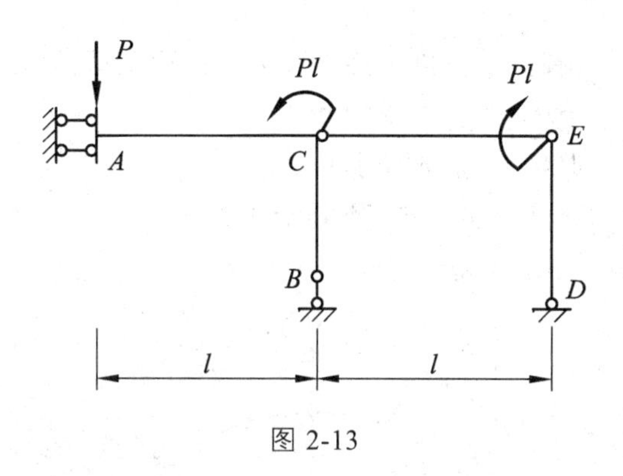

图 2-13

【答案】 D

【分析】 取 CE 和 ED 为隔离体，对 C 点取矩，可得 D 点竖向支座反力为 P，方向竖直向上。取整体为隔离体，列竖直方向受力平衡方程，可得 $F_{RB}=0$。取整体为隔离体，对 A 点列力矩平衡方程，可求得 M_{AC}。

【例 10】 图 2-14 所示结构中，当改变 B 点链杆的方向（不能通过 A 铰）时，对该梁的影响是（　　）。

A. 全部内力没有变化　　B. 弯矩有变化

C. 剪力有变化　　D. 轴力有变化

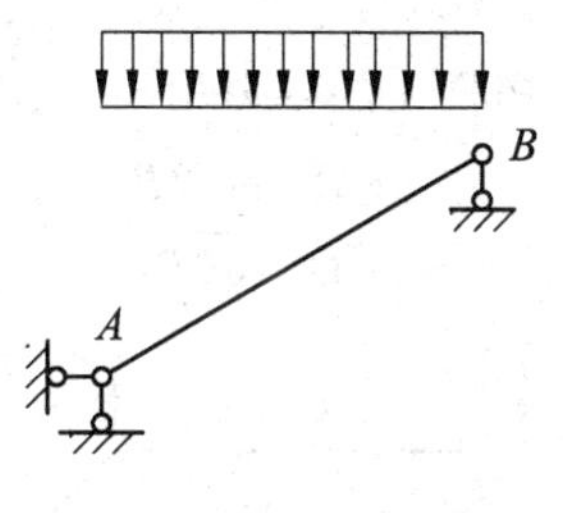

图 2-14

【答案】 D

【分析】 将 B 点的支座反力沿杆件 AB 的轴向和切向分解为 F_{BN} 和 F_{BQ}，如图 2-15 所示。对 A 点求力矩平衡，可知不管 B 点链杆的方向怎样变化，支反力在剪力方向的分量 F_{BQ} 始终不会变。求 AB 间任一截面的内力时，都取右边部分为研究对象，由于弯矩 M、剪力 F_Q 都只与 F_{BQ} 有关，因此都不会随 B 点链杆方向的变化而变化，而轴力 F_N 与 B 点链杆方向有关，因此会变化。

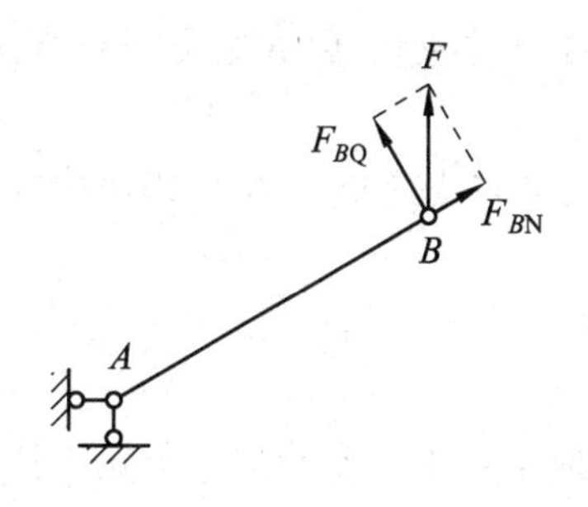

图 2-15

【例 11】　图 2-16 所示圆弧三铰拱在静水压力 q 作用下截面 K 的内力为（　　）。

A. M_K 不等于 0，$F_{QK}=0$，F_{NK} 不等于 0

B. $M_K=0$，F_{QK} 不等于 0，F_{NK} 不等于 0

C. M_K 不等于 0，F_{QK} 不等于 0，F_{NK} 不等于 0

D. $M_K=0$，$F_{QK}=0$，$F_{NK}=-qr$（压）

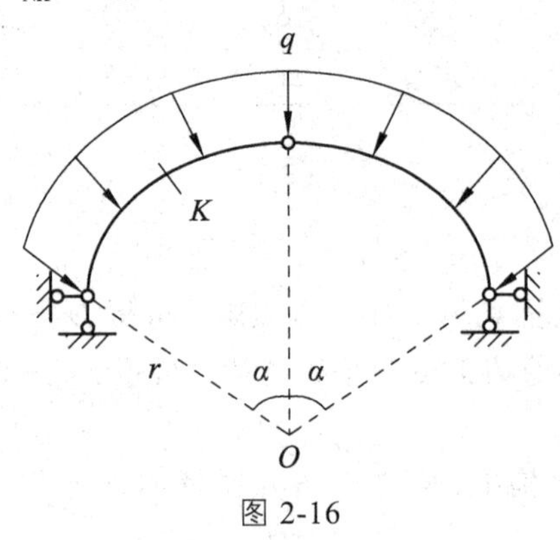

图 2-16

【答案】　D

【分析】　三铰拱在静水压力作用下的合理拱轴线为圆弧线，此时，任一截面的弯矩和剪力都为零，轴力为常数 qr。

【例 12】　图 2-17 所示桁架结构杆 1 的轴力为（　　）。

A. $\sqrt{2}P$　　　　B. $-\sqrt{2}P$

C. $\sqrt{2}P/2$　　　　D. $-\sqrt{2}P/2$

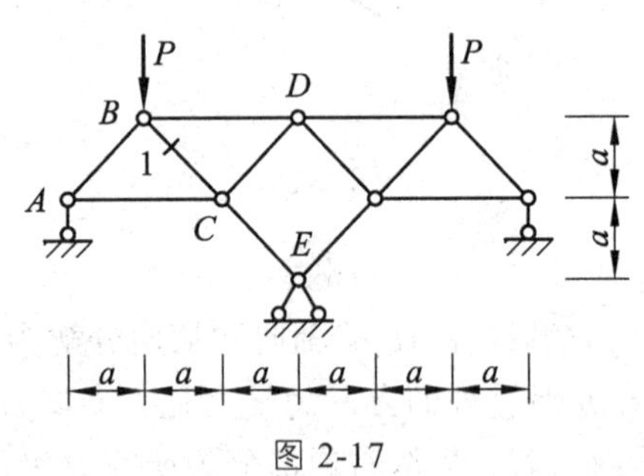

图 2-17

【答案】　B

【分析】　图示对称结构在对称荷载作用下，D 结点为 K 形结点，因此 CD 轴力为 0，C 结点为 T 形结点，则 AC 和 AB 轴力均为 0，由 B 结点竖直方向受力平衡方程可求得 1 杆轴力为 $-\sqrt{2}P$。

【例 13】　图 2-18 所示结构 A 点支座反力为（图中 BE 和 CD 在 G 点未相交，只是几何位置的重合）（　　）。

A. $P/4$　　　　B. 0　　　　C. $3P/8$　　　　D. $2P/8$

【答案】　B

【分析】　作截面Ⅰ—Ⅰ，取Ⅰ—Ⅰ以左的部分为隔离体，所有力对 G 点取矩，代数和为 0，求得 $F_{RA}=0$。

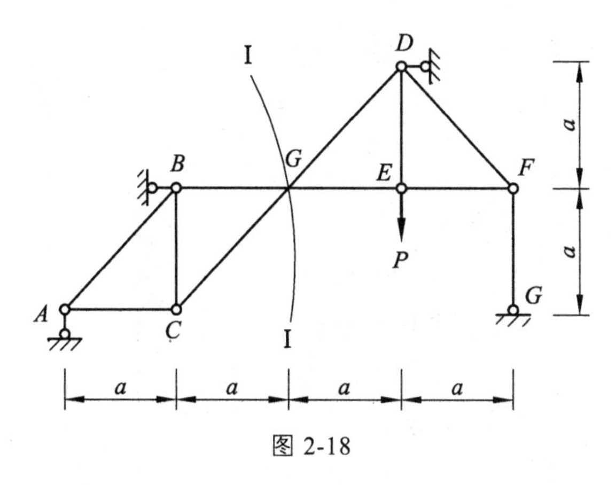

图 2-18

【例 14】 图 2-19 所示桁架结构杆 C 杆轴力为（ ）。

A. P　　B. $-P/2$　　C. $P/2$　　D. 0

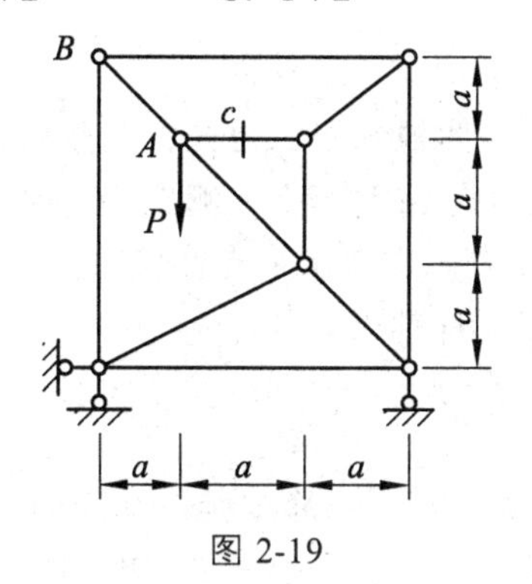

图 2-19

【答案】 A

【分析】 取 A 结点为隔离体，列 AB 垂线方向的受力平衡方程，可得 C 杆轴力为 P。

【例 15】 图 2-20 所示结构 K 点弯矩 M_K（设下面受拉为正）为（ ）。

A. $Pa/4$　　B. $-Pa/4$　　C. $-Pa/2$　　D. $Pa/2$

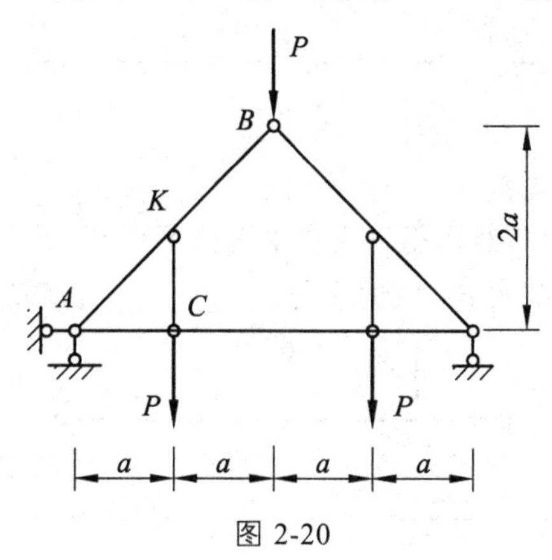

图 2-20

【答案】 D

【分析】 C 为 X 形结点，所以 CK 轴力为 P，AB 杆相当于在 CK 杆轴力沿 AB 杆垂线方向上分量作用下的简支梁，因此 $M_K = Pa/2$。

【例 16】　图 2-21 所示结构 a 杆的轴力 N_a 为（　　）。

A. P　　　B. $2P$　　　C. $3P$　　　D. $4P$

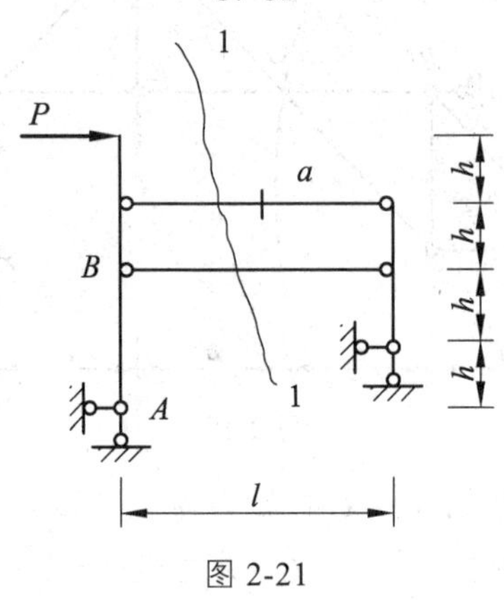

图 2-21

【答案】　D

【分析】　取 1—1 截面，截断两根水平二力杆，取截面右侧为隔离体，列竖直方向受力平衡方程，可知右支座竖向支反力为 0；同理，左侧支座竖向支反力也为 0。取整体为隔离体，对 A 点列力矩平衡方程，可求得右侧支座水平支座反力，取 1—1 截面以右部分为隔离体，对 B 点列力矩平衡方程，可求得 a 杆轴力。

3. 填空题

【例 17】　图 2-22 所示为受荷的多跨静定梁，其定向联系 C 所传递的弯矩 M_C 的大小为______，截面 B 的弯矩大小为_______，________侧受拉。

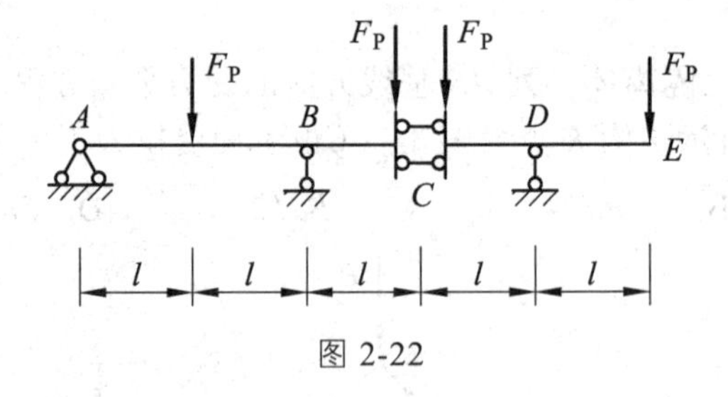

图 2-22

【答案】　0；F_Pl；上侧受拉

【分析】　CDE 部分在该荷载作用下为自平衡体系。

【例 18】　图 2-23 所示结构 BC 段剪力等于_________，DE 段弯矩等于_________。

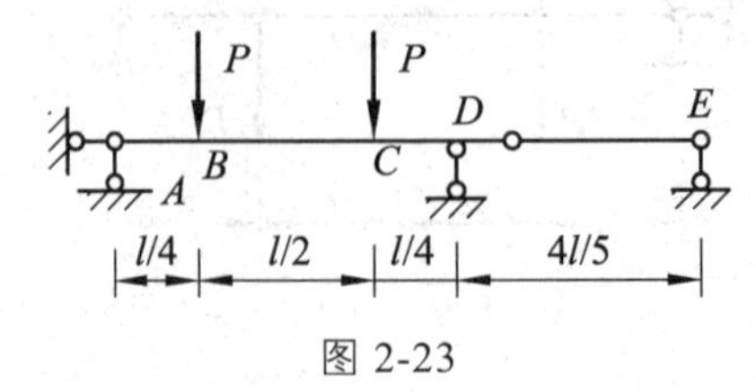

图 2-23

【答案】　0；0

【分析】　仅基本结构受力，附属结构无内力，因此 DE 部分内力为 0，可仅分析 AD 部分。

【例 19】 图 2-24 所示桁架中有________根零杆。

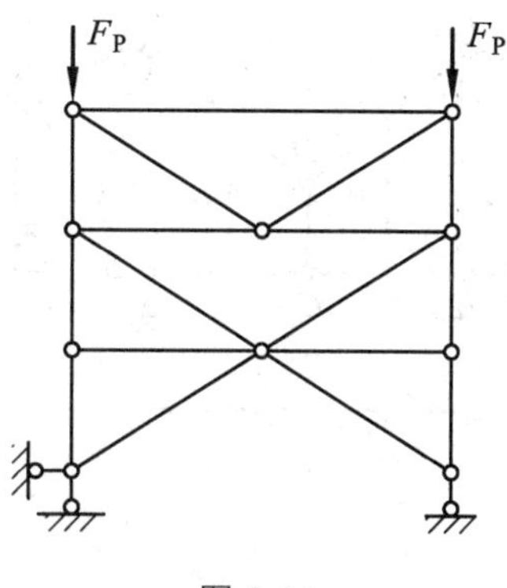

图 2-24

【答案】 11

【分析】 仅竖向杆件中有轴力，其余均为零杆。

【例 20】 图 2-25 所示桁架中杆 1 和杆 2 的轴力 F_{N1} =__________，F_{N2} =__________。

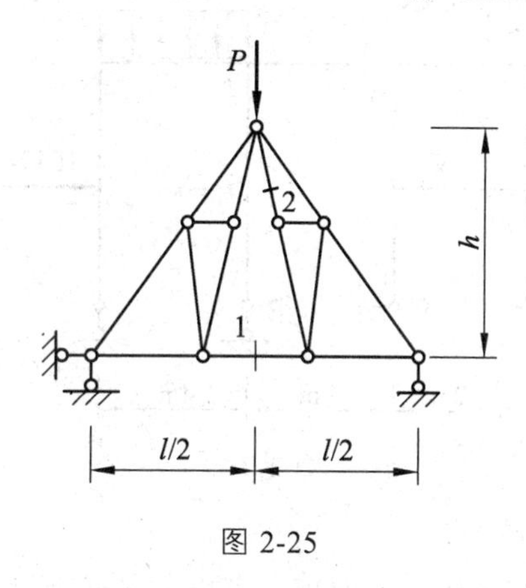

图 2-25

【答案】 $Pl/4h$；0

【分析】 将杆 1 截断，取右边部分为隔离体，如图 2-26 所示。由 $\sum M_C = 0$，得 $F_{N1} = Pl/4h$（受拉）。D 结点为 T 形结点，DE 杆为零杆；同理，可知 EF、DF 也为零杆，因此 CD 杆轴力也为零。

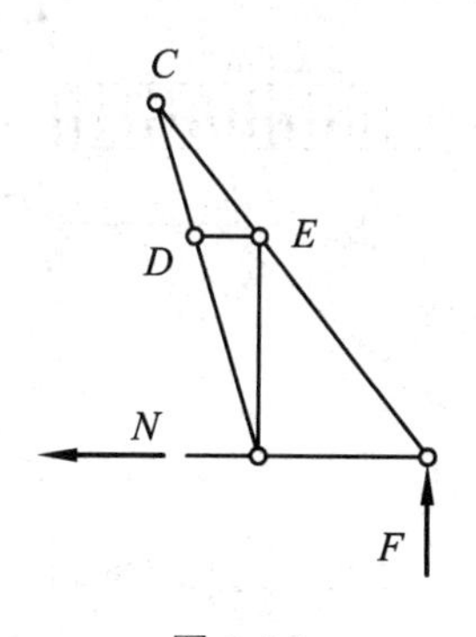

图 2-26

【例 21】 图 2-27 所示结构 CD 杆的内力为__________。

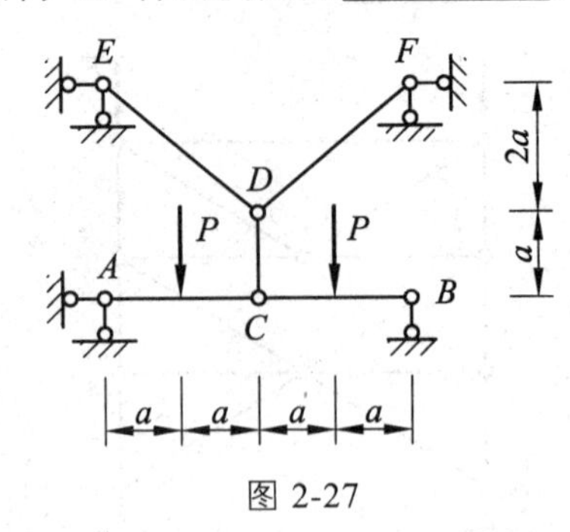

图 2-27

【答案】 P

【分析】 取 CB 为隔离体，对 C 点取矩，求出 B 点支座反力为 $P/2$，做截面切断 CD，取截面以下以及 AC 和 BC 为隔离体，对 A 点取矩，可求得二力杆 CD 轴力为 P。

【例 22】 图 2-28 所示结构 DB 杆剪力 $Q_{DB}=$__________。

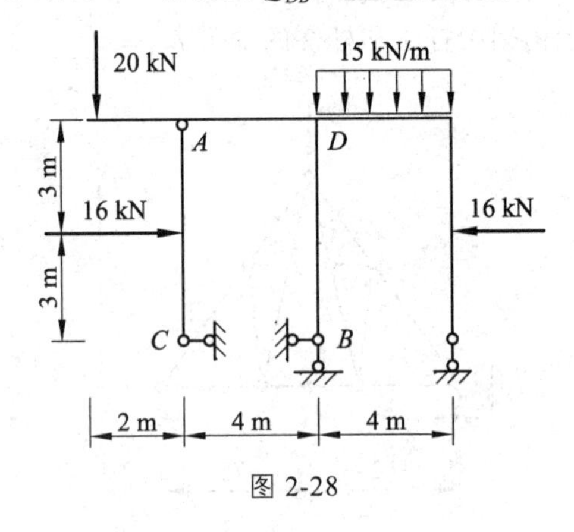

图 2-28

【答案】 －8 kN

【分析】 取 AC 为隔离体，对 A 点取矩，求出 C 支座反力为 8 kN，方向水平向左。取整体为隔离体，列水平方向受力平衡方程，可求出 B 支座水平反力，从而求出 $Q_{DB}=-8$ kN。

4. 计算题

【例 23】 作图 2-29 所示结构的 M 图、F_Q 图和 F_N 图。

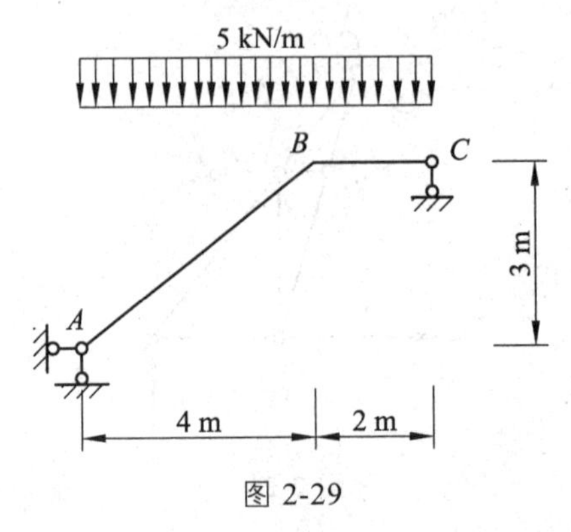

图 2-29

【答案】　见图 2-30。

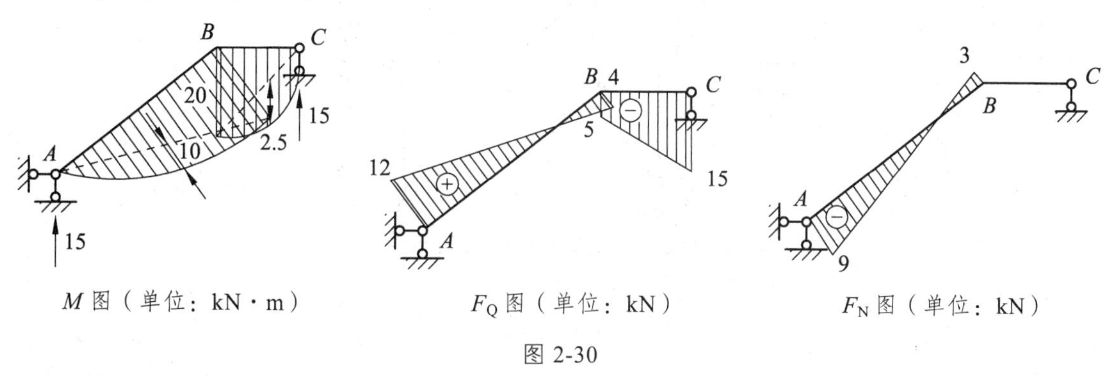

图 2-30

【分析】　在竖向荷载作用下，斜梁的支反力和弯矩的求解过程与直梁相同，但轴力和剪力会随着梁与荷载夹角的变化而变化。

【例 24】　作图 2-31 所示结构的 M 图和 F_Q 图。

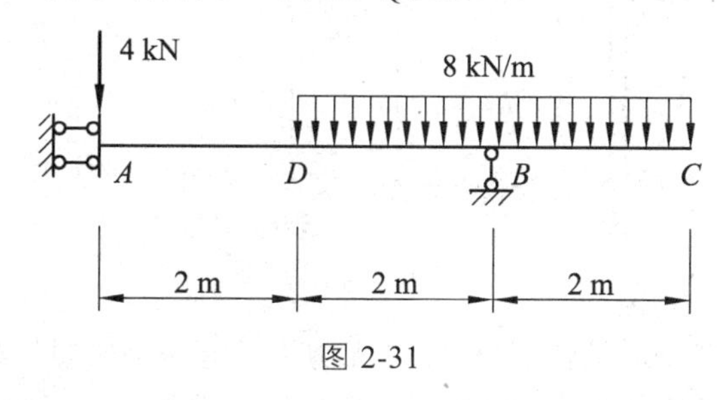

图 2-31

【答案】　见图 2-32。

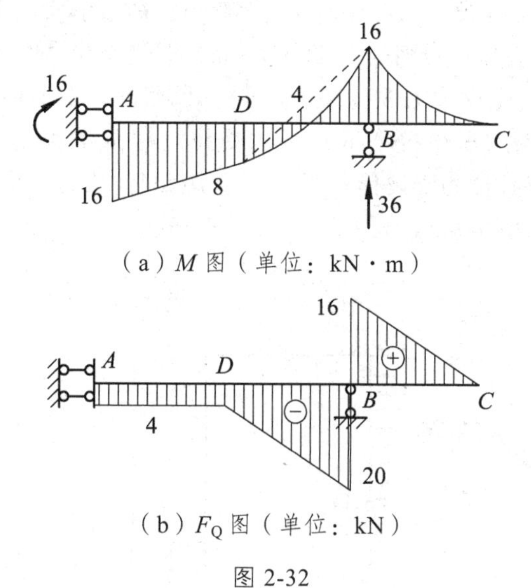

图 2-32

【分析】　所有竖向外荷载均由支座 B 承担，支反力为 36 kN，用截面法算出截面 A 和 D 的关键控制截面弯矩，然后用分段叠加法得到 M 和 F_Q。

【例 25】　作图 2-33 所示结构 M 图。

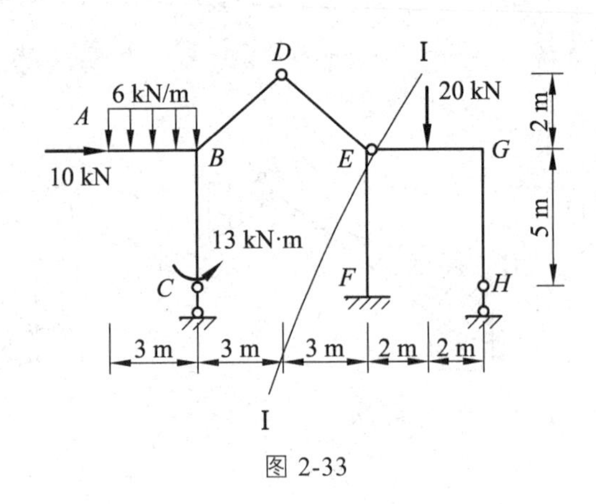

图 2-33

【答案】 见图 2-34。

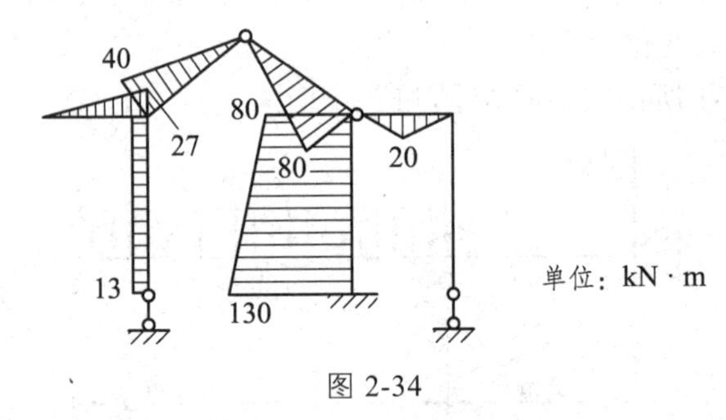

图 2-34

【分析】 先求解左侧 AB 悬臂部分，BC 无剪力，弯矩为常量，C 铰处有集中力偶，因此 BC 弯矩均为 13 kN。取刚结点 B，列力矩平衡方程，求得 $M_{BD}=40$ kN，上侧受拉，BD 无区间荷载，BD 截面间连实直线。GH 无剪力、无弯矩，EG 的弯矩图相当于简支梁在集中荷载作用下的弯矩图，集中力作用点弯矩为 20 kN · m，下侧受拉。取 D 以左的部分为隔离体，对 D 点取矩，可求出 C 支座反力为 38 kN，做 Ⅰ—Ⅰ 截面，取截面以左为隔离体，对 E 点列力矩平衡方程，求得 $M_{ED}=80$ kN · m，下侧受拉。根据 E 结点受力平衡，求得 $M_{DE}=80$ kN · m，左侧受拉。取整体为隔离体可得 $F_{QEF}=10$ kN，从而求得 $M_{FE}=130$ kN · m。

【例 26】 作图 2-35 所示结构 M 图、F_Q 图、F_N 图。

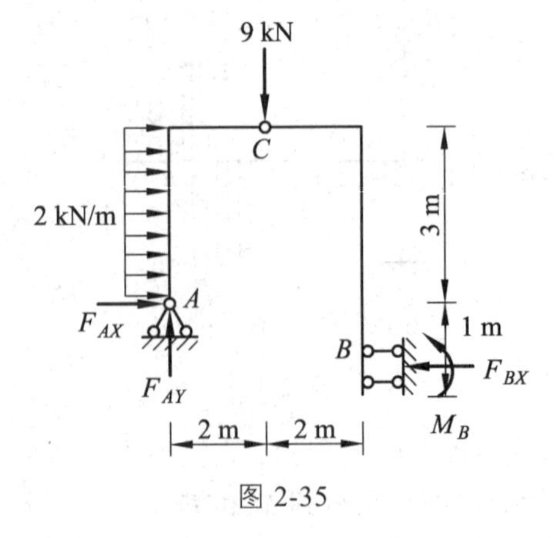

图 2-35

【答案】 见图 2-36。

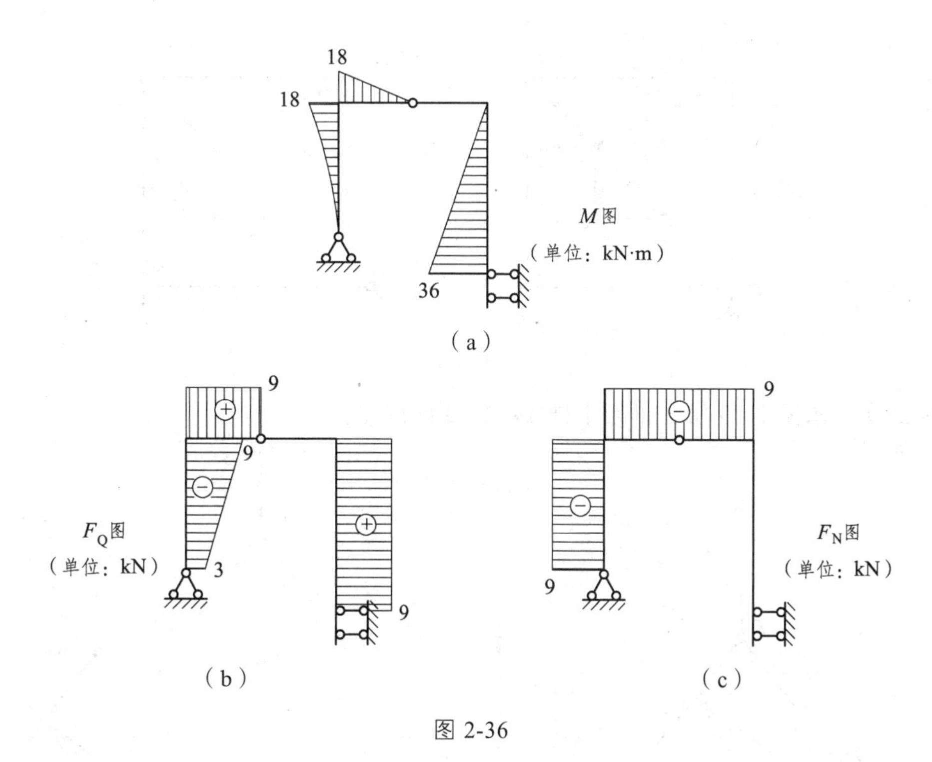

图 2-36

【分析】　图中刚架在 B 点处是以滑动支座与大地相连接，属于三铰刚架中特殊的情况。计算方法与三铰刚架相同。首先，由 $\sum F_Y=0$，得 $F_{AY}=9\ \text{kN}(\uparrow)$；取结构的左半部分为隔离体，由 $\sum M_C=0$ 求得 $F_{AX}=3\ \text{kN}(\rightarrow)$；再由整体结构的平衡方程 $\sum F_X=0$，得 $F_{BX}=9\ \text{kN}(\leftarrow)$，由力矩平衡方程得 $M_B=36\ \text{kN}\cdot\text{m}$。由此可画出结构的 M 图，如图 2-36（a）所示。注意到 CE 段剪力为零，弯矩应为常数，而铰 C 处弯矩应为零，因此 CE 段的弯矩都应为零。画出 M 图后，根据荷载和支座反力可以画出相应的 F_Q 图和 F_N 图，如图 2-36（b）、（c）所示；也可根据 M 图画 F_Q 图，再根据刚结点处的平衡条件画 F_N 图。

【例 27】　求图 2-37 所示结构中 a、b、c 杆的轴力。

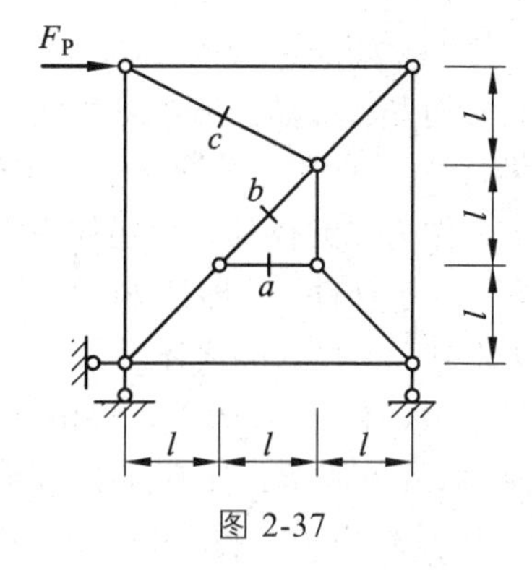

图 2-37

【答案】　$F_{Na}=0$；$F_{Nb}=\sqrt{2}F_P$；$F_{Nc}=0$

【分析】　如图 2-38 所示，截取Ⅰ—Ⅰ截面，列水平方向受力平衡方程，可得 $F_{Nb}=\sqrt{2}F_P$；结点 1 为 T 形结点，因此 $F_{Na}=0$；截取Ⅱ—Ⅱ截面，以圆圈内部分为隔离体，对 2 点取矩，可得 $F_{Nc}=0$。

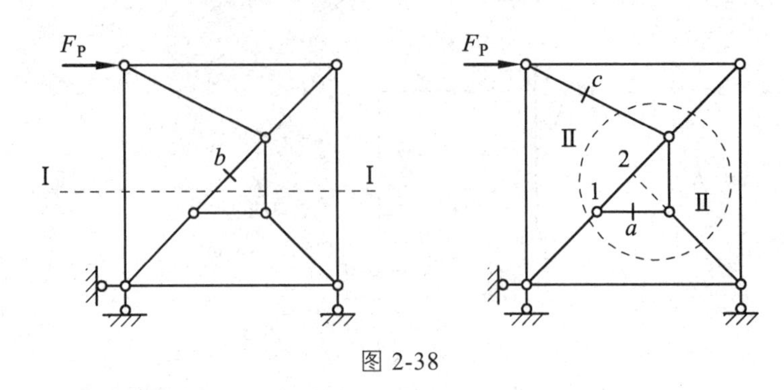

图 2-38

【例 28】 求图 2-39 所示桁架中杆 1、2、3 的内力。

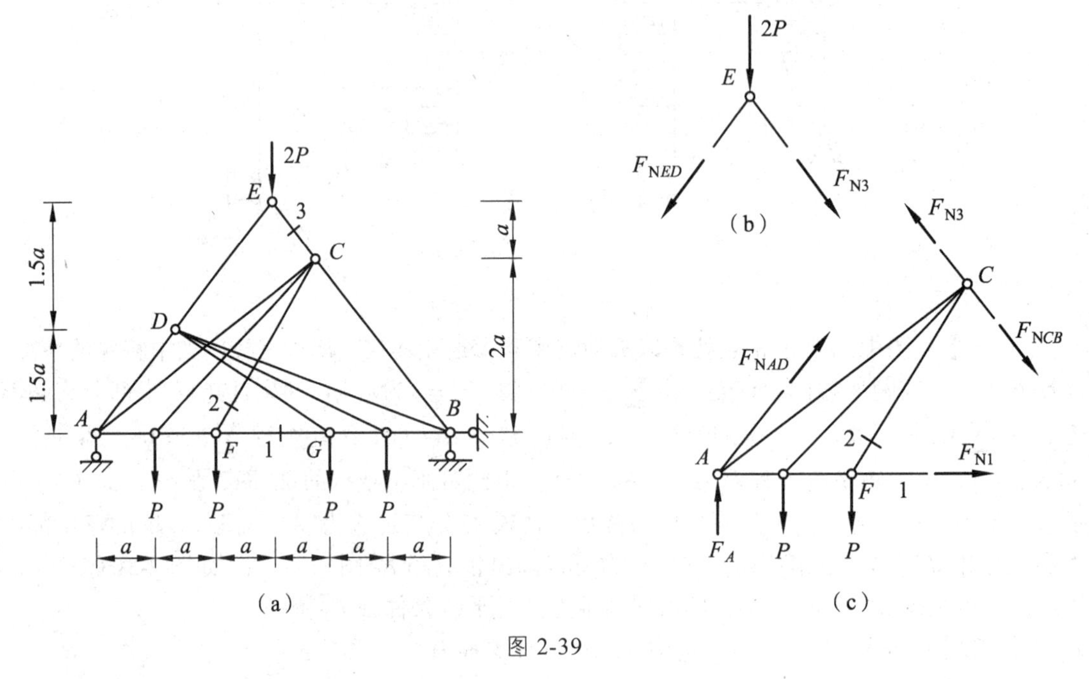

图 2-39

【答案】 $F_{N1}=2P$；$F_{N2}=\sqrt{2}P$；$F_{N3}=-\sqrt{2}P$

【分析】 对图示桁架进行机动分析。显然，不考虑基础，体系本身是由扩大的刚片 AFC 和 DBG 构成，两刚片间通过三根不全平行、也不同交于一点的链杆 AD、FG 以及 BC 连接，构成几何不变体系。最后 DE、CE 作为二元体加在前述体系上。根据杆件 1、2 和 3 所在部分，采用不同的方法和研究对象。对于杆件 1（即杆 FG），是两个刚片间的连接链杆，一般情况下需要将两个刚片拆开，以其中一个作为隔离体。

首先计算支座反力。由 $\sum M_B=0$，得 $F_A=3P(\uparrow)$，再由 $\sum F_y=0$ 得 $F_B=3P(\uparrow)$。

取 AFC 部分作为隔离体，如图（c）所示，注意到 F_{NAD} 和 F_{N3}（以及 F_{NCB}）的作用线相交于 E 点，对 E 点求力矩平衡，由 $\sum M_E=0$，得 $F_{N1}=2P$。

取 F 结点为隔离体，由 $\sum F_y=0$，得 $F_{y2}=P$，因此 $F_{N2}=\sqrt{2}P$。

最后，取结点 E 为隔离体，如图（b）所示，由 $\sum F_x=0$，有 $F_{N3}=F_{NED}$；再由 $\sum F_y=0$，得 $F_{N3}=-\sqrt{2}P$。

【例 29】 求图 2-40 所示的结构中 a、b、c 杆轴力。

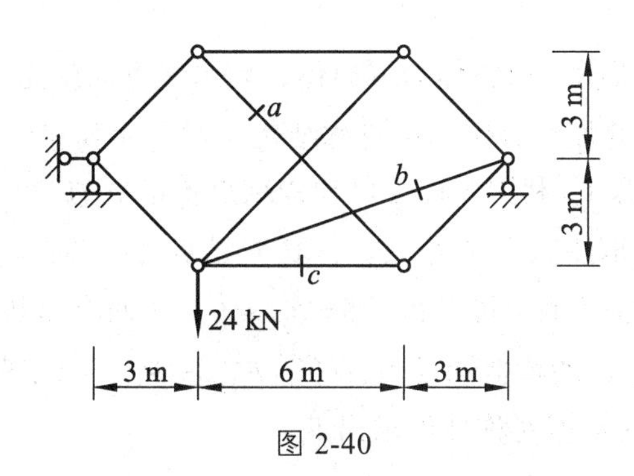

图 2-40

【答案】 $F_{Na}=12.73\ \text{kN}$；$F_{Nb}=18.97\ \text{kN}$；$F_{Nc}=-18\ \text{kN}$

【分析】 如图 2-41 所示，取Ⅰ—Ⅰ截面以左为隔离体，对 A 点取矩，可求得 a 杆；取 B 结点为隔离体，列竖直方向受力平衡方程，可得 F_{NBD}，由水平方向受力平衡方程可得 F_{Nc}；取Ⅱ—Ⅱ截面以右部分为隔离体，对 C 点取矩，可求得 F_{Nb}。

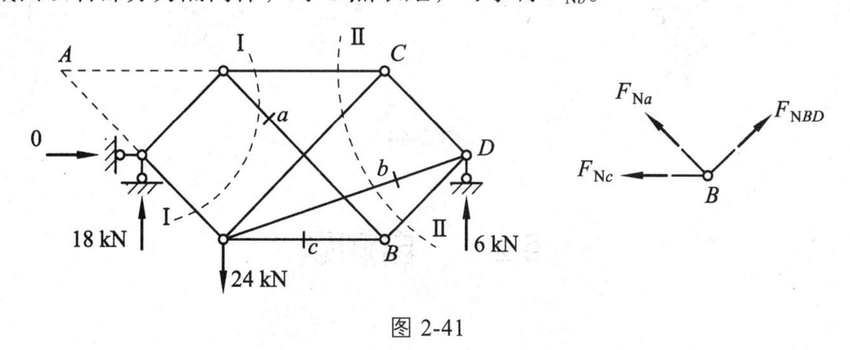

图 2-41

【例 30】 求图 2-42 所示结构中二力杆的轴力和梁式杆的内力图。

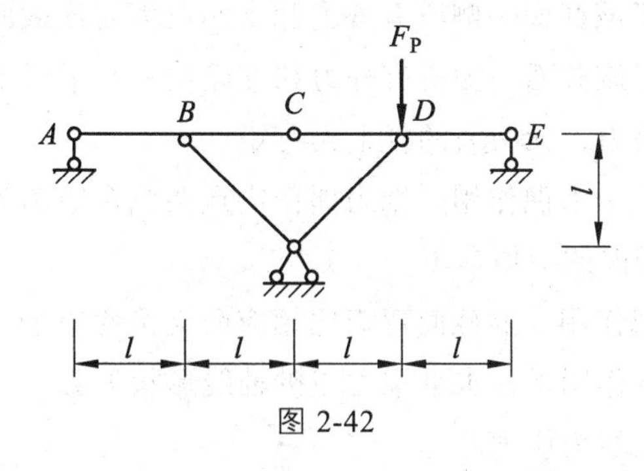

图 2-42

【答案】 见图 2-43。

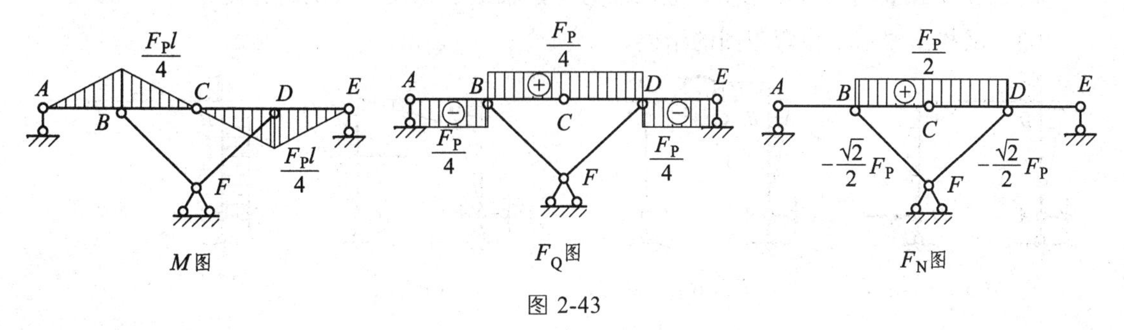

图 2-43

【分析】　如图 2-44 所示，取整体为隔离体，列水平方向受力平衡方程可得 $F_{HF}=0$，原结构可化为如下两个状态叠加，分别利用对称结构在对称荷载和反对称荷载作用下的结构受力特性进行解题。对于状态 1，利用对称性可知铰结点传递剪力为 0，即 $F_{QC}=0$；然后取 ABC 为隔离体，隔离体对 A 点取矩，可求得 F_{NBF}；取 F 结点为隔离体，可求得 F_{yF}；考虑到对称性并对整体列竖直方向平衡方程，可求得 $F_{yA}=F_{yE}=0$，从而求出状态 1 的内力图。对于状态 2，利用对称性并考虑结点 F 的构造和受力，可得 $F_{NBF}=F_{NDF}=0$，然后取 ABC 为隔离体对 C 点取矩，可求得 F_{yA}，最后根据对称性可求出 F_{yE}。

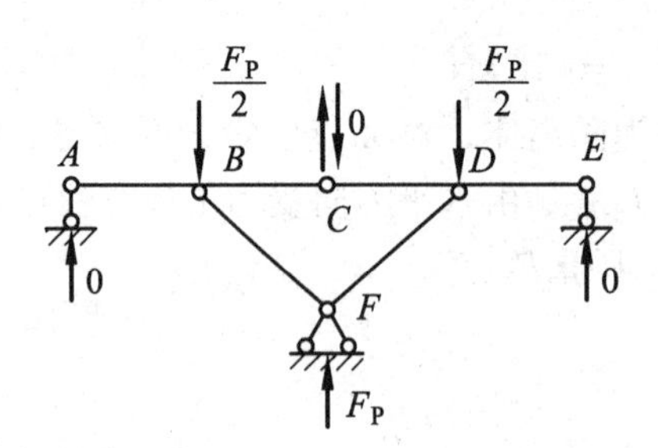

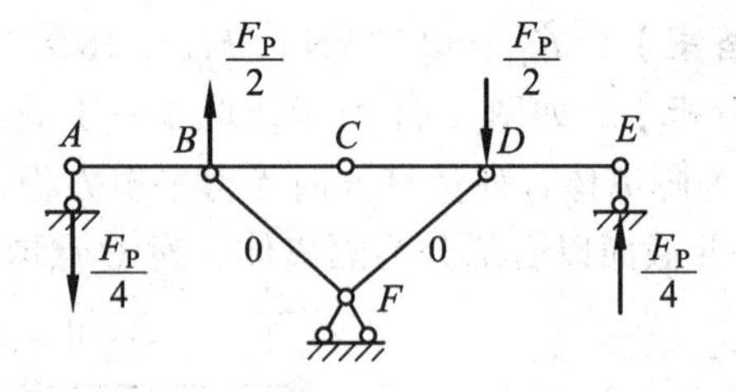

图 2-44

§2-3　自测题

2-1　下面说法中，错误的一项是（　　）。

A. 某截面的弯矩等于该截面一侧所有外力和支座反力对该截面的力矩代数和

B. 某截面的剪力等于该截面一侧所有外力和支座反力在平行于该截面方向上的合力

C. 无弯矩的杆上无剪力，无剪力的杆上无弯矩

D. 若一段杆上只有一个力偶作用，则力偶作用点两侧弯矩图为平行直线

2-2　下面说法中，错误的一项是（　　）。

A. 三铰拱在竖向荷载作用下的截面弯矩比相应简支梁弯矩小

B. 三铰拱在竖向荷载作用下，水平推力与拱轴线形状无关

C. 三铰拱截面轴力一般为压力

D. 三铰拱在竖向荷载作用下，竖向反力与拱轴形状无关，与拱高有关

2-3　试找出图示结构弯矩图的错误。

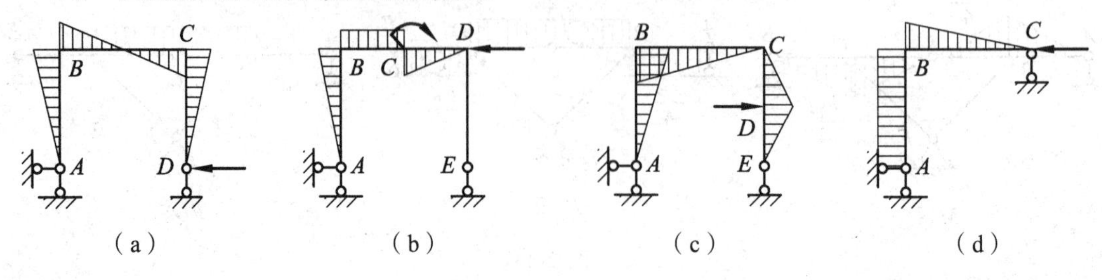

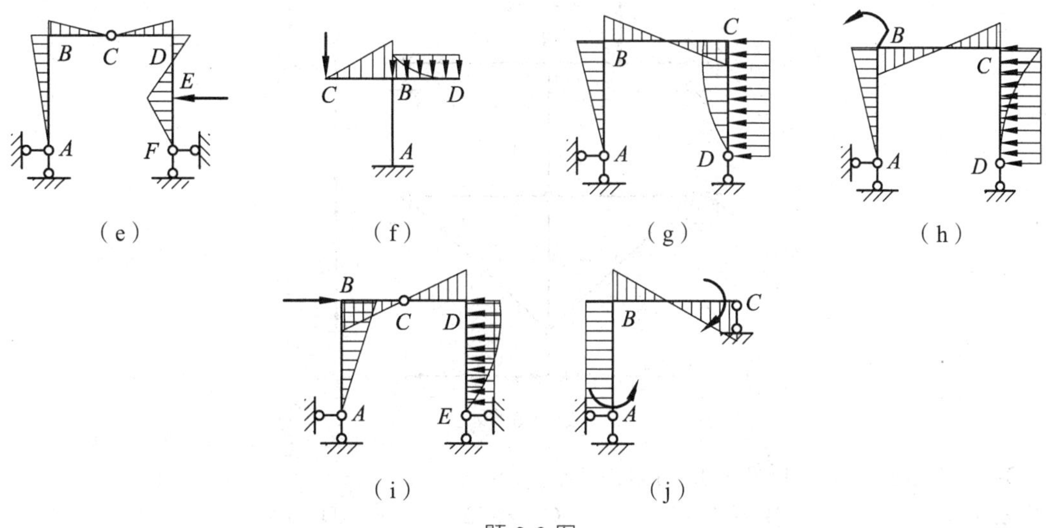

题 2-3 图

2-4　图示结构 F_{NDE}（拉）为（　　）。

A. 70 kN　　B. 80 kN　　C. 75 kN　　D. 64 kN

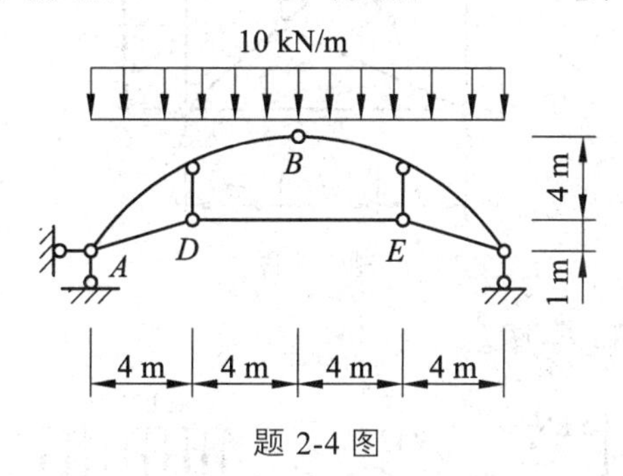

题 2-4 图

2-5　图示桁架中，当仅增大桁架高度，其他条件均不变时，对杆 1 和杆 2 的内力影响是（　　）。

A. F_{N1}、F_{N2} 均减小

B. F_{N1}、F_{N2} 均不变

C. F_{N1} 减小、F_{N2} 不变

D. F_{N1} 增大、F_{N2} 不变

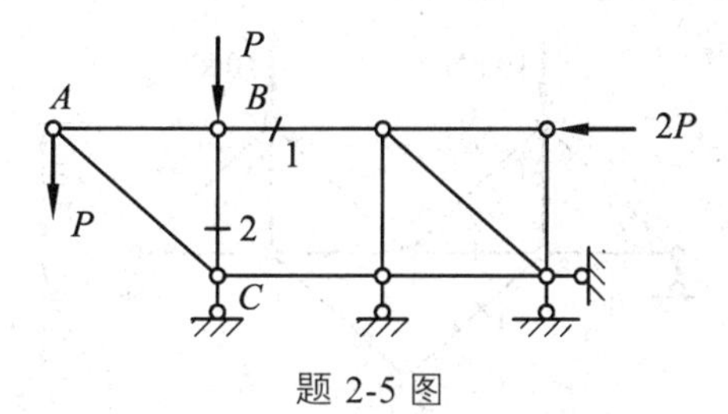

题 2-5 图

2-6　图示静定组合结构，在荷载作用下，杆件 a 的轴力 F_{Na} = ________。

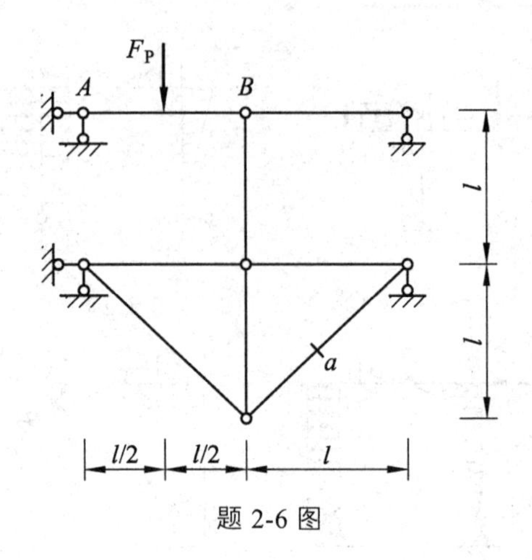

题 2-6 图

2-7　图示桁架中，杆件 C 的内力为（　　）。

A. 0　　B. $-F_P/2$　　C. $F_P/2$　　D. F_P

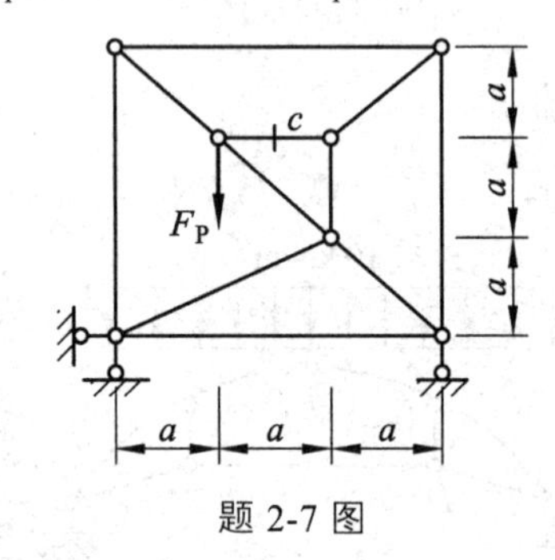

题 2-7 图

2-8　作图示结构 M 图和 F_Q 图。

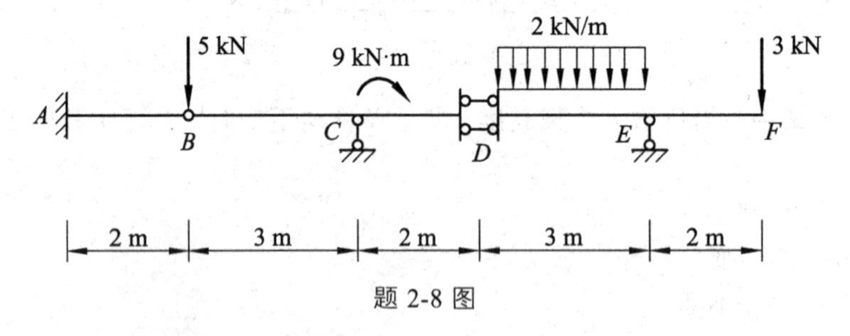

题 2-8 图

2-9　计算图示桁架中杆件 1、2 的轴力。

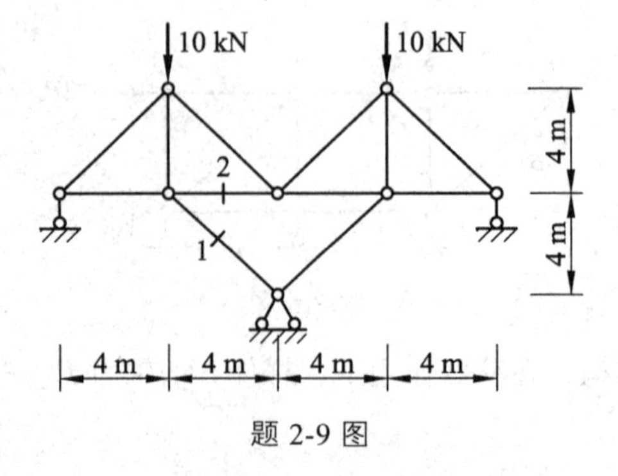

题 2-9 图

2-10　求图示结构内力图。

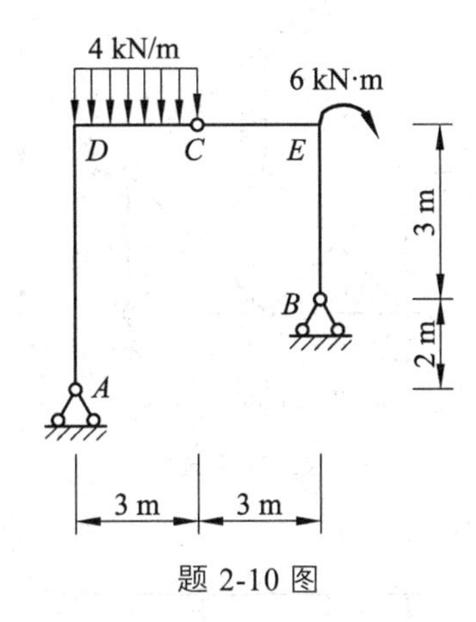

题 2-10 图

2-11　计算图示桁架中杆件 1、2 的轴力。

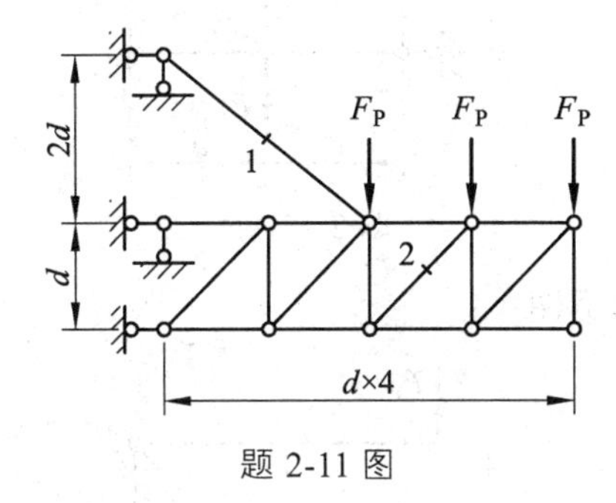

题 2-11 图

2-12　试计算图示桁架指定杆件内力。

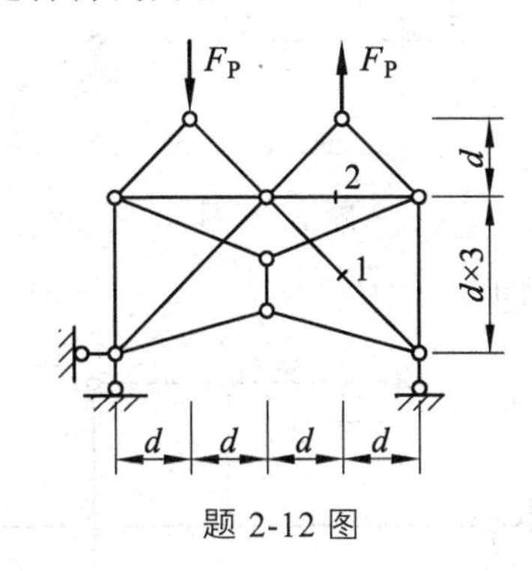

题 2-12 图

2-13　试计算图示桁架指定杆件内力。

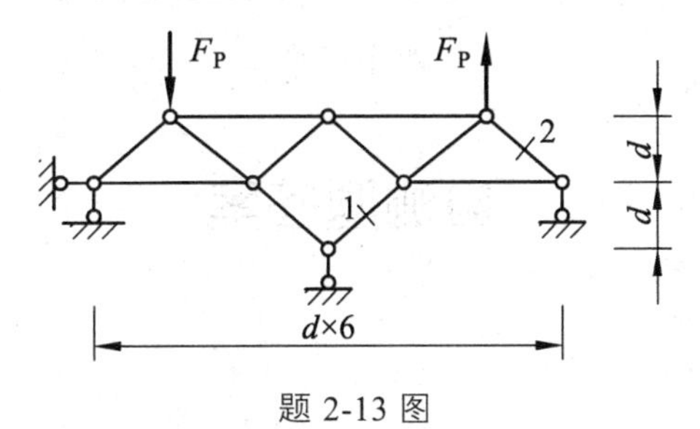

题 2-13 图

2-14　试计算图示桁架指定杆件内力。

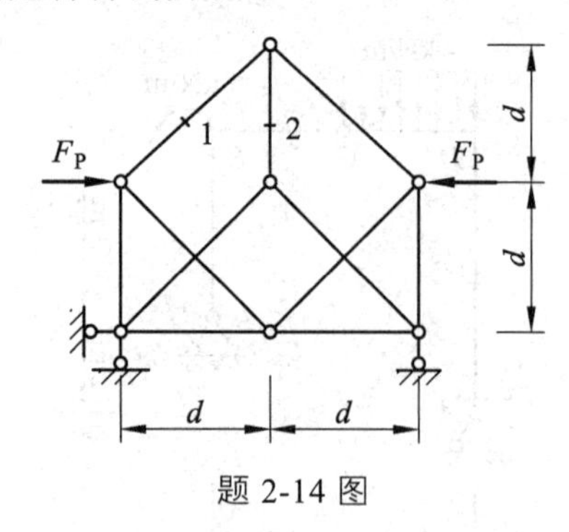

题 2-14 图

2-15　试作图示结构件内力图。

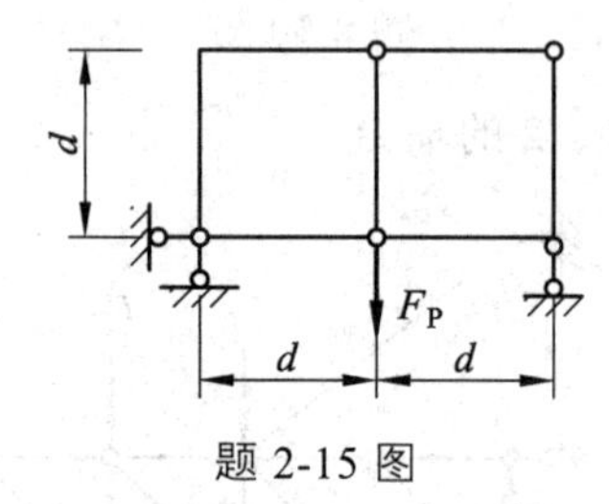

题 2-15 图

2-16　试作图示结构件内力图。

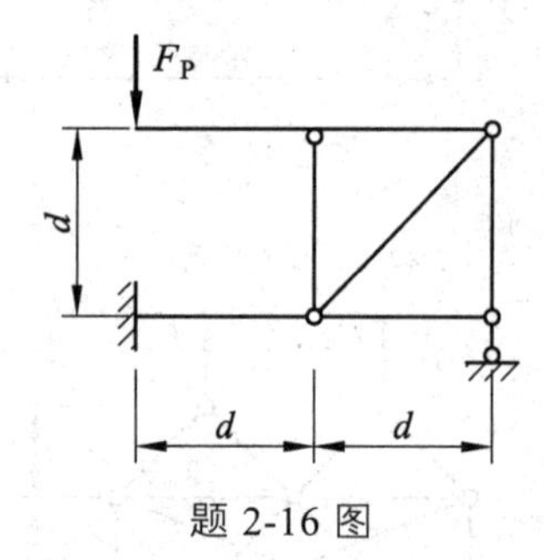

题 2-16 图

2-17　试作图示结构件内力图。

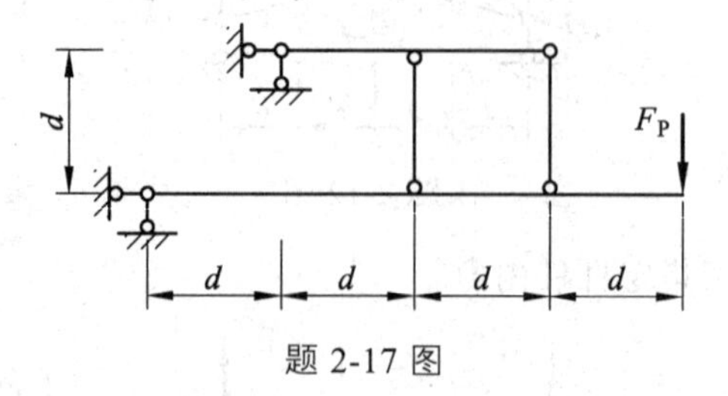

题 2-17 图

自测题答案

2-1　（C）

2-2　（D）

2-3　（a）*C* 结点力矩不平衡；

（b）*C* 点两侧弯矩图的斜率应相同；

（c）*DE* 段无弯矩；

（d）*A* 截面弯矩应为零；

（e）*C* 点两侧弯矩图的斜率应相同；

（f）*B* 结点力矩不平衡；

（g）*D* 点剪力等于零，应为抛物线的顶点；

（h）*B* 结点力矩不平衡；

（i）*DE* 杆弯矩图应凸向左侧；

（j）*C* 截面上侧受拉，应画在上侧。

2-4　（B）

2-5　（C）

2-6　$F_{Na}=\sqrt{2}F_P/4$（拉力）

2-7　（D）

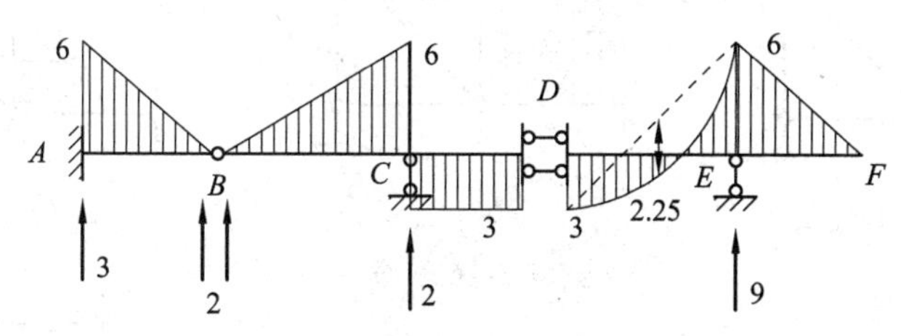

M 图（单位：kN · m）

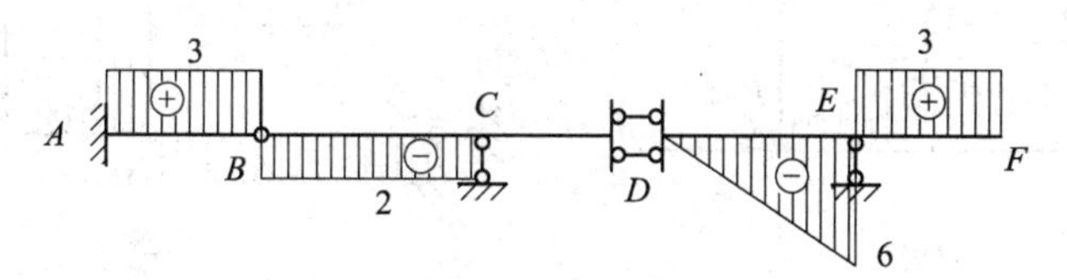

F_Q 图（单位：kN）

题 2-8 答案

2-9　$F_{N1}=-10\sqrt{2}$ kN（压力），$F_{N2}=10$ kN（拉力）

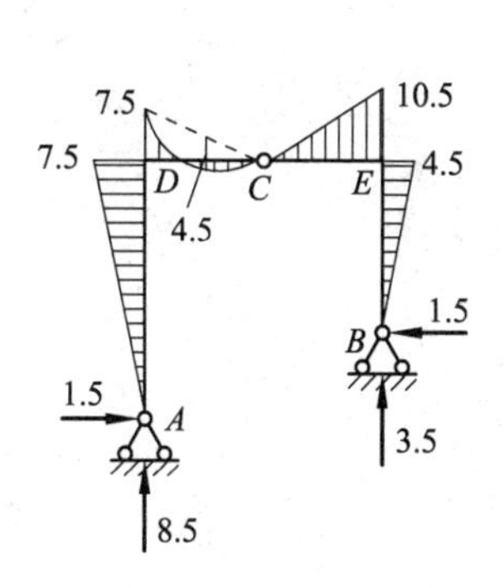

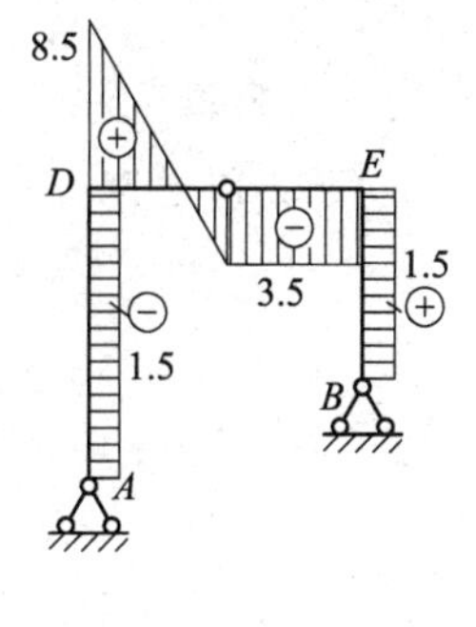

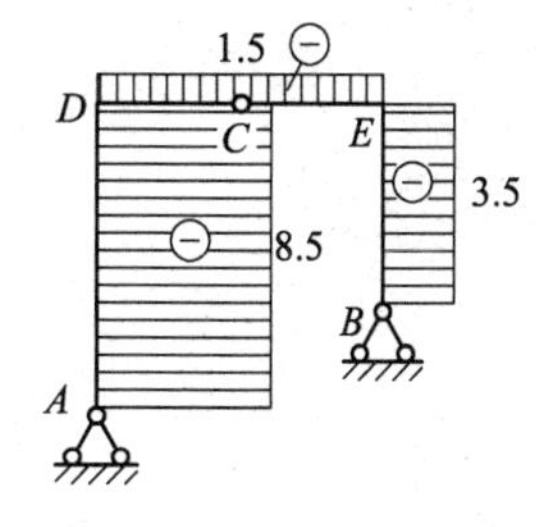

M 图（单位：kN·m）　　F_Q 图（单位：kN）　　F_N 图（单位：kN）

题 2-10 答案

2-11　$F_{N1}=3\sqrt{2}F_P$，$F_{N2}=-2\sqrt{2}F_P$

2-12　$F_{N1}=0$，$F_{N2}=-0.5F_P$

2-13　$F_{N1}=0$，$F_{N2}=\frac{2}{3}\sqrt{2}F_P$

2-14　$F_{N1}=-\sqrt{2}F_P$，$F_{N2}=2F_P$

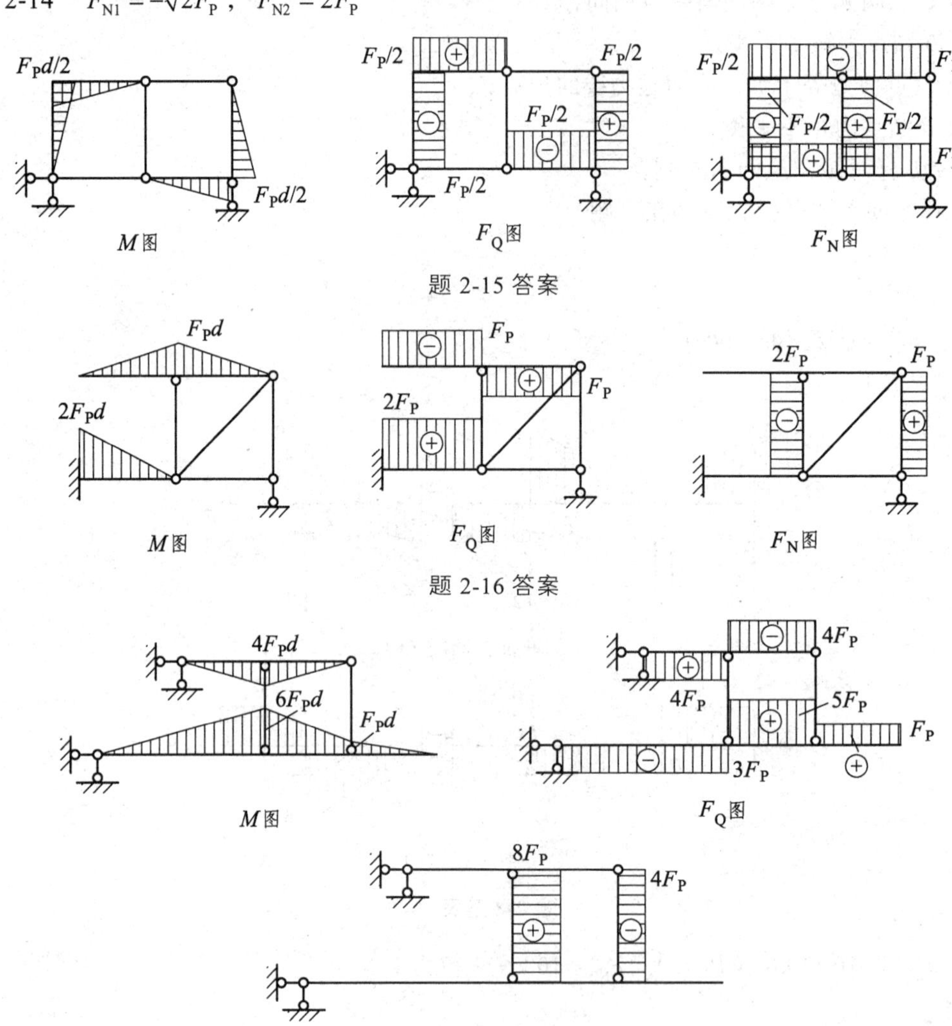

题 2-15 答案

题 2-16 答案

题 2-17 答案

第 3 章　静定结构的位移计算

§3-1　知识要点

1. 变形体系的虚功原理

变形体系的虚功原理为：变形体系处于平衡的必要和充分条件是，对于任何虚位移，外力所作虚功之和等于变形体系各微段的内力在其变形上所作虚功之和。即

$$W_{外} = W_{内} \tag{3-1}$$

虚功是力在其他原因引起的位移上所作的功。在变形体系的虚功原理中，所讨论的力系和变形彼此独立无关，两者之一可以是虚设的。形成虚功的要素满足以下两个条件：力系处于平衡状态；变形或位移微小、连续、符合约束条件。

写出外力虚功与内力虚功的表达式

$$W_{外} = \sum F_{P}\varDelta + \sum F_{R}C$$
$$W_{内} = \sum\int F_{N}\mathrm{d}u + \sum\int M\mathrm{d}\varphi + \sum\int F_{Q}\mathrm{d}\eta$$

代入式（3-1），得到平面杆系结构的虚功方程为

$$\sum F_{P}\cdot\varDelta + \sum F_{R}C = \sum\int F_{N}\mathrm{d}u + \sum\int M\mathrm{d}\varphi + \sum\int F_{Q}\mathrm{d}\eta \tag{3-2}$$

虚功原理有两种应用，一是虚设位移，求未知力，即虚位移原理。按照虚位移原理建立的虚功方程，实质上是要求的未知力与外荷载之间的平衡方程，特点是用几何方法解决平衡问题。二是虚设力系，求位移，即虚力原理。按照虚力原理建立的虚功方程，实质上是要求的位移与已知变形或位移之间的几何方程，特点是用平衡方法解决几何问题。应用虚力原理，可以得到位移计算公式。

2. 位移计算

（1）单位荷载法

在结构实际变形状态的拟求位移 $\varDelta_{K}$ 方向上虚设一个单位荷载，建立力的虚拟状态，由变形体系虚功方程（3-2），得到位移计算的一般公式

$$1\cdot\varDelta_{K} = \sum\int \bar{F}_{N}\mathrm{d}u + \sum\int \bar{M}\mathrm{d}\varphi + + \sum\int \bar{F}_{Q}\mathrm{d}\eta - \sum \bar{F}_{R}C \tag{3-3}$$

式中：$\bar{F}_{N}$ 、$\bar{M}$ 、$\bar{F}_{Q}$ 分别为虚拟状态中虚拟单位荷载引起的轴力、弯矩和剪力；$\mathrm{d}u$ 、$\mathrm{d}\varphi$ 、$\mathrm{d}\eta$ 分别为实际变形状中微段 $\mathrm{d}s$ 的轴向、弯曲和剪切变形；$\bar{F}_{R}$ 为虚拟状态中虚拟单位荷载引起

的反力；C 为实际变形状态中已知的支座位移值。

（2）荷载作用下的位移计算

在荷载作用下位移公式为

$$1\cdot\Delta_{KP}=\sum\int\frac{\bar{F}_{N}F_{NP}\mathrm{d}s}{EA}+\sum\int\frac{\bar{M}M_{P}\mathrm{d}s}{EI}+\sum\int\frac{k\bar{F}_{Q}F_{QP}\mathrm{d}s}{GA}\tag{3-4}$$

式中：F_{NP}、M_P、F_{QP} 为实际状态在荷载作用下的内力；$\bar{F}_N$、$\bar{M}$、$\bar{F}_Q$ 分别为虚拟状态中虚拟单位荷载引起的轴力、弯矩和剪力；k 为与截面形状有关的剪切修正系数。

各类结构的在荷载作用下的位移计算简化公式为

桁架　$$\Delta_{KP}=\sum\int\frac{\bar{F}_{N}F_{NP}\mathrm{d}s}{EA}=\sum\frac{\bar{F}_{N}F_{NP}}{EA}\int_{0}^{l}\mathrm{d}s=\sum\frac{\bar{F}_{N}F_{NP}l}{EA}\tag{3-5}$$

梁和刚架　$$\Delta_{KP}=\sum\int\frac{\bar{M}M_{P}\mathrm{d}s}{EI}\tag{3-6}$$

组合结构　$$\Delta_{KP}=\sum\int\frac{\bar{M}M_{P}\mathrm{d}s}{EI}+\sum\frac{\bar{F}_{N}F_{NP}l}{EA}\tag{3-7}$$

曲杆和拱　$$\Delta_{KP}=\sum\int\frac{\bar{M}M_{P}\mathrm{d}s}{EI}+\sum\int\frac{\bar{F}_{N}F_{NP}\mathrm{d}s}{EA}\tag{3-8}$$

（3）图乘法

在计算由弯曲变形引起的位移时，如果结构满足以下条件：杆轴为直线、EI 为常数、$\bar{M}$ 和 M_P 图中至少有一个是直线图形，可以采用图乘法，公式为

$$1\cdot\Delta_{KP}=\sum\int\frac{\bar{M}M_{P}\mathrm{d}s}{EI}=\sum\frac{\omega\cdot y_{0}}{EI}\tag{3-9}$$

式中：ω 为一个弯矩图的面积；y_0 为另一个直线弯矩图上的竖标。

几种复杂图形相乘的情况：

① 梯形相乘（图 3-1）

用辅助线将图 3-1（a）所示梯形分块后相乘，计算式为

$$\frac{\omega\cdot y_{0}}{EI}=\frac{1}{EI}(\omega_{1}\cdot y_{1}+\omega_{2}\cdot y_{2})$$

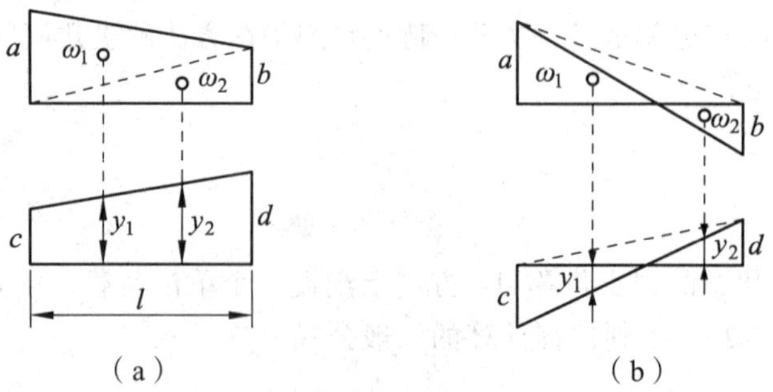

图 3-1

② 二次抛物线图形相乘（图 3-2）

根据叠加法作直杆弯矩图的作图规律，可将图 3-2（a）所示的图形分解为一个梯形和一

个标准抛物线图形进行分块图乘，如图 3-2 所示，计算式为

$$\frac{\omega \cdot y_0}{EI}=\frac{1}{EI}(\omega_1 \cdot y_1+\omega_2 \cdot y_2)$$

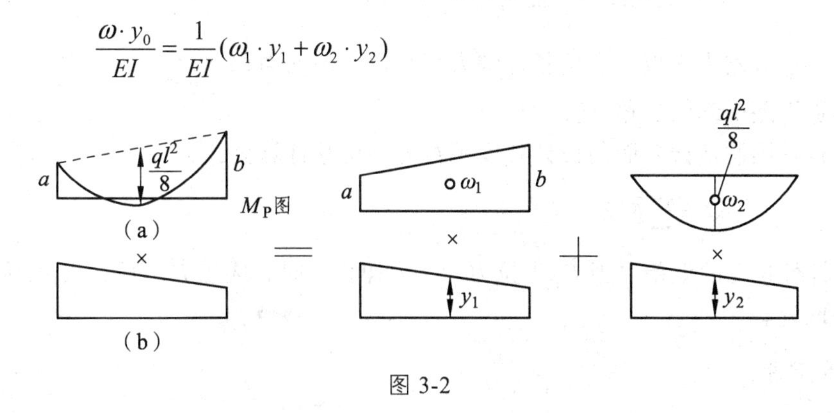

图 3-2

③ 曲线图形与折线图形相乘（图 3-3）

将折线图形分为几段直线，曲线图形也作相应分块，分别相乘后取其代数和，计算式为

$$\frac{\omega \cdot y_0}{EI}=\frac{1}{EI}(\omega_1 \cdot y_1+\omega_2 \cdot y_2+\omega_3 \cdot y_3)$$

④ 杆件截面不相等的图形相乘（图 3-4）将图形按 EI 为常数分段后分别相乘，取其代数和，计算式为

$$\frac{\omega \cdot y_0}{EI}=\frac{\omega_1 \cdot y_1}{EI_1}+\frac{\omega_2 \cdot y_2}{EI_2}+\frac{\omega_3 \cdot y_3}{EI_3}$$

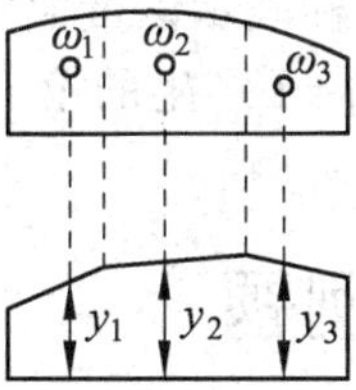

图 3-3 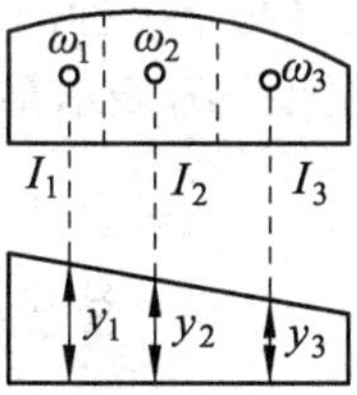　　　　图 3-4

（4）支座移动引起的位移计算

当静定结构仅发生支座位移时，各杆不产生变形，由式（3-3）得到支座移动时的位移公式

$$\Delta_{Kc}=-\sum \overline{F}_R \cdot C \tag{3-10}$$

式中：$\sum \overline{F}_R \cdot C$ 为反力虚功，当 $\overline{F}_R$ 与实际支座位移 C 方向一致时，乘积取为正值；反之，取为负值。在应用式（3-10）时，需注意不能遗漏公式右边的负号。

（5）温度变化引起的位移计算

将实际状态中的结构的任一微段 ds 因温度变化发生的变形代入式（3-3），得到温度变化时的位移计算公式

$$\Delta_{Kt}=\sum\int \overline{F}_N \alpha t_0 \mathrm{d}s+\sum\int \overline{M}\frac{\alpha \Delta t}{h}\mathrm{d}s \tag{3-11}$$

当 α 、t_0 、Δt 沿每一杆件的全长为常数，且各杆均为等截面时，由上式得

$$\Delta_{\mathrm{Kt}}=\sum\alpha t_0\omega_{\bar{F}_{\mathrm{N}}}+\sum\frac{\alpha\Delta t}{h}\omega_{\bar{M}} \tag{3-12}$$

式中：$\omega_{\bar{F}_{\mathrm{N}}}$、$\omega_{\bar{M}}$ 分别为虚拟状态中各杆轴力图和弯矩图的面积。

（6）制造误差引起的位移计算

当桁架杆件因制造误差而与设计长度不符时，位移计算公式为

$$\Delta_{\mathrm{K}\lambda}=\sum\bar{F}_{\mathrm{N}}\lambda \tag{3-13}$$

式中：λ 为杆件长度的误差，当 $\bar{F}_{\mathrm{N}}$ 为拉力、λ 为伸长量时，或当 $\bar{F}_{\mathrm{N}}$ 为压力、λ 为缩短量时，两者的乘积取正。

3. 互等定理

互等定理适用于线性变形体系。在四个互等定理中，功的互等定理是基本定理，其他三个定理是功的互等定理的特殊情况，可由功的互等定理导出。

互等定理中的力和位移可以是无量纲的单位广义力和单位广义位移。

（1）功的互等定理：状态 1 的外力在状态 2 的位移上做的虚功 T_{12}，等于状态 2 的外力在状态 1 的位移上做的虚功 T_{21}，即：$T_{12}=T_{21}$。

（2）位移互等定理：由第一个单位力引起的沿第二个单位力方向的位移 δ_{21}，等于第二个单位力引起的沿第一个单位力方向的位移 δ_{12}，即：$\delta_{12}=\delta_{21}$。

（3）反力互等定理：由于支座 2 的单位位移所引起的支座 1 的反力 r_{12}，等于由于支座 1 的单位位移所引起的支座 2 的反力 r_{21}，即：$r_{12}=r_{21}$。

互等定理中的力和位移两个下标的含义：第一下标表示该量值发生的位置，第二下标表示产生该量值的原因。例如：δ_{ij} 表示第 j 个单位力 $F_{\mathrm{P}j}=1$ 产生的第 i 个单位力方向的位移。

§3-2　典型例题

1. 判断题

【例 1】　变形体系虚功原理仅适用于弹性问题，不适用于非弹性问题。（　　）

【答案】　×

【分析】　变形体系的虚功原理与材料性质和结构是否线性无关，因此适用于弹性和非弹性问题。

【例 2】　图 3-5（a）所示梁 AB 在所示荷载作用下的 M 图面积为 $ql^3/4$。（　　）

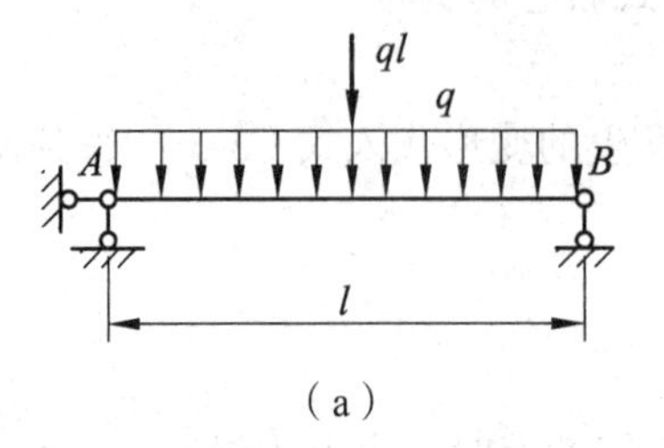

（a）

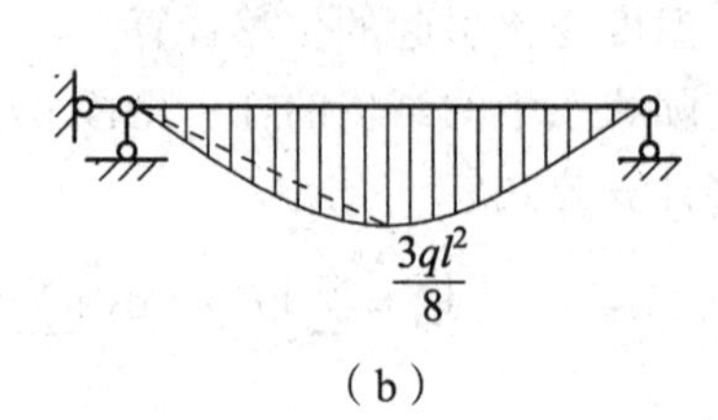

（b）

图 3-5

【分析】　梁 AB 在图 3-5（a）所示荷载作用下的 M 图看起来是抛物线，但其实是一个三角形与一个标准抛物线叠加而成，如图 3-5(b)所示，不能套用标准抛物线面积公式 $\omega=\dfrac{2hl}{3}$。题目中的结果 $ql^3/4$ 是套用前面公式得到，因此是错误的。计算时，可将图形分为左右对称的两部分，每部分又分为一个三角形和一个标准抛物线。

【例 3】　图 3-6（a）所示桁架中，D 点竖向位移为 $\dfrac{\sqrt{2}F_Pa}{2EA}(\downarrow)$。（　　）

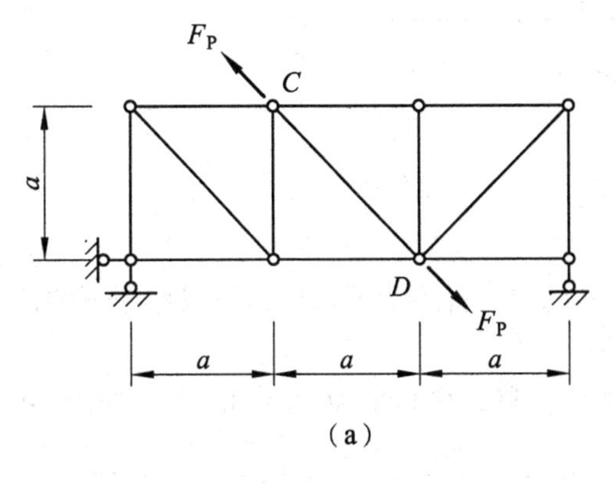

（a）

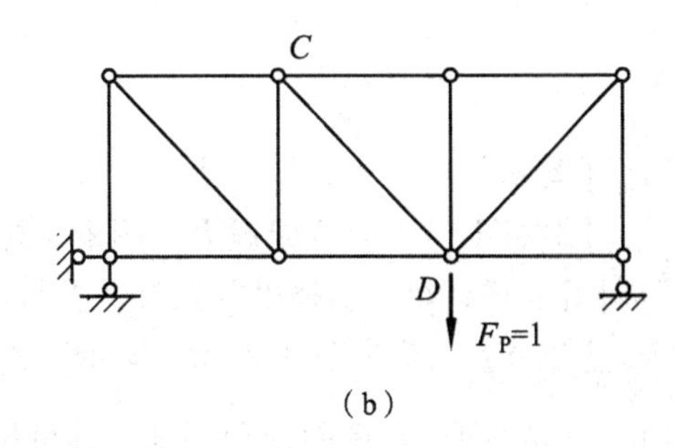

（b）

图 3-6

【答案】　×

【分析】　根据静定结构的特性，在荷载作用下只有 CD 杆有轴力 $F_{NCD}=F_P$，其余杆件内力为零。要求 D 点的竖向位移，需要在 D 点施加一个向下的单位集中力，如图 3-6（b）所示。求出此时 CD 杆的内力为 $\bar{F}_{NCD}=\dfrac{\sqrt{2}}{3}$。代入桁架位移计算公式 $\sum\dfrac{\bar{F}_N F_{NP}l}{EA}$，可得 D 点竖向位移为 $\dfrac{2F_Pa}{3EA}(\downarrow)$。

【例 4】　图 3-7 所示对称刚架各杆 EI 相同，结点 A 和结点 B 的竖向位移均为零。（　　）

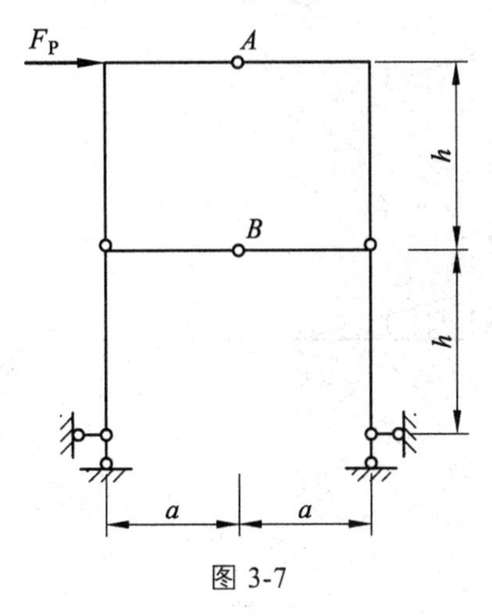

图 3-7

【答案】　√

【分析】　图中荷载可分解为一组对称荷载和反对称荷载，在对称荷载作用下结构没有弯矩，也没有位移。在反对称荷载作用下，对称结构只发生反对称的位移，即对称轴上的竖向位移为零。

【例 5】　图 3-8 所示结构中，改变杆件 ED、DF 的抗拉刚度 EA 值，对 C 点的挠度没有影响。(　　)

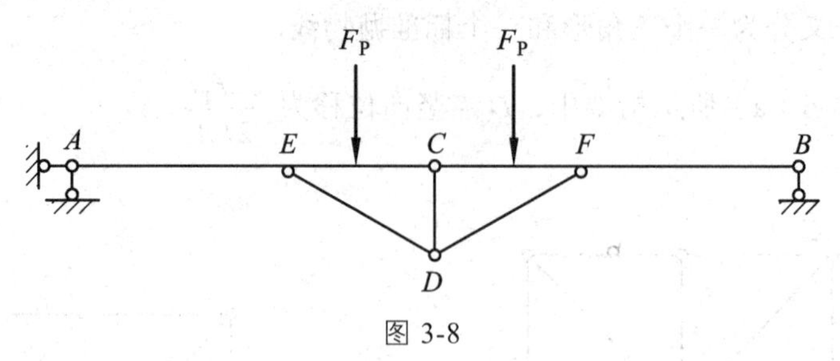

图 3-8

【答案】　×

【分析】　在荷载或虚力作用下，杆件 ED 和 DF 的内力都不为零。根据荷载作用下的位移计算公式，C 点的挠度与两杆的抗拉刚度 EA 有关。

【例 6】　要求图 3-9（a）所示结构截面 C 的竖向位移，先画出 $\overline{M}$ 图和 M_P 图，如图 3-9（b）所示。取 M_P 图的面积，则位移可用下式求得：$\Delta_{Cy}=\sum\frac{\omega y_c}{EI}=\frac{0\cdot 0}{EI}=0$。(　　)

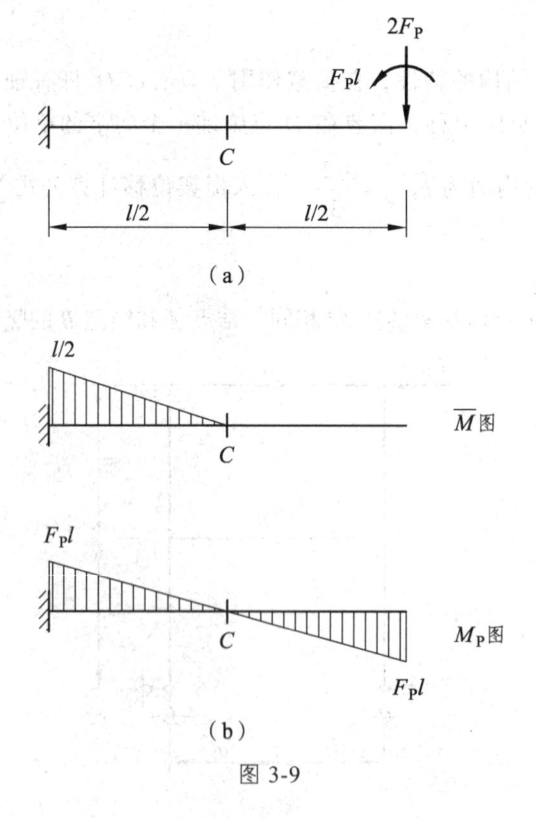

图 3-9

【答案】　×

【分析】　用图乘法求位移时，y_c 只能来自直线图（一条直线），而计算面积为 ω 的图中，正负面积要分开计算，不能求其代数和。因此本题在计算时，可以计算 $\bar{M}$ 图的面积，其形心对应的 M_P 图的 y_c 显然不为零。

【例 7】　图 3-10（a）所示刚架，当 C 支座发生竖向位移后，D 截面的转角为 $\frac{\Delta_C}{3a}$（顺时针）。（　　）

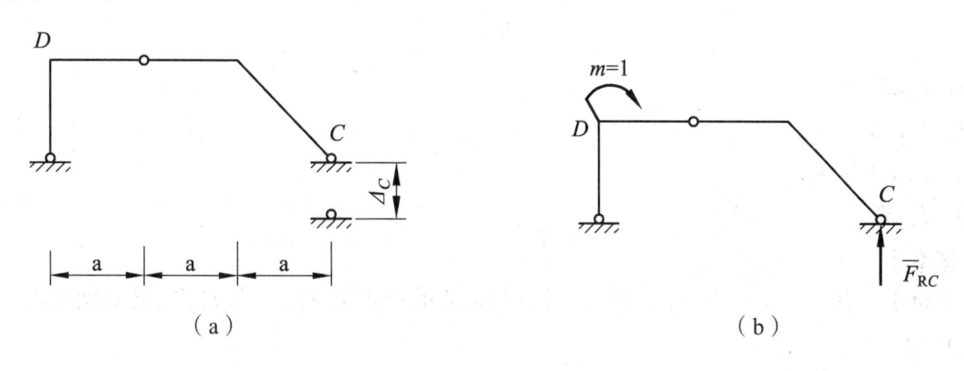

（a）　　（b）

图 3-10

【答案】　√

【分析】　要求截面 D 的转角，需在截面 D 处施加一集中力偶，得虚力状态如图 3-10（b）所示。求出此时支座 C 的竖向支座反力为 $\bar{F}_{RC}=\frac{1}{3a}(\uparrow)$，代入支座移动时的位移计算公式，可得 $\varphi_D=-\sum\bar{F}_{Ri}\cdot c_i=\frac{\Delta_C}{3a}$（顺时针）。

【例 8】　图 3-11（a）所示结构杆长为 l，矩形截面，高为 $h=l/10$，线膨胀系数为 α。若结构内侧温度升高 t，外侧温度降低 t，则 C 截面水平位移 $\Delta_{CH}=-20\alpha tl(\rightarrow)$。（　　）

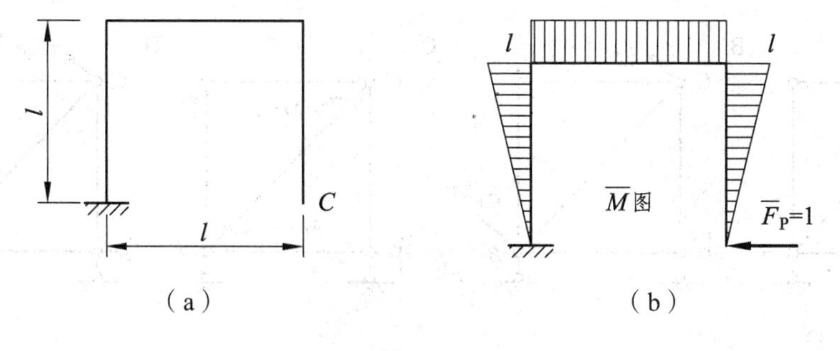

（a）　　（b）

图 3-11

【答案】　×

【分析】　虚力状态如图 3-11（b）所示，由于杆轴线的温度变化值为 0，只需考虑温差引起的位移。代入温度变化时的位移计算公式，可得 $\Delta_{Cx}=\sum\frac{\alpha\Delta t}{h}\omega_{\bar{M}}=-40\alpha tl(\rightarrow)$。

2. 选择题

【例 9】　图 3-12 所示梁上，先加 F_{P1}，A、B 两点挠度分别为 Δ_1、Δ_2，再加 F_{P2}，挠度分别增加 Δ_1' 和 Δ_2'，则 F_{P2} 做的总功为（　　）。

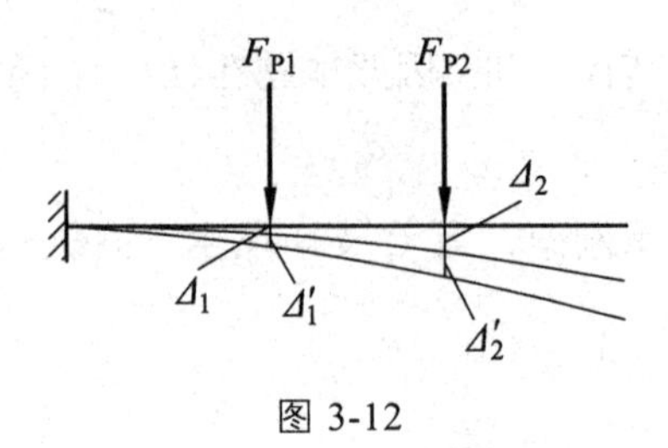

图 3-12

A. $F_{P2}\Delta_2'/2$

B. $F_{P2}(\Delta_2+\Delta_2')/2$

C. $F_{P2}(\Delta_2+\Delta_2')$

D. $F_{P2}\Delta_2'$

【答案】 A

【分析】 图中 F_{P2} 只在 Δ_2' 上做功，而引起 Δ_2' 的原因是 F_{P2}，即 F_{P2} 在梁上做实功，大小为 $F_{P2}\Delta_2'/2$。

【例 10】 使用单位荷载法计算图 3-13 所示桁架在任意荷载作用下中杆件 BC 的转角，则对应的虚设力系应为（　　）。

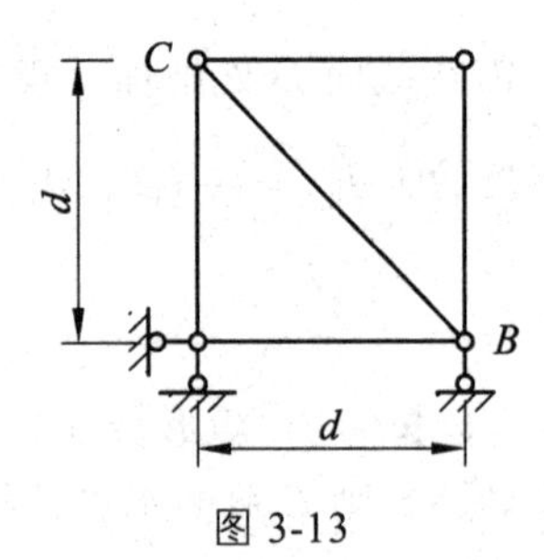

图 3-13

A.

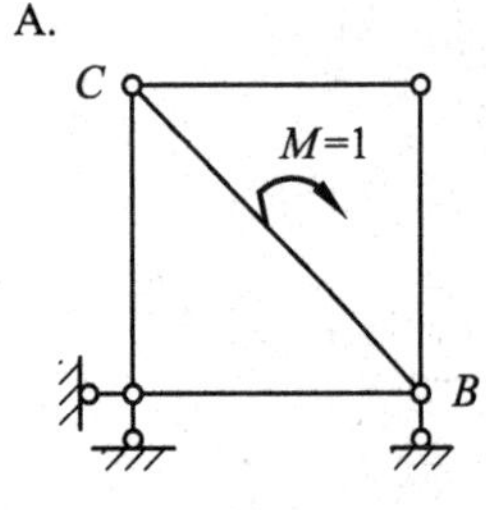

B.

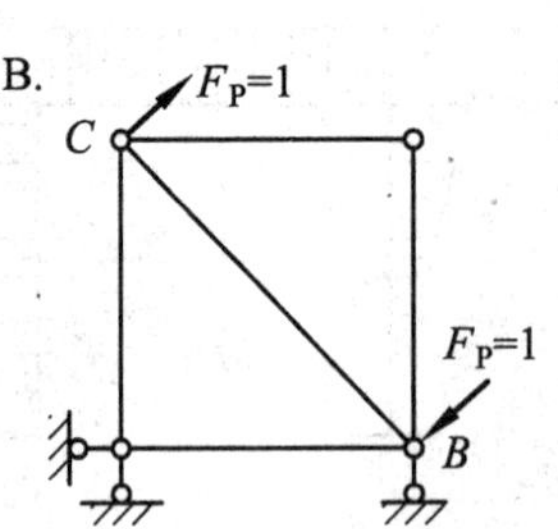

C.

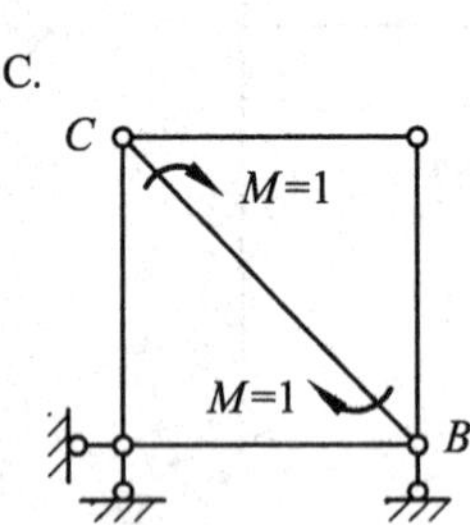

D.

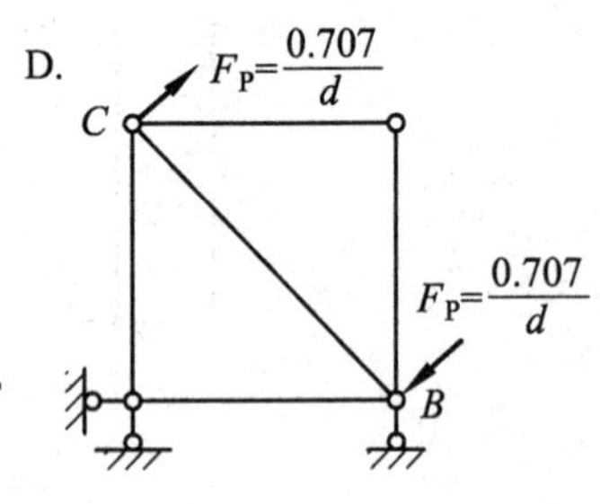

【答案】 D

【分析】 根据单位荷载法，虚设的单位力系应在要求的广义位移上作功。本题要求 BC 杆的转角，与其相对应的单位广义力是作用在 BC 杆上的单位力偶。但由于 BC 杆是链杆，只能承受结点荷载，因此将单位力偶转换为结点集中力，大小为 $F=1/l_{AB}=0.707/d$。

【例 11】 图 3-14（a）所示结构杆件 EI 为常数，均布荷载作用下截面 C 的转角 φ_C 为（顺时针方向为正）（　　）。

A. $-\dfrac{5ql^2}{24EI}$　　　　B. $-\dfrac{13ql^2}{24EI}$

C. $-\dfrac{ql^2}{3EI}$　　　　D. $-\dfrac{5ql^2}{12EI}$

【答案】 C

【分析】 绘出结构在荷载作用下和虚力作用下的 M_P 图、$\bar{M}$ 图，如图 3-14（b）所示。使用图乘法进行计算，注意到 M_P 图可以拆分为一个三角形和一个标准抛物线，其中抛物线是对称图形，而 $\bar{M}$ 图是反对称的，两者相乘为 0；剩下的是三角形部分与 $\bar{M}$ 图相乘，有

$$\varphi_C=-\frac{1}{EI}\times\frac{1}{2}\times2l\times ql^2\times\frac{1}{3}=-\frac{ql^2}{3EI}$$

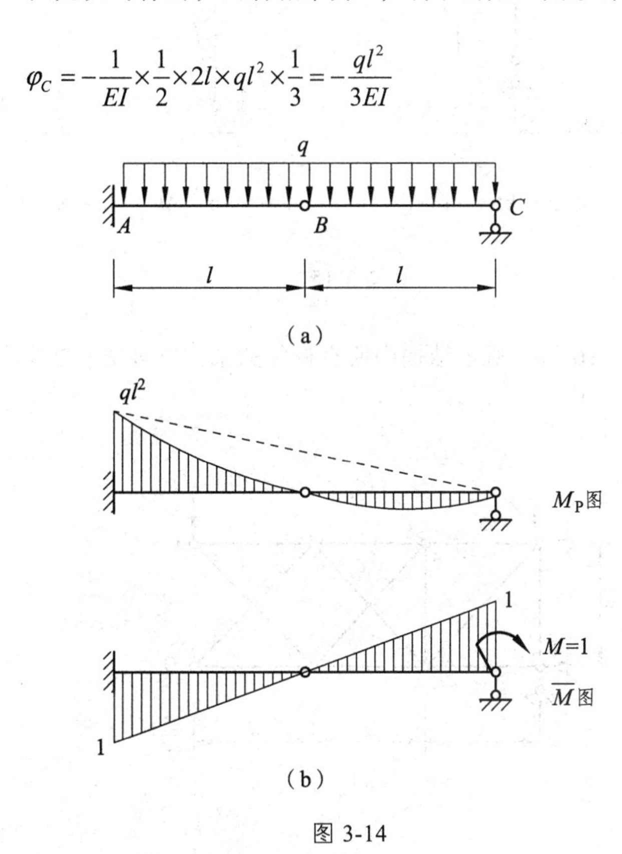

图 3-14

【例 12】 图 3-15（a）为刚架在荷载作用下的 M_P 图，曲线为二次抛物线，横梁抗弯刚度为 $2EI$，竖杆抗弯刚度为 EI，则 C 点的水平位移为（　　）。

A. $\frac{320}{3EI}(\rightarrow)$　　B. $\frac{224}{EI}(\rightarrow)$

C. $\frac{288}{EI}(\rightarrow)$　　D. $\frac{320}{EI}(\rightarrow)$

【答案】 B

【分析】 根据要求的量值，作虚力状态的弯矩图，如图 3-15（b）所示。用图乘法进行计算，注意到横梁刚度为 $2EI$，有

$$\begin{aligned}\Delta_{Cx}&=\frac{1}{EI}\times\frac{1}{2}\times4\times24\times\frac{2}{3}\times4+\frac{1}{EI}\times\frac{2}{3}\times4\times6\times\frac{1}{2}\times4+\frac{1}{2EI}\times\frac{1}{2}\times4\times24\times\frac{2}{3}\times4\\&=\frac{224}{EI}(\rightarrow)\end{aligned}$$

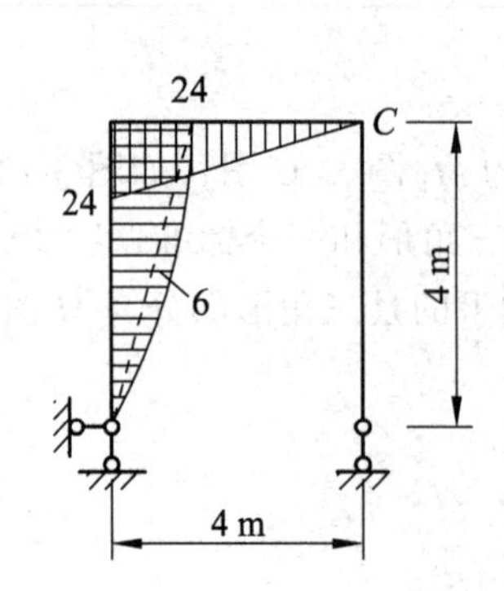

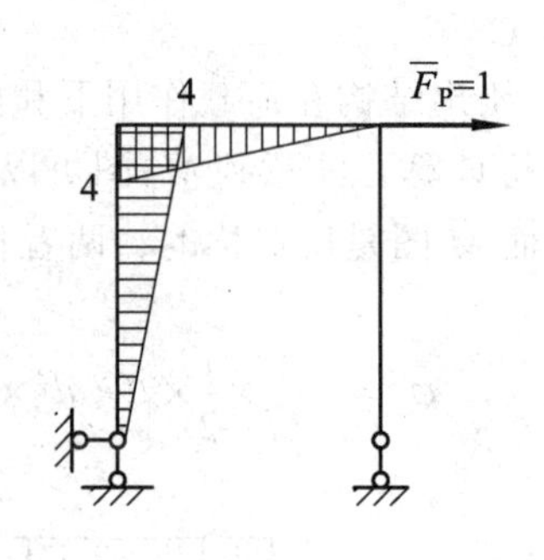

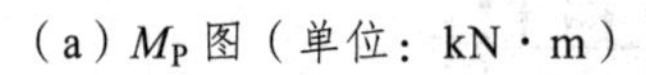

（a）M_P 图（单位：kN · m）　　（b）$\bar{M}$ 图（单位：m）

图 3-15

【例 13】 已知图 3-16（a）所示结构中所有杆件的轴向刚度 EA 为常数，则 D 点水平位移（向右为正）为（　　）。

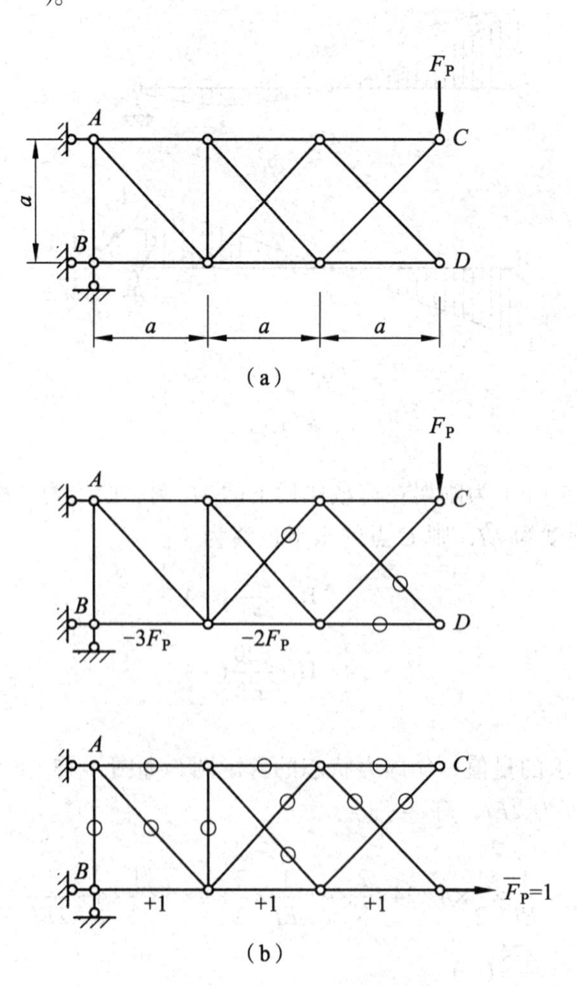

图 3-16

A. $\frac{2F_{P}a^{2}}{3EA}$　　B. $-\frac{5F_{P}a}{EA}$

C. 0　　D. $-\frac{\sqrt{2}F_{P}a}{2EA}$

【答案】 B

【分析】 求出荷载作用下和虚力状态杆件的内力，如图 3-16（b）所示。注意到虚力状态只有三根杆件的内力不为零，因此在荷载作用下只需要求出这三根杆的内力。代入桁架位移计算公式，有

$$\Delta_{Dx}=\sum\frac{\overline{F_{N}}F_{NP}l}{EA}=\frac{1\cdot(-3F_{P})\cdot l}{EA}+\frac{1\cdot(-2F_{P})\cdot l}{EA}=-\frac{5F_{P}l}{EA}(\rightarrow)$$

【例 14】 图 3-17 所示结构所有杆件 EI 均为常数，在均布荷载 q 作用下，D 点的转角 φ_{D}（顺时针方向为正）为（　　）。

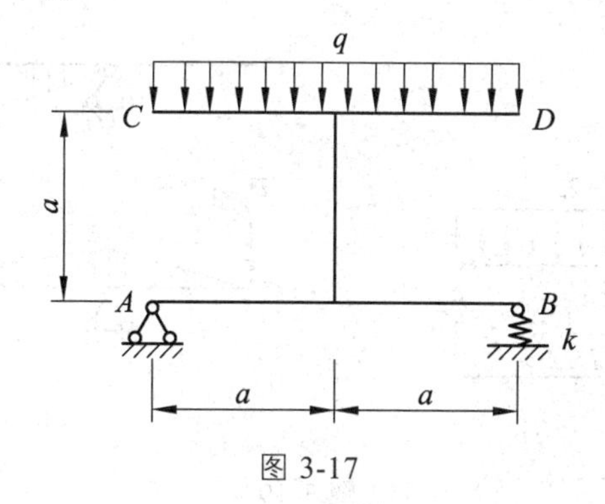

图 3-17

A. $\frac{qa^{3}}{6EI}+\frac{q}{2k}$　　B. $\frac{qa^{3}}{3EI}+\frac{qa}{k}$

C. $\frac{qa^{3}}{6EI}-\frac{q}{2k}$　　D. $\frac{qa^{3}}{3EI}+\frac{q}{k}$

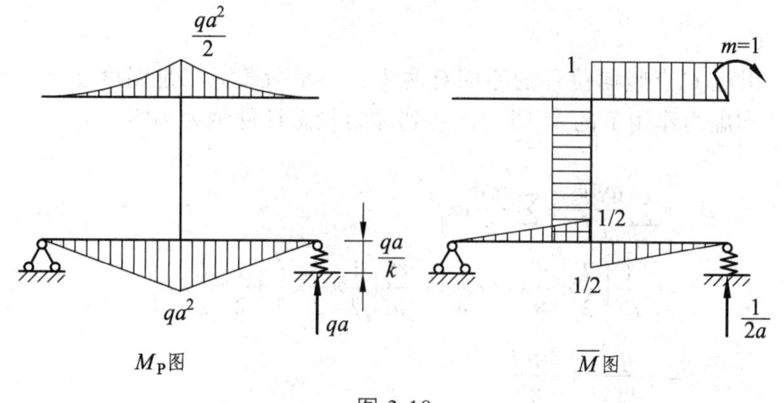

图 3-18

【答案】 A

【分析】 对于有弹性支座的结构，荷载作用下的位移一般分为两个部分：一是荷载引起杆件弹性变形产生的位移；二是弹簧变形引起的结构位移，用支座移动时的位移计算公式进

行计算。作出荷载作用下的M_P图和虚力作用下的$\bar{M}$图，如图3-18所示，并求出相应弹性支座处的支座反力。代入位移计算公式，注意到AB段在M_P图中是对称的，而在$\bar{M}$图中是反对称的，有

$$\begin{aligned}\varphi_D &= \sum\frac{\omega\cdot y_c}{EI}+\left(-\sum\bar{F}_{Ri}\cdot C\right)\\ &=\frac{1}{EI}\left(\frac{1}{3}\times\frac{qa^2}{2}\times a\times 1\right)+\left[-\left(-\frac{qa}{k}\times\frac{1}{2a}\right)\right]\\ &=\frac{qa^3}{6EI}+\frac{q}{2k}\end{aligned}$$

【例 15】 图3-19所示伸臂梁，上侧温度升高$2t_1$，下侧温度升高t_1，已知杆件抗弯刚度EI为常数，材料线膨胀系数为α，截面为矩形，高度为h。如果C点竖向位移为零，则均布荷载q的大小为（　　）。

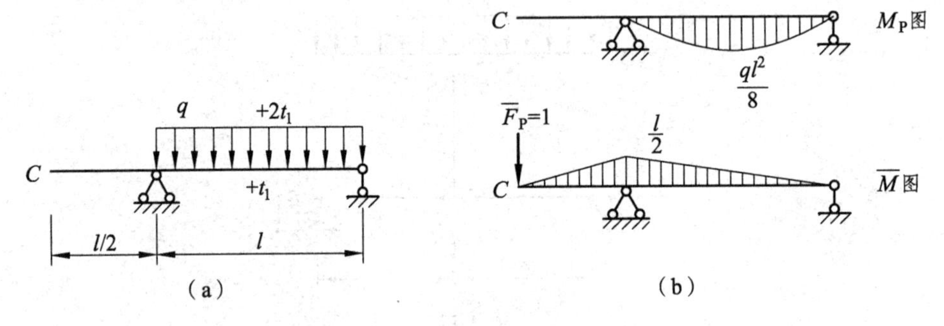

图 3-19

A. $\dfrac{48\alpha t_1 EI}{hl^2}$　　B. $\dfrac{36\alpha t_1 EI}{hl^2}$

C. $\dfrac{18\alpha t_1 EI}{hl^2}$　　D. $\dfrac{12\alpha t_1 EI}{hl^2}$

【答案】 C

【分析】 引起C点竖向位移的原因有两个，一是荷载，二是温度变化。绘出荷载作用下结构的M_P图和虚力作用下的$\bar{M}$图，注意到虚力状态杆件轴力为零，有

$$\begin{aligned}\Delta_{Cy} &= \sum\frac{\omega\cdot y_c}{EI}+\sum\frac{\alpha\Delta t}{h}\omega_{\bar{M}}\\ &=-\frac{1}{EI}\left(\frac{2}{3}\times\frac{ql^2}{8}\times l\times\frac{l}{4}\right)+\frac{\alpha t_1}{h}\left(\frac{1}{2}\times\frac{l}{2}\times\frac{l}{2}+\frac{1}{2}\times\frac{l}{2}\times l\right)\\ &=-\frac{ql^4}{48EI}+\frac{3\alpha t_1 l^2}{8h}\\ &=0\end{aligned}$$

由此可得$q=\dfrac{18\alpha t_1 EI}{hl^2}$

【例 16】　图 3-20 为同一结构处于两个受力状态与其相应的变形状态，从数值上看有(　　)。

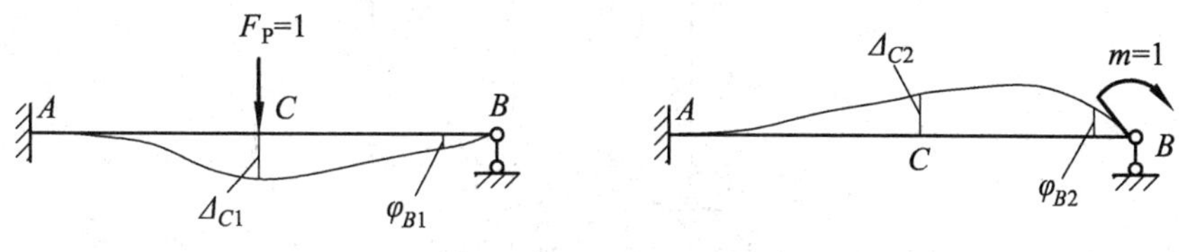

图 3-20

A. $\Delta_{C1}=\Delta_{C2}$　　B. $\Delta_{C1}=\varphi_{B2}$

C. $\varphi_{B1}=\Delta_{C2}$　　D. $\varphi_{B1}=\varphi_{B2}$

【答案】　C

【分析】　根据功的互等定理，第一状态的力在第二状态的位移上作的功，就应该等于第二状态的力在第一状态的位移上作的功，即$1\cdot\Delta_{C2}=1\cdot\varphi_{B1}$。

3. 填空题

【例 17】　图 3-21 所示结构，已知 EI 为常数，各杆长为 l，则 C 点的水平位移为____。

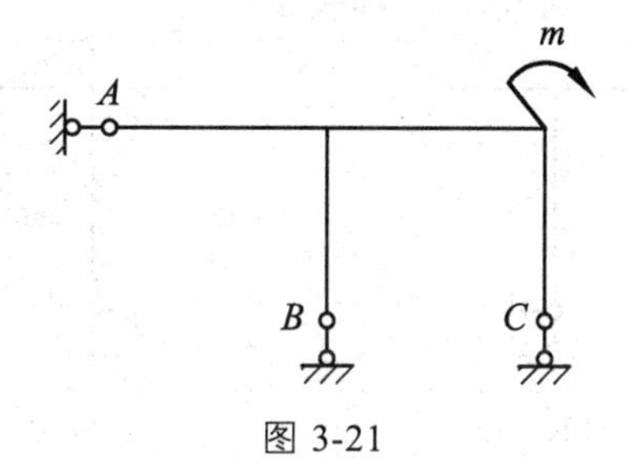

图 3-21

【答案】　$\dfrac{ml^2}{3EI}(\leftarrow)$

【分析】　绘出荷载作用下结构的 M_P 图和虚力作用下的 $\overline{M}$ 图，如图 3-22 所示。注意到有三根杆件连接的支座链杆都在杆轴线方向，如果杆件上没有荷载，则杆件的弯矩为零，有

$$\Delta_{Cx}=\sum\frac{\omega\cdot y_c}{EI}=\frac{1}{EI}\times\frac{1}{2}\times m\times l\times\frac{2}{3}\times l=\frac{ml^2}{3EI}(\leftarrow)$$

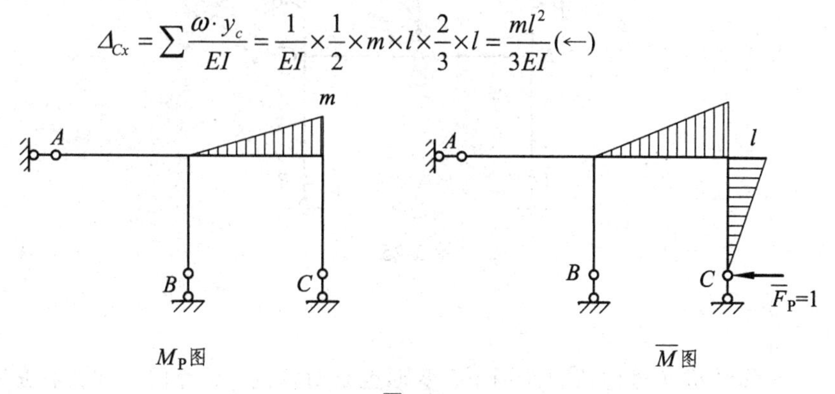

图 3-22

【例 18】　图 3-23 所示结构中所有杆件 EI 为常数，在均布荷载作用下 C 点的竖向位移为__________。

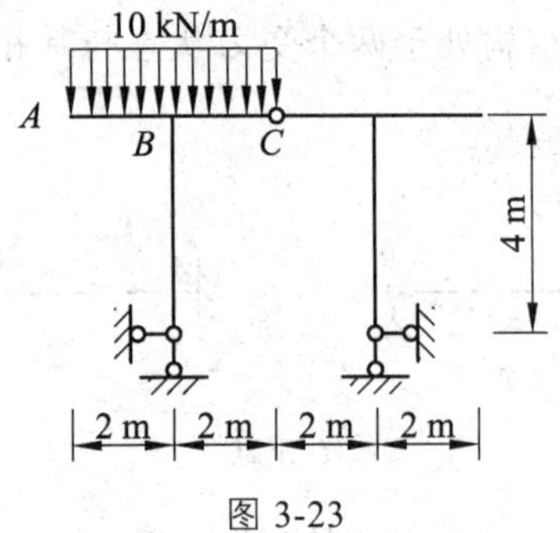

图 3-23

【答案】 $\Delta_{Cy}=10/EI(\downarrow)$

【分析】 绘出结构在荷载作用下和单位荷载作用下的 M_{P} 图和 $\bar{M}$ 图，如图 3-24 所示。注意到只有 BC 段杆件的弯矩同时不为零，用图乘法进行计算，有

$$\Delta_{Cx}=\sum\frac{\omega\cdot y_c}{EI}=\frac{1}{EI}\times\frac{1}{3}\times20\times2\times\frac{3}{4}\times1=\frac{10}{EI}(\downarrow)$$

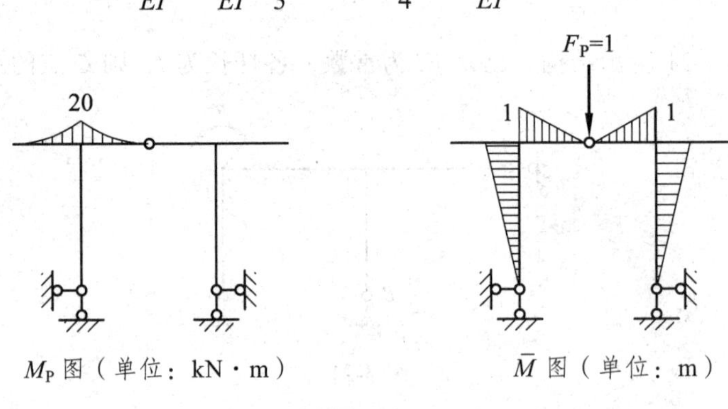

图 3-24

【例 19】 图 3-25 所示对称结构 EI 为常数，设 C 点的竖向位移为 Δ，若把 FA 段的 EI 减小为原来的 1/2，DF 和 FC 段的 EI 增大一倍，则 C 点的竖向位移变为 ________。

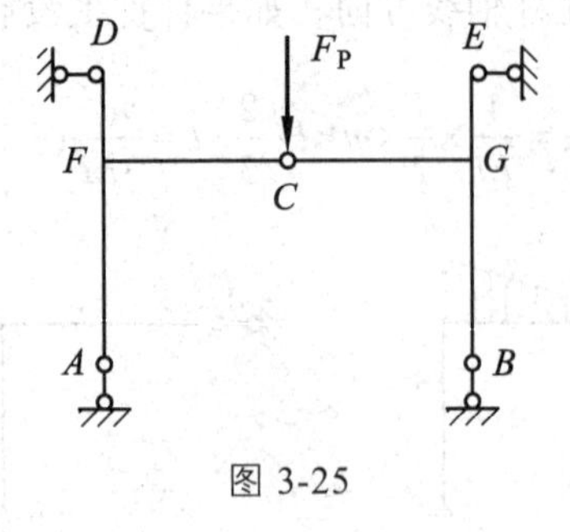

图 3-25

【答案】 $\frac{3}{4}\Delta$

【分析】 对称结构在对称荷载作用下，变形也是对称的。C 点的竖向位移是左右两边结构变形产生的结果，根据位移计算公式，有 $\Delta=2\Delta_{左}=2\Delta_{右}$。注意到在荷载作用下，杆件 FA 和 GB 段的弯矩为零，因此其 EI 值的改变对位移没有影响；左边其余杆件 EI 增大了一倍，

则左边的位移计算结果变为原来的1/2，变化后C点的竖向位移为$\varDelta'=\frac{1}{2}\times\frac{\varDelta}{2}+\frac{\varDelta}{2}=\frac{3}{4}\varDelta$。

【例 20】 图 3-26（a）所示桁架由于a杆制造时短了 1 cm，则结点C的竖向位移为________。

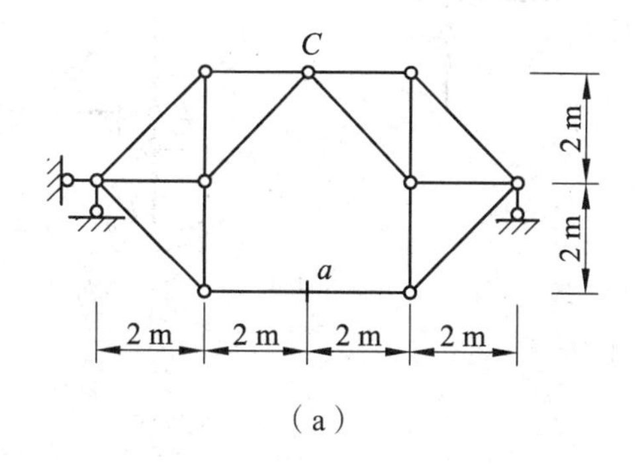

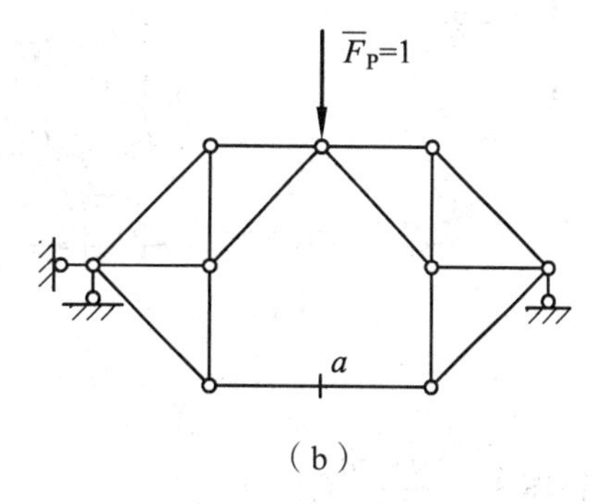

图 3-26

【答案】 0.5 cm(↑)

【分析】 实际状态中只有杆件a有制造误差，因此只需求出虚力作用下桁架杆件a的内力。虚力状态如图 3-26（b）所示，用截面法很容易求出$\overline{F}_{Na}=1/2$，代入位移计算公式，有

$$\varDelta_{K\lambda}=\sum\overline{F}_N\lambda=-\frac{1}{2}\times1=-0.5\ \text{cm}\ (\uparrow)$$

【例 21】 图 3-27 所示结构中横梁截面抗弯刚度均为EI，则图 3-27（a）中C点挠度比图 3-27（b）中C点挠度大________。

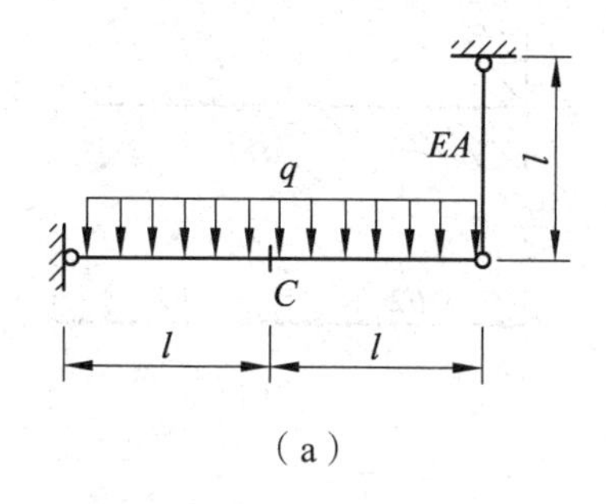

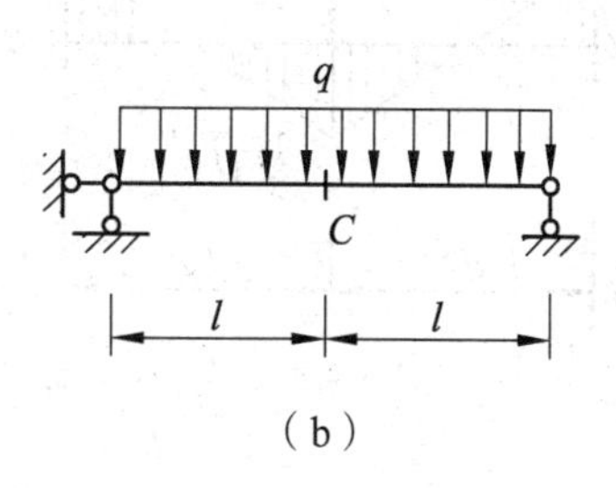

图 3-27

【答案】 $\frac{ql^2}{2EA}$

【分析】 图 3-27（a）中C点的竖向位移分为两部分，第一部分是荷载作用下横梁的变形，第二部分是由于链杆的轴向变形引起的。由于两图中横梁的弯矩完全一致，由横梁弹性变形引起的图（a）中C点的竖向位移大小与图（b）中的完全一样，因此只需要计算第二部分位移。在虚力状态下，很容易算得链杆的轴力为－0.5，在实际状态中，链杆的轴力为ql。根据位移计算公式，可知由链杆变形引起的C点的竖向位移为$ql^2/2EA$(↓)。

【例 22】 图 3-28（a）所示结构B支座发生位移，则C点的竖向位移为__________。

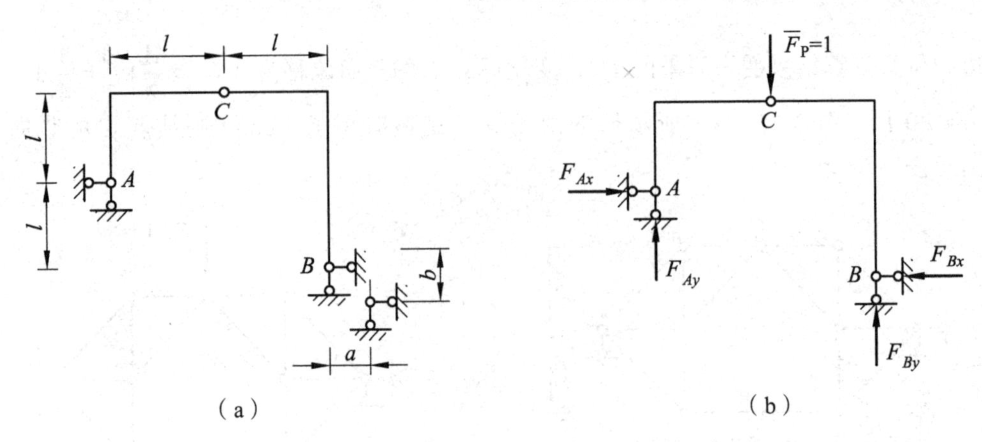

图 3-28

【答案】　$\dfrac{a+2b}{3}(\downarrow)$

【分析】　建立虚力状态如图 3-28（b）所示，计算虚力作用下有支座位移处的支座反力 F_{Bx} 和 F_{By}；取左边部分为隔离体，对铰 C 求力矩平衡，可以得到 $F_{Ax}=F_{Ay}$；再根据整体水平方向和竖直方向力的平衡，有 $F_{Bx}=F_{Ax}$，$F_{By}=1-F_{Ay}$；最后根据整体平衡方程解得 $F_{Bx}=\dfrac{1}{3}$，$F_{By}=\dfrac{2}{3}$。代入位移计算公式，$\Delta_{Cy}=-\sum\overline{F}_{Ri}\cdot c_i=-\left(-\dfrac{1}{3}\times a-\dfrac{2}{3}\times b\right)=\dfrac{a+2b}{3}(\downarrow)$。

【例 23】　图 3-29 所示结构分别处于两种不同的状态，图中给出了相应的弯矩图，则图（b）中由 φ_A 产生的 C 截面竖向位移 Δ_{Cy} 等于____________。

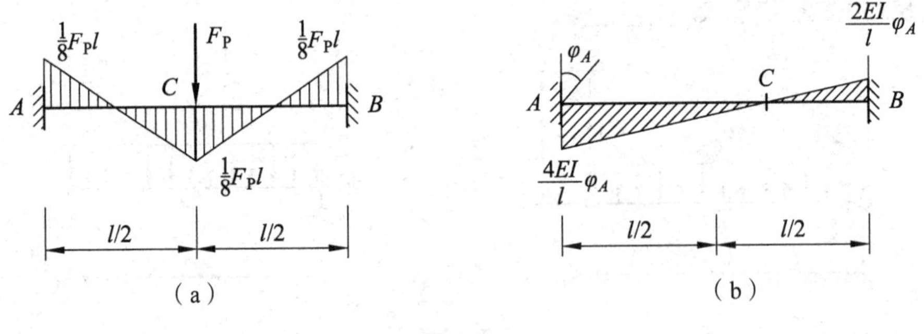

图 3-29

【答案】　$\varphi_A l/8(\downarrow)$

【分析】　结构为超静定梁，不能直接用静定结构支座移动时的位移计算公式进行计算。

方法一：根据要求的位移建立虚力状态，即令图 3-29（a）中的 $F_P=1$，此时外力虚功为 $W=1\cdot\Delta_{Cy}+\sum\overline{F}_{Ri}\cdot c_i$，内力虚功为 $T=\sum\int\dfrac{\overline{M}M_c}{EI}\mathrm{d}s$。由变形体系的虚功原理，外力虚功等于内力虚功，有

$$\Delta_{Cy}=\sum\int\frac{\overline{M}M_c}{EI}\mathrm{d}s-\sum\overline{F}_{Ri}\cdot c_i$$

$$=\frac{1}{EI}\left(-\frac{l}{8}\times l\times\frac{EI}{l}\varphi_A+\frac{l}{2}\times\frac{l}{4}\times\frac{EI}{l}\varphi_A\right)-\left(-\frac{l}{8}\times\varphi_A\right)$$

$$=\frac{\varphi_A l}{8}(\downarrow)$$

方法二：根据功的互等定理，第一状态［图（a）］的力在第二状态［图（b）］的位移上作的虚功，应该等于第二状态的力在第一状态的位移上作的虚功。由于第二状态只有支座反力，而第一状态没有支座位移，因此在第一状态的位移上没有作虚功，即有 $F_P\Delta_{Cy}+(-F_Pl/8)\cdot\varphi_A=0$，由此可得 $\Delta_{Cy}=\varphi_Al/8\,(\downarrow)$。

4. 计算题

【例 24】 求图 3-30 所示刚架在荷载作用下结点 B 的转角，已知所有杆件 EI 为常数。

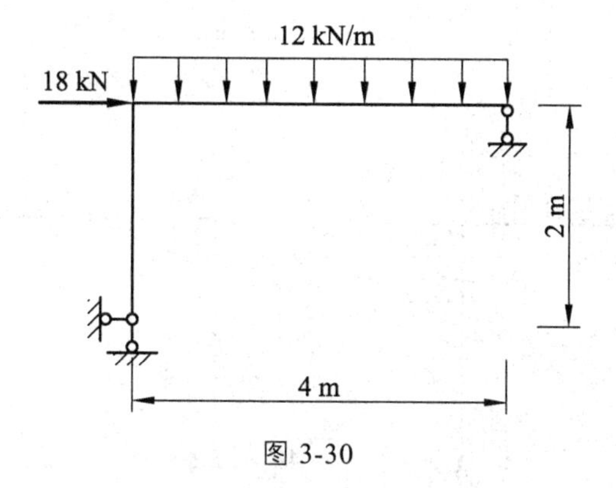

图 3-30

【解】 作结构在荷载作用下的 M_P 图和虚力作用下的 $\bar{M}$ 图，如图 3-31 所示。使用图乘法进行计算，有

$$\varphi_B=\sum\frac{\omega\cdot y_c}{EI}=-\frac{1}{EI}\times\left(\frac{2}{3}\times4\times24\times\frac{1}{2}+\frac{1}{2}\times36\times4\times\frac{1}{3}\right)=-\frac{56}{EI}\ （逆时针）$$

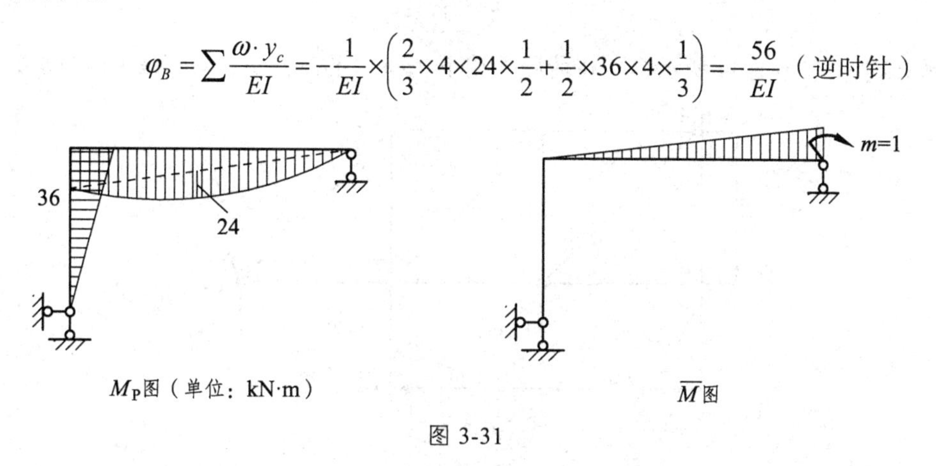

M_P图（单位：kN·m）　　$\bar{M}$图

图 3-31

【例 25】 求图 3-32 所示刚架中 C 点的水平位移。已知所有杆件 EI 为常数。

【解】 作结构在荷载作用下的 M_P 图和虚力作用下的 $\bar{M}$ 图，如图 3-33 所示。注意到结构中 AB 段为基本部分，其余部分为一个三铰刚架。按照先附属、后基本的顺序来画弯矩图。使用图乘法进行计算，有

$$\varphi_B=\sum\frac{\omega\cdot y_c}{EI}=\frac{1}{EI}\times\left(-3\times\frac{1}{2}\times8\times2\times\frac{2}{3}\times\frac{4}{3}+\frac{1}{2}\times2\times16\times\frac{2}{3}\times\frac{4}{3}+\frac{1}{2}\times4\times16\times\frac{2}{3}\times\frac{4}{3}\right)$$

$$=\frac{64}{3EI}(\rightarrow)$$

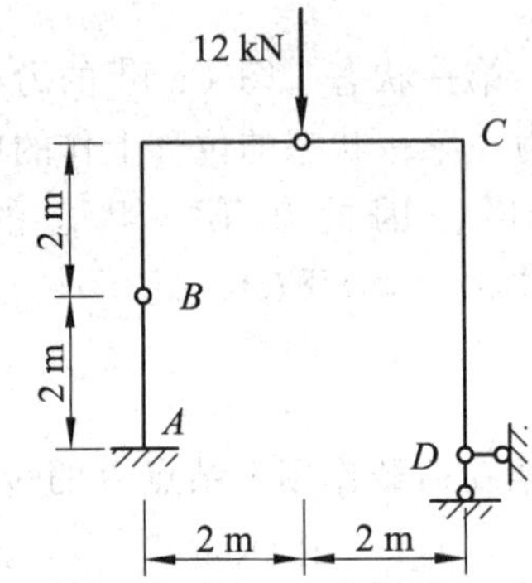

图 3-32

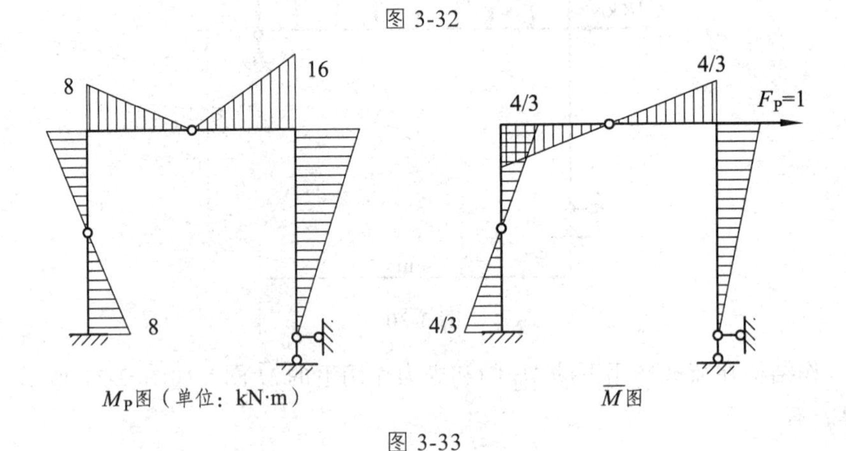

M_P图（单位：kN·m）　　$\overline{M}$图

图 3-33

【例 26】　求图 3-34 所示桁架在荷载作用下 $\angle DCE$ 的改变量，各杆 EA 均为常数。

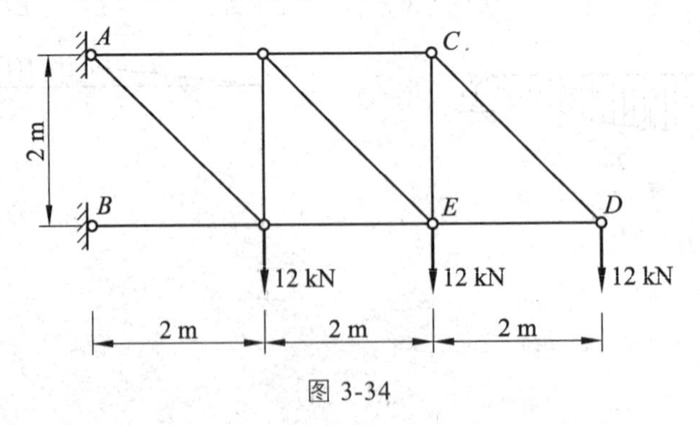

图 3-34

【解】　分别求出实际荷载作用下和虚力状态桁架的内力 F_{NP} 和 $\overline{F}_N$。注意到在虚力状态，与桁架 $\angle DCE$ 的改变量相对应的单位荷载应该为一对单位集中力偶，等效为杆件 CD 和 CE 上的结点荷载，如图 3-35（b）所示。根据静定结构的特性，平衡力系（这里的一对集中力偶）加在静定结构中本身为几何不变部分上时，只有这一部分有内力，其余部分的内力和反力为零，因此只有 CED 部分有内力。根据位移计算公式，荷载作用下也只需要计算这部分杆件的内力，其余杆件的内力不需要求出，如图 3-35（a）所示。将计算出的 F_{NP} 和 $\overline{F}_N$ 代入位移计算公式，有

$$\begin{aligned}\Delta_{\angle DCE} &= \sum \frac{F_{NP}\overline{F}_N}{EA}l \\ &= \frac{1}{EA}\left[12\sqrt{2}\times\left(-\frac{\sqrt{2}}{4}\right)\times 2\sqrt{2}+(-12)\times\frac{1}{2}\times 2\right] \\ &= -\frac{12}{EA}\left(\sqrt{2}+1\right) \quad (\text{减小})\end{aligned}$$

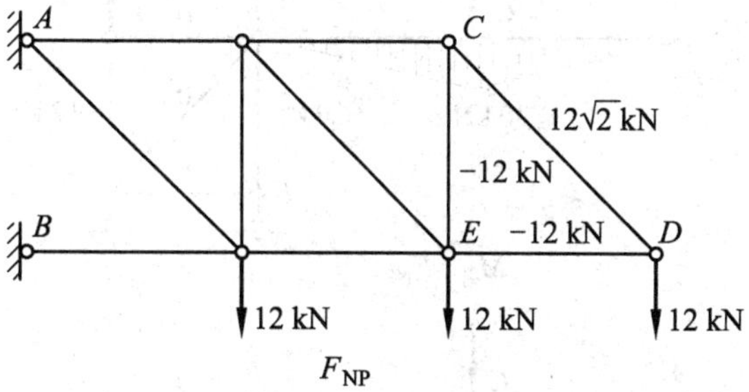

A
C
$12\sqrt{2}$ kN
−12 kN
B
E
−12 kN
D
12 kN
12 kN
12 kN
F_{NP}

（a）

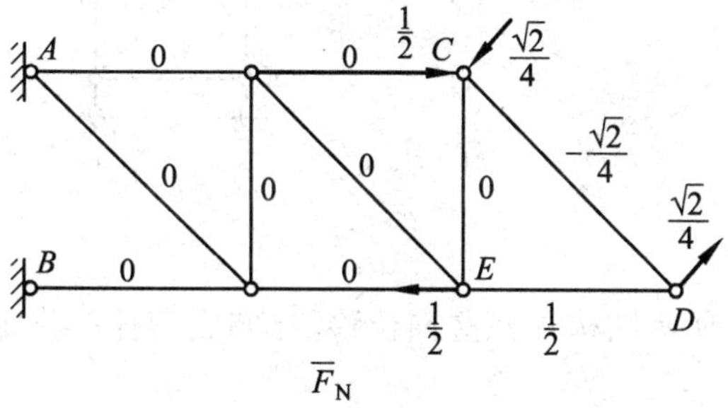

A
0
0
$\frac{1}{2}$
C
$\frac{\sqrt{2}}{4}$
$-\frac{\sqrt{2}}{4}$
0
0
0
0
$\frac{\sqrt{2}}{4}$
B
0
0
E
$\frac{1}{2}$
$\frac{1}{2}$
D
$\overline{F}_N$

（b）

图 3-35

【例 27】　求图 3-36 所示结构 C 点竖向位移。已知受弯杆件截面抗弯刚度为 EI，链杆抗拉刚度为 EA。

20 kN
12 kN
A
B
C
2 m
E
3 m
3 m
2 m

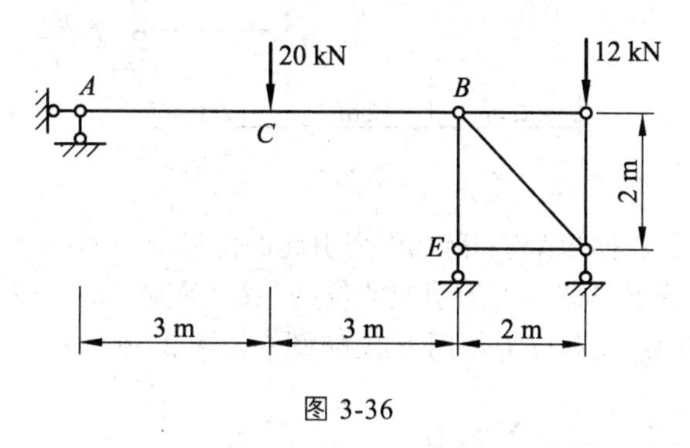

图 3-36

【解】　组合结构的位移计算公式包括两个部分：受弯杆件的弯曲变形引起的位移和链杆

的轴向变形引起的位移。分别求出实际荷载作用下和虚力状态结构受弯杆的弯矩和链杆的轴力，如图 3-37 所示。代入组合结构位移计算公式，有

$$\begin{aligned}\Delta_{Cy}&=\sum\frac{\omega\cdot y_c}{EI}+\sum\frac{F_{NP}\overline{F}_N}{EA}l\\&=\frac{1}{EI}\left(2\times\frac{1}{2}\times30\times3\times\frac{2}{3}\times1.5\right)+\frac{1}{EA}[(-10)\times(-0.5)\times2]\\&=\frac{90}{EI}+\frac{10}{EA}\quad(\downarrow)\end{aligned}$$

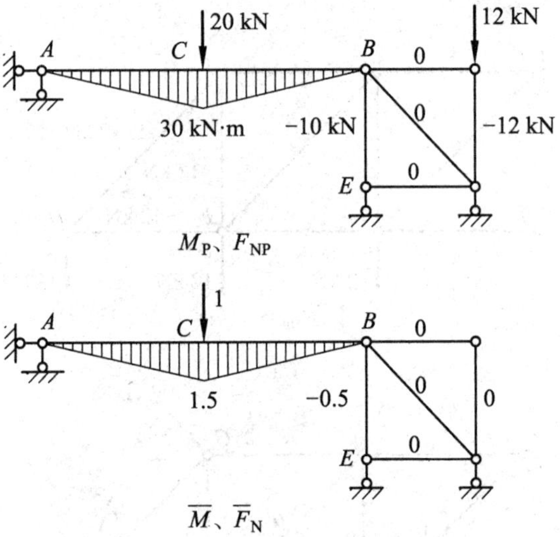

M_P、F_{NP}

$\overline{M}$、$\overline{F}_N$

图 3-37

【例 28】 求图 3-38 所示结构 C 点竖向位移。已知受弯杆件截面抗弯刚度为 EI，$k=\dfrac{EI}{l^3}$，$l=2$ m。

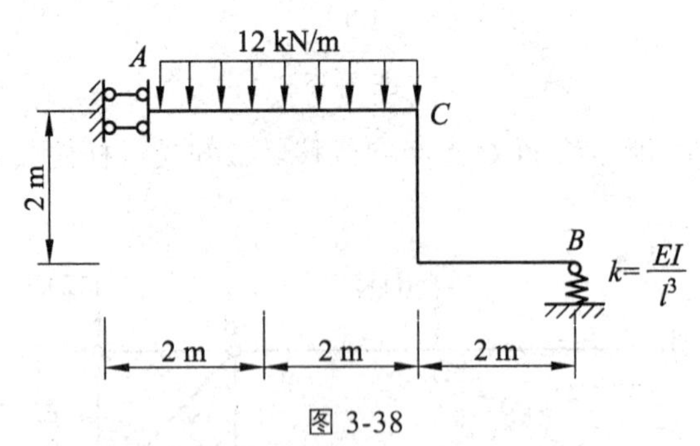

图 3-38

【解】 对于有弹簧支座的结构，荷载作用引起的位移分为两部分，一部分是杆件变形引起的位移，另一部分是弹簧支座的变形引起的位移，按支座移动时的位移计算公式进行计算。作结构在荷载作用下的 M_P 图和虚力作用下的 $\overline{M}$ 图，如图 3-39 所示。代入位移计算公式，有

$$\Delta_{Cy}=\sum\frac{\omega\cdot y_c}{EI}-\sum\overline{F}_{Ri}\cdot c_i$$

$$=\frac{1}{EI}\left[\frac{1}{2}\times(192+96)\times4\times2+\frac{2}{3}\times24\times4\times2+96\times2\times2+\frac{1}{2}\times96\times2\times\frac{2}{3}\times2\right]-\left(-1\times48\times\frac{2^3}{EI}\right)$$

$$=\frac{2176}{EI}\ (\downarrow)$$

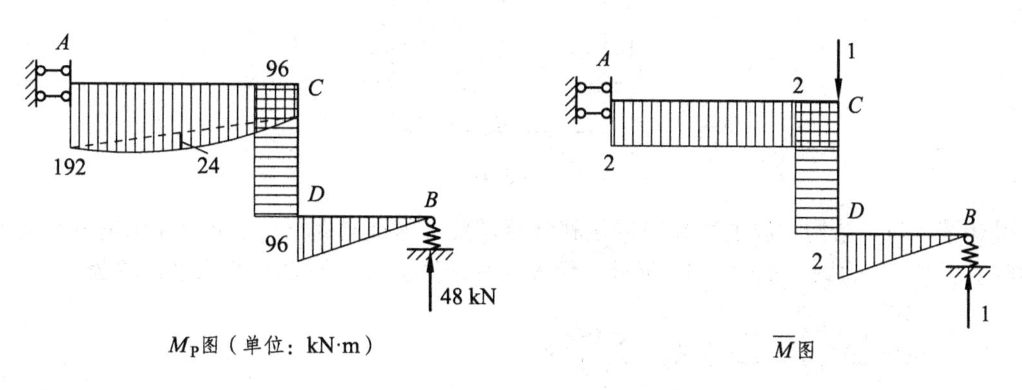

图 3-39

【例 29】 已知图 3-40（a）所示结构支座 B 的位移 $c_1=1\text{ cm}$，$c_2=2\text{cm}$，求 D 截面的转角。

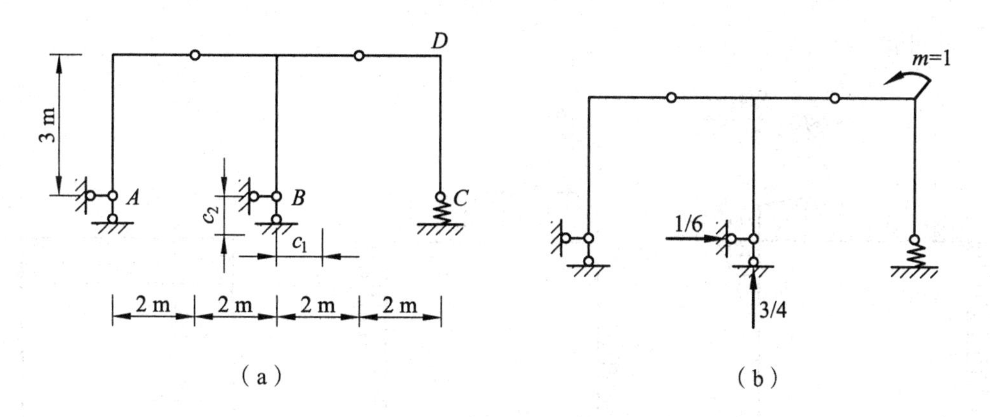

图 3-40

【解】 静定结构在支座移动时不会产生支座反力，因此支座 C 处的弹簧没有变形，与刚性支座是一样的。根据要求的位移建立虚力状态，如图 3-40（b）所示，并求出与支座位移对应的支座反力。代入位移计算公式，有

$$\varphi_D=\sum\overline{F}_{Ri}\cdot c_i=-\left(\frac{1}{6}\times0.01-\frac{3}{4}\times0.02\right)=0.013\text{ rad}\ （逆时针）$$

【例 30】 图 3-41 所示结构内侧温度升高 20 °C，外侧温度不变。已知所有杆件抗弯刚度均为 EI，截面为矩形，高度 $h=l/10$，材料热膨胀系数为 α，在温度变化与图示均布荷载 q 作用下 B 点的水平位移为零，求均布荷载 q 的大小。

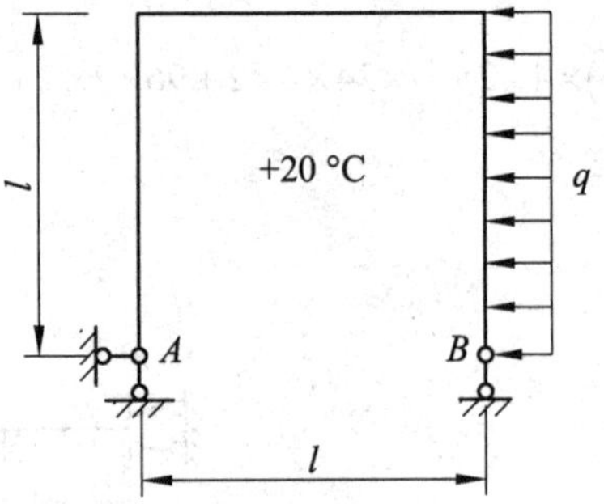

图 3-41

【解】 静定结构在温度变化时的位移计算需要考虑轴向变形。作出荷载作用下和虚力状态的弯矩图、轴力图，如图 3-42 所示。代入位移计算公式，得 B 点的水平位移为

$$\begin{aligned}\Delta_{Bx}&=\sum\frac{\omega\cdot y_c}{EI}+\sum\alpha t_0\omega_{\overline{F}_{\mathrm{N}}}+\sum\frac{\alpha\Delta t}{h}\omega_{\overline{M}}\\&=\frac{1}{2}\times l\times ql^2\times\frac{2l}{3}+\frac{1}{2}\times\left(ql^2+\frac{ql^2}{2}\right)\times l\times l+\frac{1}{3}\times\frac{ql^2}{2}\times l\times\frac{3l}{4}+\alpha\times\frac{20}{2}\times(-l)+\frac{\alpha}{h}\times 20\times(-2l^2)\\&=\frac{29ql^4}{24}-410\alpha l=0\end{aligned}$$

由此可得

$$q=\frac{9840\alpha}{29l^3}$$

M_{P}图　　$\overline{M}$图　　$\overline{F}_{\mathrm{N}}$图

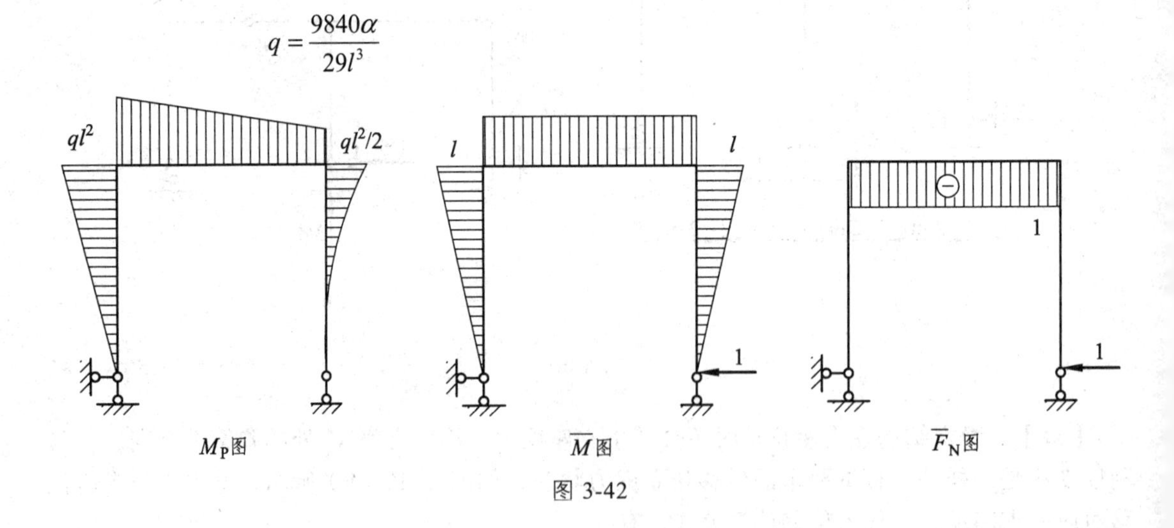

图 3-42

§ 3-3　自测题

3-1　位移互等定理为：第一个力的方向上由第二个力所引起的位移，等于第二个力的方向上由第一个力所引起的位移。(　　)

3-2　虚功原理仅适用于线弹性的小变形体系。(　　)

3-3　图示结构中 B 点的挠度不等于零。(　　)

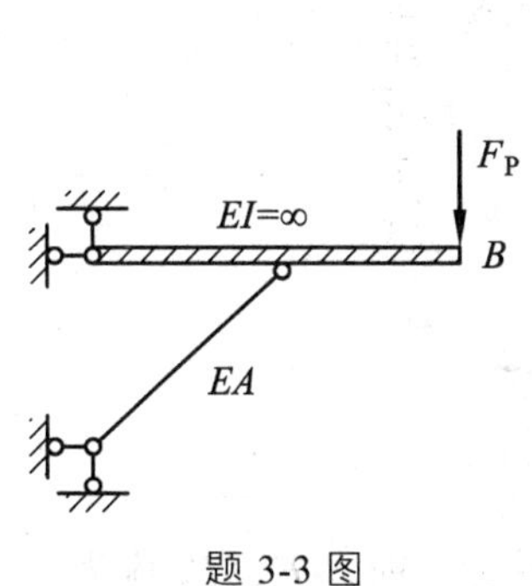

题 3-3 图

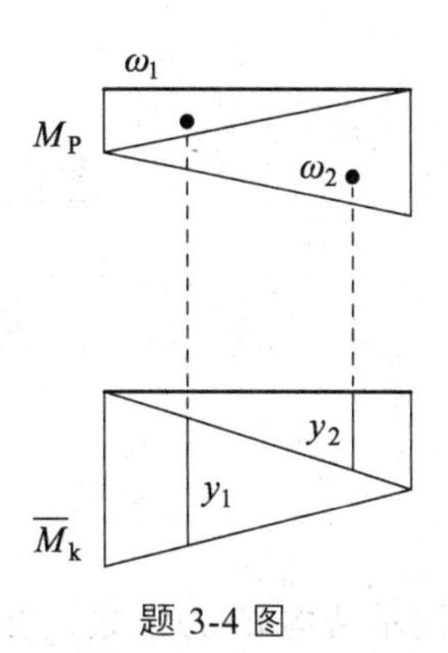

题 3-4 图

3-4　已知 M_P、$\bar{M}_k$ 图，用图乘法求位移的结果为 $(\omega_1 y_1+\omega_2 y_2)/(EI)$。(　　)

3-5　已知 EI 为常数，图示结构铰 C 两侧截面相对转角 φ_C 可用下式求得：$\varphi_C=\dfrac{1}{EI}\times\dfrac{1}{2}\times 2l\times 2\times\dfrac{Pl}{3}$（⤹⤸）。(　　)

3-6　水平荷载 F_P 分别作用于 A 点和 B 点时，C 点产生的水平位移相同。(　　)

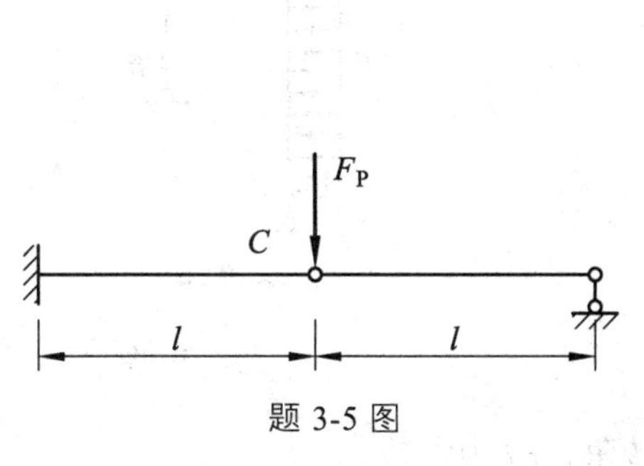

题 3-5 图

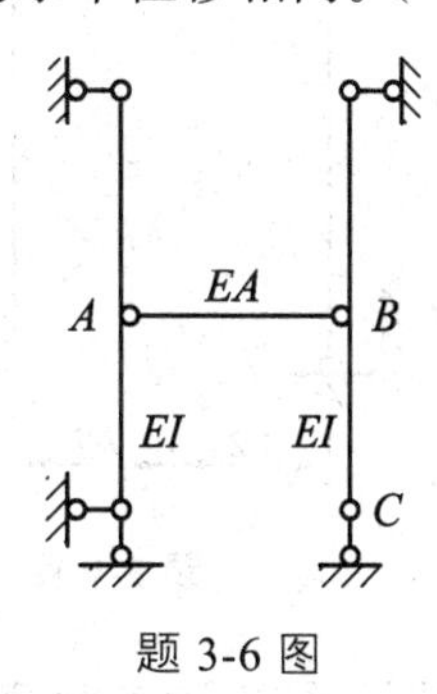

题 3-6 图

3-7　当 E 点有 $F_P=1$ 向下作用时，B 截面有逆时针转角 φ。当 A 点有图示荷载作用时，E 点有竖向位移(　　)。

A. $\varphi\uparrow$　　　　B. $\varphi\downarrow$

C. $\varphi a\uparrow$　　　　D. $\varphi a\downarrow$

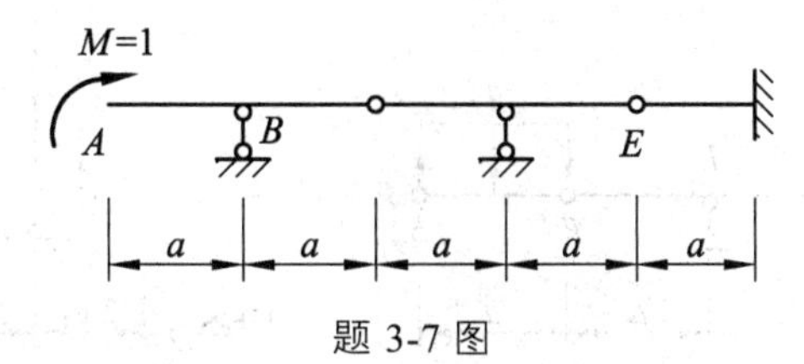

题 3-7 图

3-8　图示刚架 A 端的转角为(　　)。

A. $280/(EI)$（逆时针）　　B. $280/(EI)$（顺时针）

C. $400/(EI)$（逆时针）　　D. $400/(EI)$（顺时针）

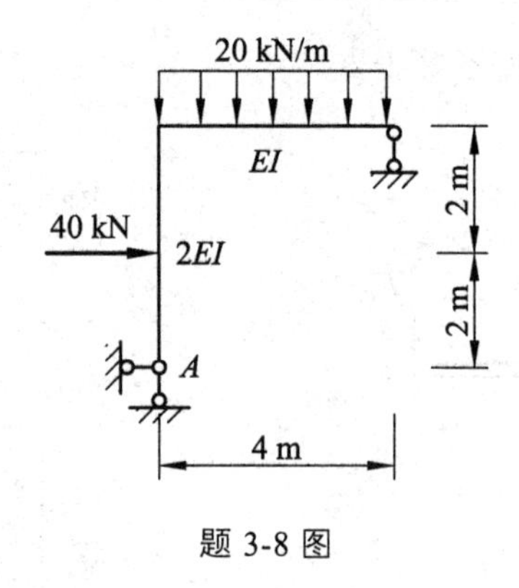

题 3-8 图

3-9 已知图示结构 EI 为常数，当 B 点水平位移为零时，F_{P1}/F_{P2} 应为（　　）。

A. 10/3　　　　B. 9/2

C. 20/3　　　　D. 17/2

3-10 求图示结构中 B 点水平位移，EI 为常数。

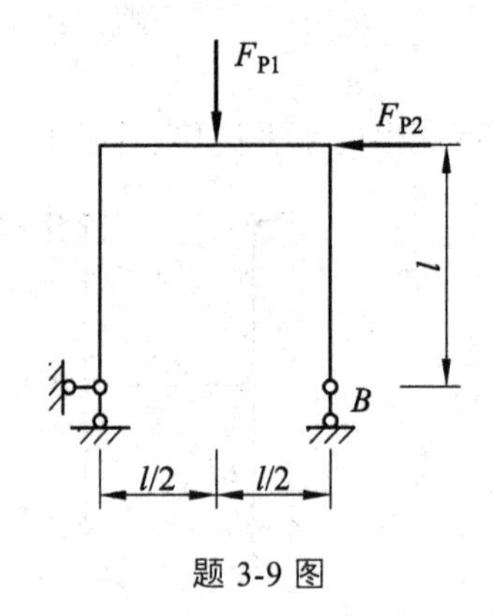

题 3-9 图

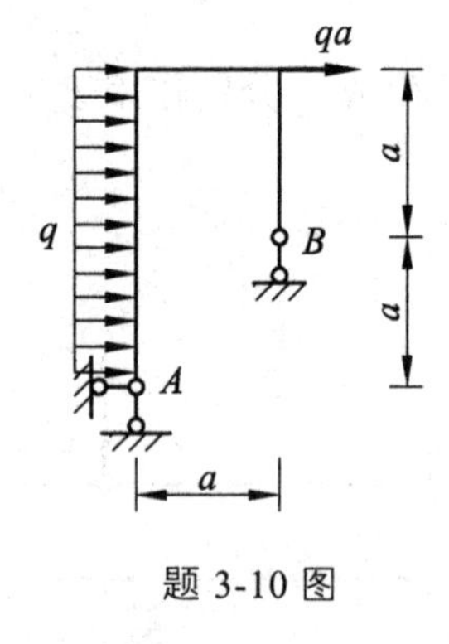

题 3-10 图

3-11 求图示结构铰 E 两侧截面相对转角，EI 为常数。

3-12 求图示结构 A、B 相对竖向线位移，已知所有杆件 EI 为常数。

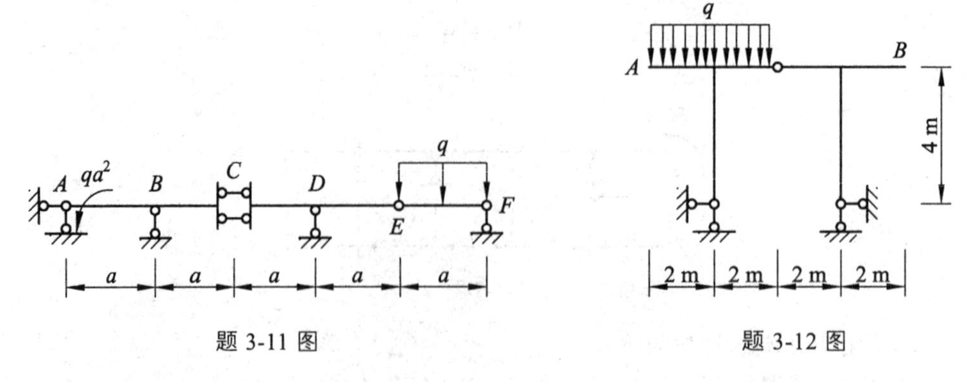

题 3-11 图　　　　题 3-12 图

3-13 求图示结构 C 点的竖向位移 Δ_{Cy}。

3-14 欲使图示体系 C 点无竖向位移，试确定杆 AD 长度的改变量（EA=常数）。

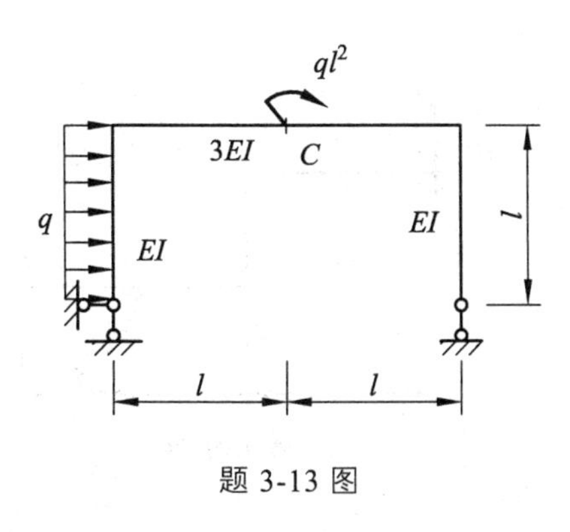

题 3-13 图

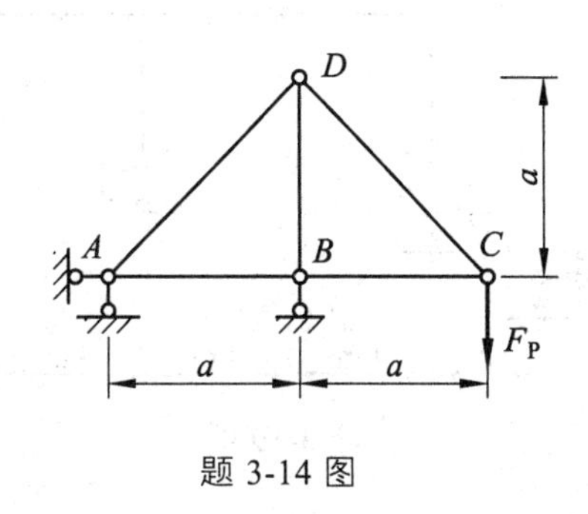

题 3-14 图

3-15 求图示结构结点 D 的水平位移（EI 为常数，链杆的 $EA = EI/l^2$）。

3-16 已知 $F_P = 5\ \text{kN}$ ，$EI = 7.56\times10^9\ \text{kN}\cdot\text{cm}^2$ ，$EA = 2.52\times10^5\ \text{kN}$，求图示结构 B 点的水平位移。

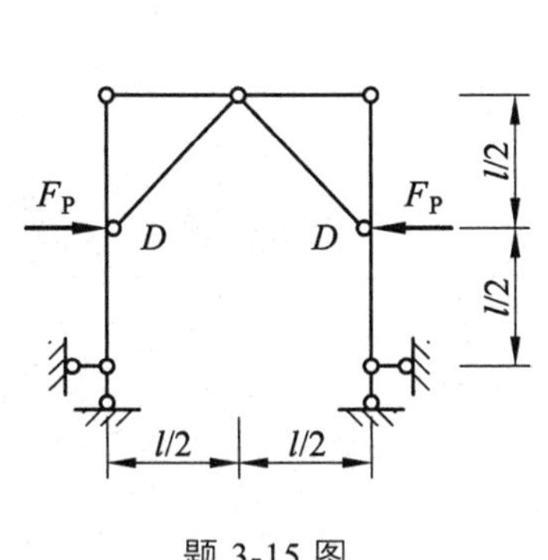

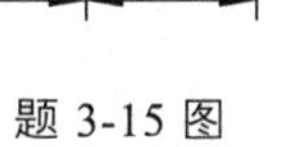

题 3-15 图

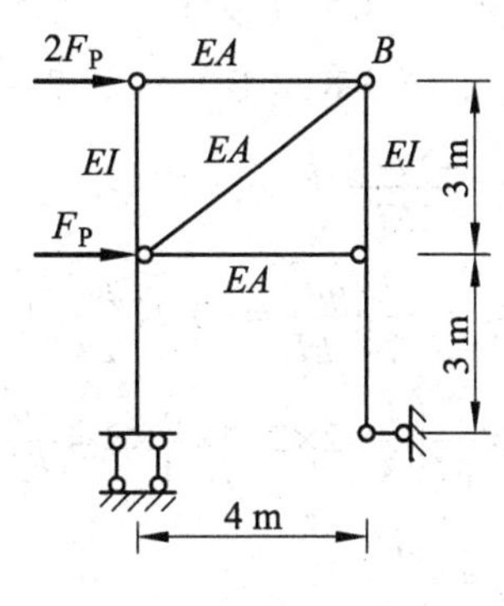

题 3-16 图

3-17 图示结构由于温度改变使 C 两侧截面发生相对转角。问 AB 杆件的长度改变量 Δl 等于多大时，可使该相对转角为零。已知各杆截面对称于形心轴，厚度 $h = l/10$ ，材料线膨胀系数为 α ，除 AB 杆件温度不变外，其余杆件外侧升高 20 °C，内侧升高 10 °C。

3-18 图示结构由于杆件 1 制造时短了 0.5 cm，求结点 A 的竖向位移。

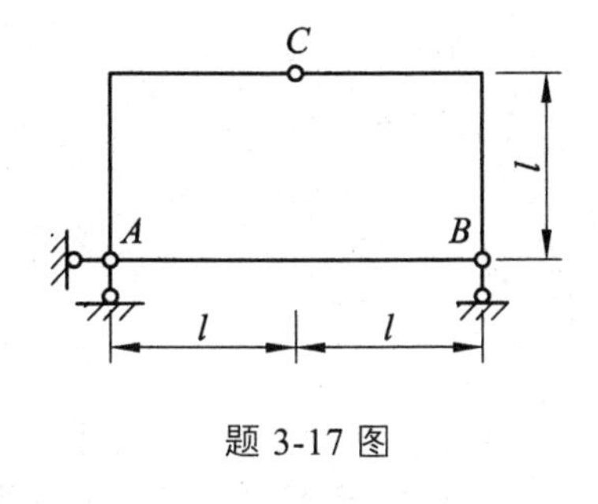

题 3-17 图

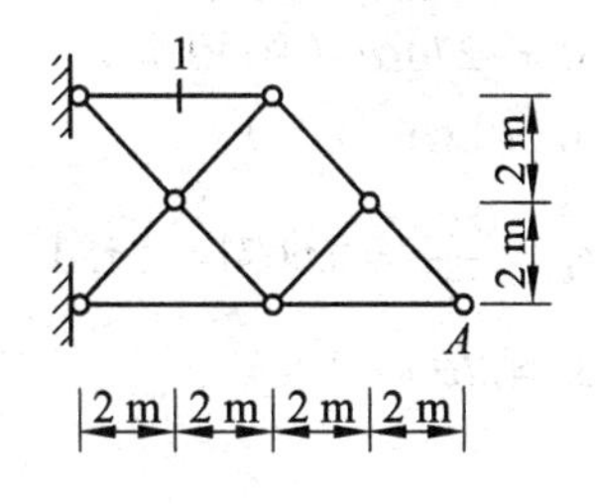

题 3-18 图

3-19 图示结构支座 A 移动 $a = 2\ \text{cm}$ ，$b = 3\ \text{cm}$ ，求 B 截面转角。

3-20 求图示结构由于 A 支座转动 θ 角引起的 B 点的竖向位移。

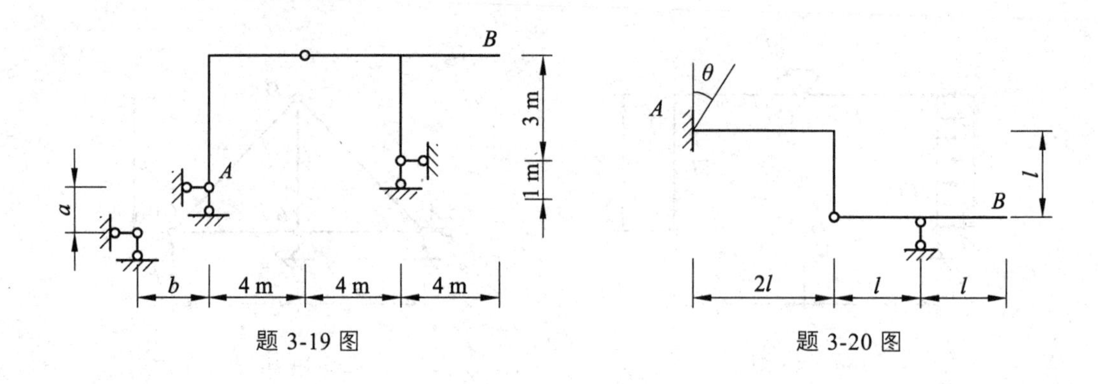

题 3-19 图　　　　题 3-20 图

自测题答案

3-1 （×）　3-2 （×）　3-3 （√）　3-4（×）　3-5（×）　3-6（×）

3-7 （A）　3-8 （B）　3-9 （C）

3-10　$\Delta_B=\dfrac{28qa^4}{3EI}$ （→）

3-11　$\Delta\varphi_E=-\dfrac{73}{24}\dfrac{qa^3}{EI}=-3.04\dfrac{qa^3}{EI}$ （↲↳）

3-12　$\Delta=\dfrac{2}{EI}\left(\dfrac{1}{3}\times2\times2q\right)\times\dfrac{3}{4}\times2=\dfrac{4q}{EI}$ （↓↑）

3-13　$\Delta_{Cy}=\dfrac{ql^4}{24EI}\downarrow$

3-14　$\Delta l=\dfrac{-\left(4+3\sqrt{2}\right)F_{\mathrm{P}}a}{EA}=-\dfrac{8.24F_{\mathrm{P}}a}{EA}$ （缩短）

3-15　$\Delta_{DH}=\dfrac{5+8\sqrt{2}}{16}\dfrac{F_{\mathrm{P}}l}{EA}+\dfrac{10F_{\mathrm{P}}l^3}{192EI}=1.07\dfrac{F_{\mathrm{P}}l^3}{EI}$ （→）

3-16　$\Delta_{BH}=\dfrac{414F_{\mathrm{P}}}{EI}+\dfrac{72F_{\mathrm{P}}}{EA}=4.17$（mm）（→）

3-17　$\Delta l=-270\alpha l$（缩短）

3-18　$\Delta_{Ay}=1\ \mathrm{cm}$ （↑）

3-19　$\varphi_B=\dfrac{0.05}{7}=0.00714$（rad）（↺）

3-20　$\Delta_B=2l\theta$ （↑）

第4章 力 法

§4-1 知识要点

1. 超静定结构的基本特性

（1）超静定结构是具有多余约束的几何不变体系，计算时不仅要考虑静力平衡条件，同时需要考虑变形条件，建立补充方程，才能求得全部内力和反力。

（2）支座移动、温度变化、制造误差和材料收缩等外因作用会使超静定结构产生内力。

（3）在荷载作用下，超静定结构的内力只与各杆的相对刚度有关，与各杆刚度的绝对值无关。在支座移动、温度变化等外因影响下，超静定结构的内力与各杆刚度的绝对值有关。

2. 超静定次数

超静定结构中多余约束的数目为超静定次数。

确定超静定结构的超静定次数时，可在原结构上解除多余约束，使超静定结构成为几何不变的静定结构，所需解除的多余约束个数为原结构的超静定次数。

确定超静定次数应注意以下几点:

（1）1个闭合框有 3 个多余约束，其超静定次数等于3。对于闭合框结构，其超静定次数 = 3 × 无铰闭合框数。对于带铰闭合框结构，其超静定次数 = 3 × 闭合框数 − 结构中的单铰数（复铰要折算成单铰）。

（2）任一结构的超静定次数是确定不变的，但去掉多余约束的方式是多种多样的。

（3）在原结构上解除多余约束，只能去掉多余约束，不能去掉必要约束，不能将原结构变成瞬变体系或可变体系。

3. 力法原理和力法基本方程

（1）超静定结构的求解思路

在力法中，把原结构的多余约束和荷载都去除后得到的静定结构称为力法基本结构。去掉多余约束代之以多余未知力，得到的静定结构作为力法基本体系；多余未知力作为力法的基本未知量，通过基本体系中沿多余未知力方向的位移应等于原结构相应的位移来建立力法基本方程；通过力法基本方程求出多余未知力；多余未知力求出以后，其他反力和内力的计算问题就转化为静定结构的计算问题。

（2）力法基本结构

解除多余约束后的静定结构即为原结构的力法基本结构。对于同一个超静定结构，可以采用不同的方式解除多余约束。但必须满足解除某些约束后结构成为几何不变的条件。因此，可以作为基本结构的静定结构一般不止一种形式，而超静定次数必然相等。

选取基本结构的原则：

① 一般取静定结构为基本结构，但也可选取超静定结构作为基本结构。

② 宜选取形成独立部分的静定结构为基本结构。在一般情况下，避免选取按基本部分和附属部分形成的结构以及按三刚片规则形成的结构。

③ 宜选取便于计算系数和自由项的基本结构，基本结构应尽量使较多的副系数和自由项为零，以减少计算系数和自由项的工作量。

（3）力法基本方程

力法基本方程是根据原结构的位移条件建立起来的。基本方程的数目等于结构的超静定次数。n 次超静定结构的基本体系有 n 个多余未知力，相应的有 n 个位移协调条件。利用叠加原理将这些位移条件展开成为如下的力法基本方程

$$\left.\begin{array}{l}\delta_{11}X_1+\delta_{12}X_2+\cdots+\delta_{1n}X_n+\varDelta_{1\mathrm{P}}+\varDelta_{1\mathrm{c}}+\varDelta_{1\mathrm{t}}=\varDelta_1\\ \delta_{21}X_1+\delta_{22}X_2+\cdots+\delta_{2n}X_n+\varDelta_{2\mathrm{P}}+\varDelta_{2\mathrm{c}}+\varDelta_{2\mathrm{t}}=\varDelta_2\\ \qquad\cdots\cdots\cdots\\ \delta_{n1}X_1+\delta_{n2}X_2+\cdots+\delta_{nn}X_n+\varDelta_{n\mathrm{P}}+\varDelta_{n\mathrm{c}}+\varDelta_{n\mathrm{t}}=\varDelta_n\end{array}\right\} \qquad (4\text{-}1)$$

力法基本方程式（4-1）的物理意义：基本结构在全部多余未知力和外因（荷载、支座移动、温度变化等）的共同作用下，在解除多余约束处沿各多余未知力方向的位移，应与原结构相应的位移相等。

力法基本方程式（4-1）在组成上具有一定的规律，系数、自由项、右端项的物理意义和特点为：主系数 δ_{ii} 位于主斜线上，为基本结构上多余未知力 $X_i=1$ 在其自身方向产生的位移，恒为正值；副系数 $\delta_{ij}(i\neq j)$ 位于主斜线两侧，为基本结构上多余未知力 $X_j=1$ 在第 i 个多余未知力方向产生的位移，可为正、负或零，$\delta_{ij}=\delta_{ji}$；自由项 $\varDelta_{i\mathrm{P}}$、$\varDelta_{i\mathrm{c}}$、$\varDelta_{i\mathrm{t}}$ 为基本结构上外因（荷载、支座移动、温度变化等）在第 i 个多余未知力方向产生的位移，可为正、负或零；右端项 $\varDelta_i$ 为原结构的已知位移条件，为零或非零。

注意几点:

① 当超静定结构发生支座位移时，选取不同的基本结构，力法基本方程有可能不同。

② 在超静定桁架和组合结构的力法计算中，取基本结构时，切开和撤去多余链杆，建立的力法方程是不同的。

③ 对于具有弹性支承的超静定结构，计算系数和自由项时，要考虑弹性约束的变形影响。若取弹性约束力作为基本未知力 X_i，相应力法方程得右端项为 $-X_i/k$，若基本体系中有弹性约束，在计算 δ_{ii}、$\varDelta_{i\mathrm{P}}$ 时要考虑弹性约束的变形影响。

4. 对称性利用

当超静定结构的几何形状、支座形式以及杆件的截面刚度均对称于某一几何轴线时，称之为对称结构。通过利用对称性，可以简化计算。

（1）选取对称的基本结构进行计算

将对称超静定结构沿其对称轴切开，选取对称基本结构。多余未知力分为正对称力 X_1、X_2，反对称力 X_3。力法典型方程简化为

$$\left.\begin{aligned}\delta_{11}X_1+\delta_{12}X_2+\varDelta_{1P}=0\\ \delta_{21}X_1+\delta_{22}X_2+\varDelta_{2P}=0\\ \delta_{33}X_3+\varDelta_{3P}=0\end{aligned}\right\}\tag{4-2}$$

式（4-2）前两式仅含正对称的多余未知力 X_1、X_2，后一式仅含反对称的多余未知力 X_3。力法典型方程降阶分组，得到简化。

（2）选取半边结构进行计算

对称结构在对称荷载作用下，内力及变形是对称的；对称结构在反对称荷载作用下，内力及变形是反对称的。根据这一结论，在计算对称结构时，可以沿对称轴切开，取半个结构进行计算。

选取半结构时，应使该半结构能等效代替原结构半边的受力和变形状态，即在切口处按原结构的位移条件和静力条件设置相应的支承，与原结构的半边等效。

5. 超静定结构的位移计算

因为基本体系的内力和变形与原结构相同，所以求超静定结构的位移问题就可转化为求静定基本结构的位移问题。相应的虚拟单位荷载可以加在任意基本结构上，按位移计算公式求位移。

荷载作用：

$$\varDelta_{kP}=\sum\int\bar{M}M_P\frac{ds}{EI}\tag{4-3}$$

支座位移：

$$\varDelta_{kc}=\sum\int\bar{M}M_c\frac{ds}{EI}+\varDelta_{kc}^{基}\tag{4-4}$$

温度变化：

$$\varDelta_{kt}=\sum\int\bar{M}M_t\frac{ds}{EI}+\varDelta_{kt}^{基}\tag{4-5}$$

式中：M_P、M_c、M_t 为超静定结构的荷载（F_P）、温度改变（t_0、$\varDelta_t$）和支座移动（c）情况下的实际内力，用超静定结构的分析方法求出；$\bar{M}$ 为原结构上去除多余约束后的任一静定结构由虚拟单位荷载产生的内力；$\varDelta_{kc}^{基}$、$\varDelta_{kt}^{基}$ 为相应的静定结构在支座移动（c）和温度改变（t_0、$\varDelta_t$）等因素作用下 k 点的位移。

忽略杆件剪切变形影响后，位移计算式为第三章提供的公式，即

$$\begin{aligned}\varDelta_{kt}^{基}&=\sum\alpha t_0\int\bar{F}_N ds+\sum\frac{\alpha\Delta t}{h}\int\bar{M}ds\\&=\sum\alpha t_0A_{\bar{N}}+\sum\frac{\alpha\Delta t}{h}A_{\bar{M}}\end{aligned}\tag{4-6}$$

$$\varDelta_{kt}^{基}=-\sum\bar{F}_Rc\tag{4-7}$$

6. 无弯矩图状态的判定

在忽略轴向变形时，下列三种情况处于无弯矩状态：

（1）一集中力沿一柱子轴线作用，如图 4-1（a）所示。

（2）一对等值、反向、共线的集中力沿一受弯直杆轴线作用，如图 4-1（b）、（c） 所示。

（3）无线位移的结构受集中结点力作用，如图 4-1（d）所示。

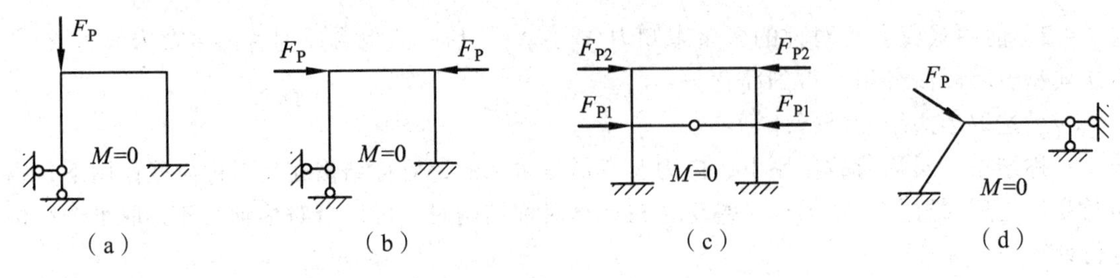

图 4-1

7. 超静定结构内力图的校核

超静定结构的内力图要同时满足平衡条件和变形条件。由力法计算步骤可以看出，力法计算的主要工作都是围绕着建立和求解力法方程进行的。如在这个过程中出现了错误,都会使得力法方程（实质上是位移条件）得不到满足。因此力法计算结构的校核，重点是位移条件。校核方法是检查原结构中某已知位移是否等于按结构最后 M 图求出的该方向位移。

§4-2　典型例题

1. 判断题

【例 1】　如图 4-2 所示结构的超静定次数为 3。(　　)

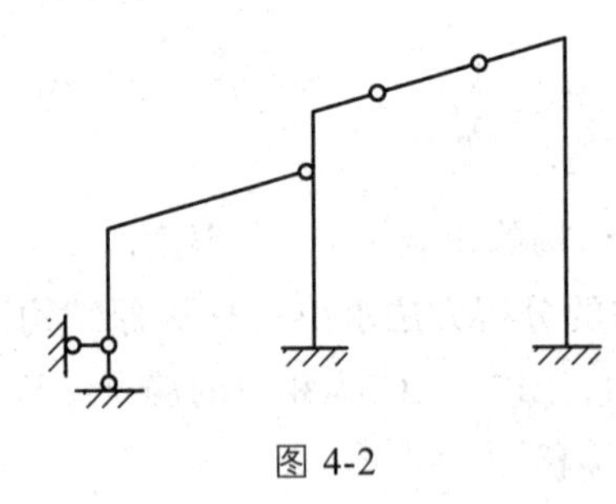

图 4-2

【答案】　×

【分析】　刚片数为 4，单铰数为 3，支座约束为 8，计算得到超静定次数为 2。

【例 2】　图 4-3（a）所示结构取力法基本未知量 X_1，如图 4-3（b）所示，则力法方程中 $\Delta_{1P}<0$。(　　)

【答案】　√

【分析】　在荷载 F_P 作用下，基本结构的变形如图 4-3（c）所示。显然，此时 C 点的位移向下，D 点没有位移，因此 C、D 间的距离是缩短，而假定的 X_1 的正方向是使 CD 间距离增大，因此 $\Delta_{1P}<0$。

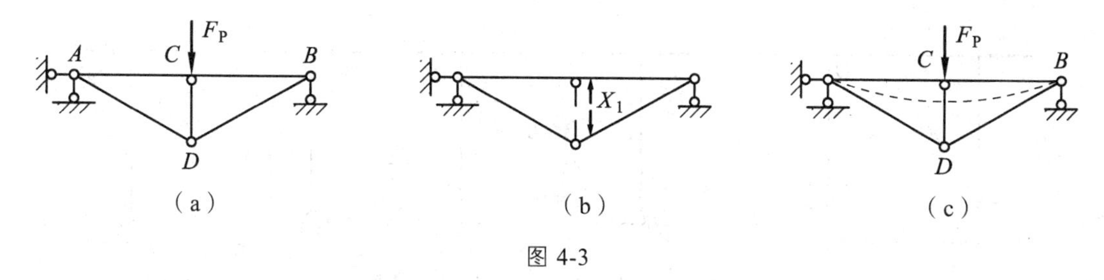

图 4-3

【例 3】 图 4-4（a）、（b）所示两结构的刚度相同、尺寸相同、荷载相同，如选择图 4-4（c）为力法计算的基本体系，则两者的力法方程相同，物理意义也相同。（　　）

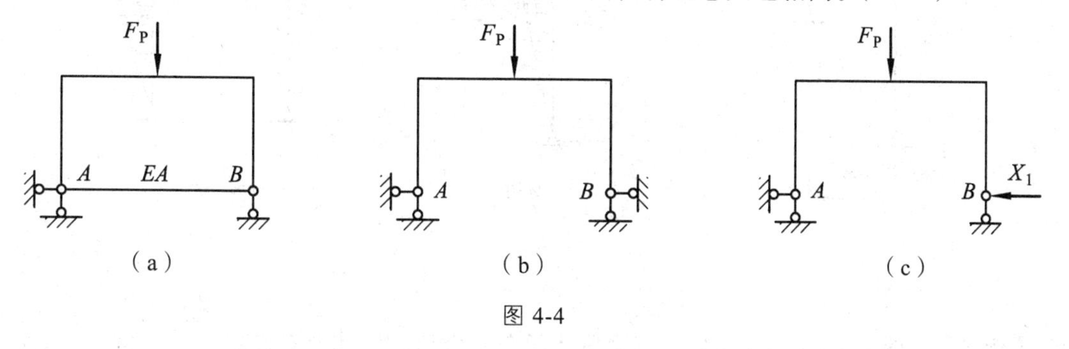

图 4-4

【答案】 ×

【分析】 图 4-4（a）结构的力法方程：$\delta_{11}X_1+\Delta_{1P}=-\dfrac{X_1 l}{EA}$，表示 B 点的水平位移等于拉杆的变形；图 4-4（b）结构的力法方程：$\delta_{11}X_1+\Delta_{1P}=0$，表示 B 支座的水平位移等于零。

【例 4】 用力法计算图 4-5（a）所示结构时，选择图 4-5（b）所示结构作为力法基本结构，能使其典型方程中副系数为零。（　　）

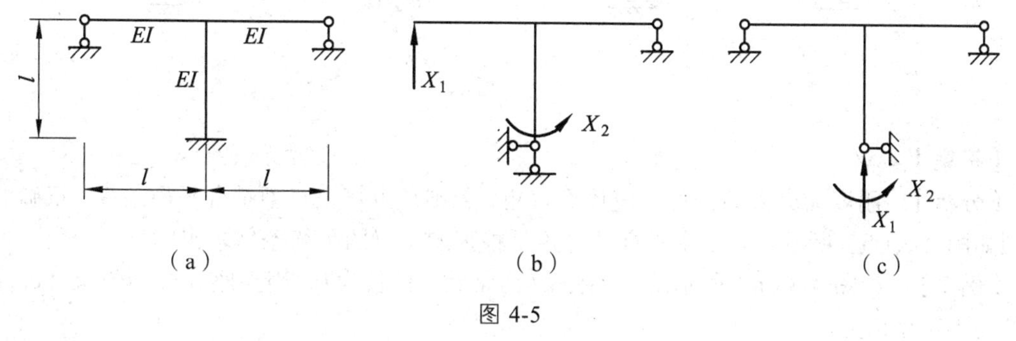

图 4-5

【答案】 ×

【分析】 选取图 4-5（b）结构作为力法基本结构，经计算，副系数不为零。若使典型方程中副系数为零，力法基本结构应如图 4-5（c）所示。

【例 5】 图 4-6（a）所示结构 M_{CD} 为 $F_Pl/2$，上侧受拉。（　　）

【答案】 ×

【分析】 将荷载分成正对称荷载和反对称荷载，如图 4-6（b）所示，正对称荷载的弯矩图为零。反对称荷载再取半结构如图 4-6（c）所示，该半结构为静定结构，直接绘制出半结构弯矩图，如图 4-6（d）所示。最终弯矩图如图 4-6（e）所示，得到 M_{CD} 为 $F_Pl/2$，下侧受拉。

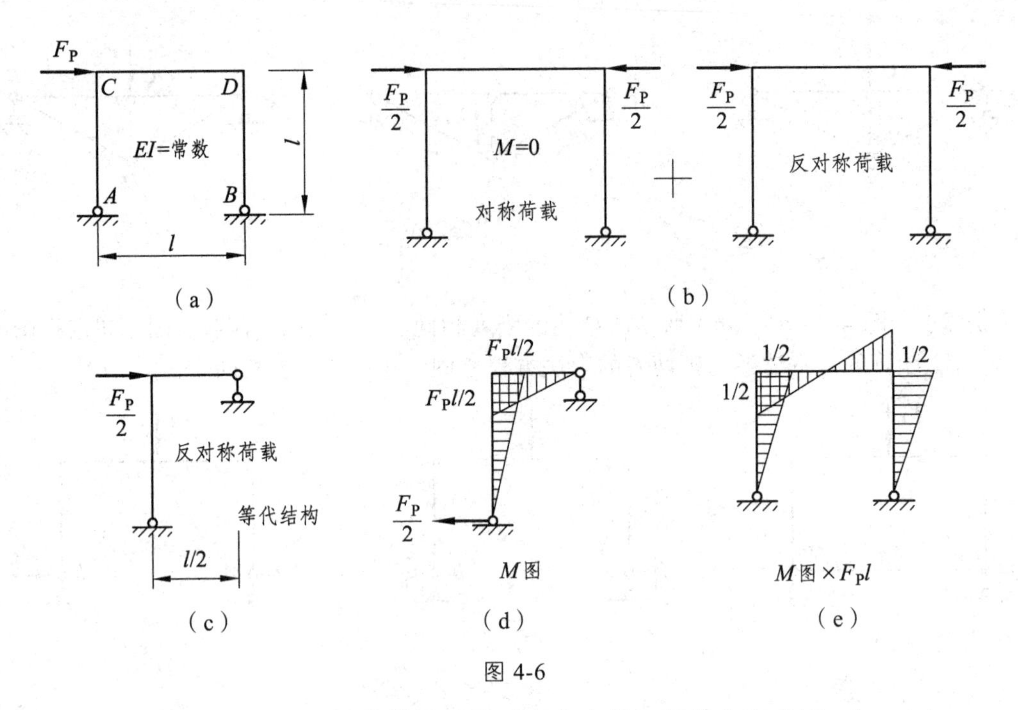

图 4-6

【例 6】 图 4-7（a）所示结构横梁虽然无弯曲变形，但其上有弯矩。（　　）

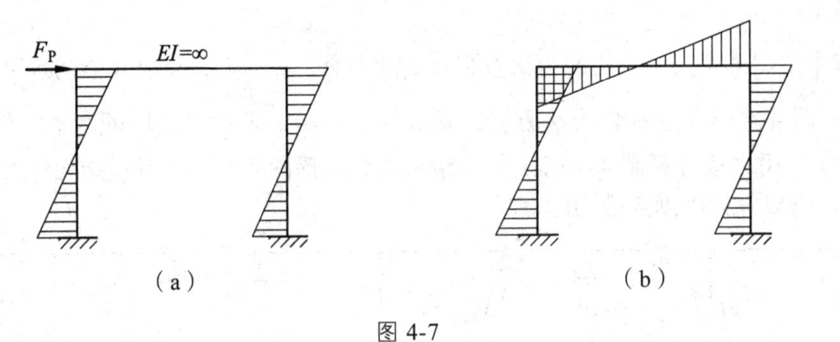

图 4-7

【答案】 √

【分析】 刚度无穷大的杆件也应该有弯矩，否则结点弯矩将不符合平衡条件。正确的弯矩图如图 4-7（b）所示，其中水平杆的弯矩可根据刚结点的平衡条件求出的。

【例 7】 如图 4-8（a）所示结构各杆 EI 为常数，杆长为 l，当支座 A 竖向下沉 2 cm 时，各杆均不产生内力。（　　）

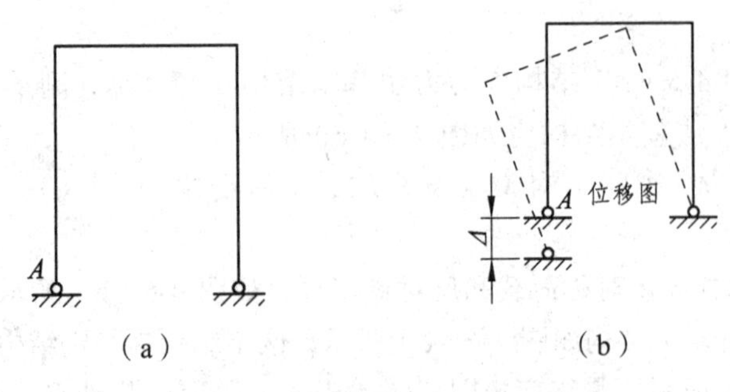

图 4-8

【答案】 √

【分析】 力法典型方程中自由项为零。

【例 8】 图 4-9(a)所示结构，设温升 $t_1 > t_2$，则支座反力 F_{RA}、F_{RC} 和 F_{RB} 均向上。(　　)

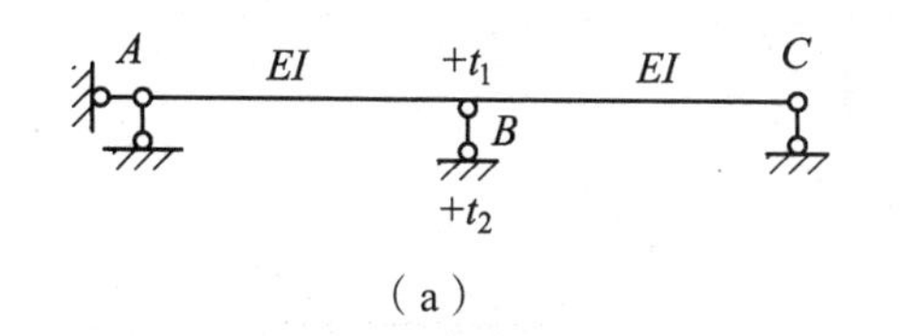

(a)

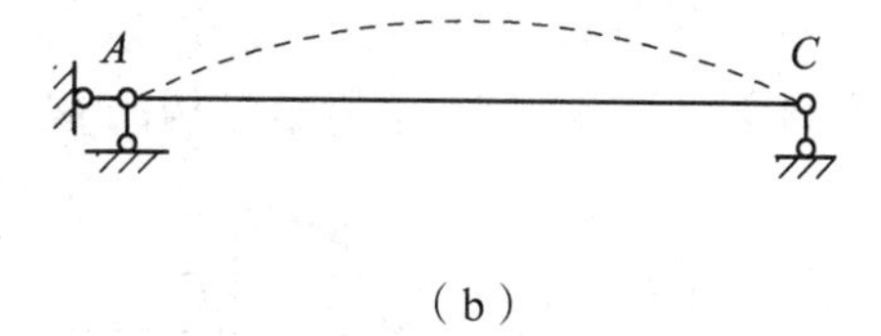

(b)

图 4-9

【答案】 ×

【分析】 将 B 支座撤销，则在温度变化作用下，图示结构会发生变形，如图 4-9（b）所示。实际结构中，B 点处支座要约束 B 点的运动，因此会产生一个向下的支座反力，即 F_{RB} 向下。根据力的平衡，支座反力 F_{RA}、F_{RC} 方向向上。

【例 9】 如图 4-10（a）所示结构，取图 4-10（b）为其力法基本体系，则 $\Delta_{1c} = l\theta/2$。(　　)

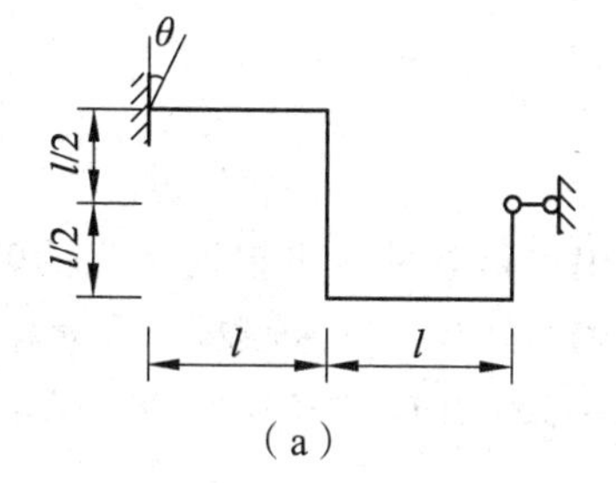

(a)

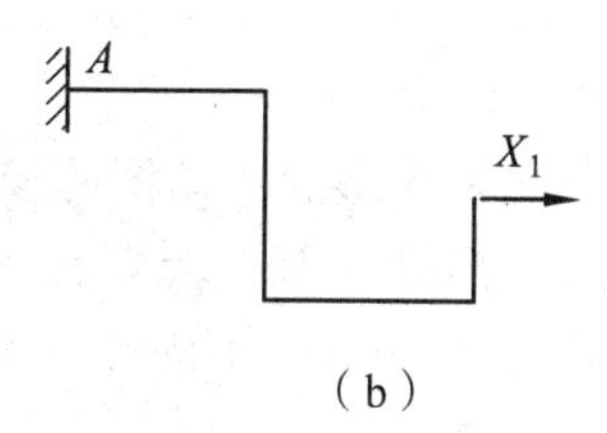

(b)

图 4-10

【答案】 ×

【分析】 在 $\bar{X}_1 = 1$ 作用下，支座 A 处产生的反力矩为

$$M_A = l/2\text{（顺时针）}$$

因此

$$\Delta_{1c} = -\sum \bar{F}_{Ri} \cdot c_i = -\frac{l}{2} \cdot \theta = -l\theta/2$$

【例 10】 图 4-11（a）桁架中，当杆 DE 有制造误差时，桁架有内力。(　　)

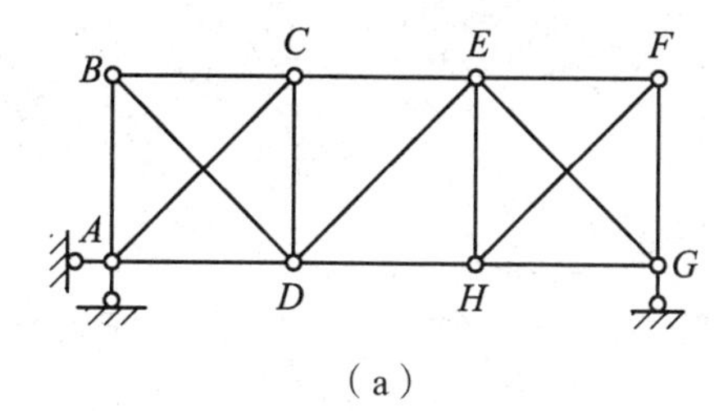

(a)

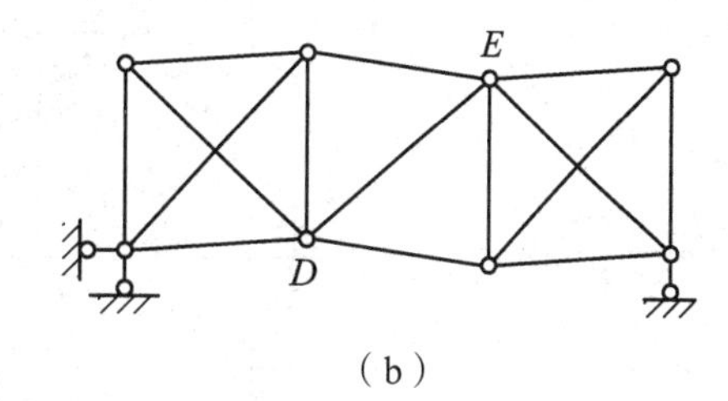

(b)

图 4-11

【答案】 ×

【分析】 该结构虽为超静定结构，但其内部组装方式为刚片 $ABCD$ 与 $EFGH$ 由三根链

杆相连，其中 $ABCD$ 和 $EFGH$ 为超静定部分，而 CE、DE、DH 三根杆为静定部分。静定部分有制造误差等非荷载因素时，应符合静定结构的特点，位移或变形没有受到约束，因此不产生内力。整个结构的位移将如图 4-11（b）所示。如果超静定部分的某根杆（$ABCD$ 或 $EFGH$ 部分的任何一根杆都可以）有制造误差，将会在该桁架中引起内力。

【例 11】　图 4-12（a）所示结构的 M 图错误。（　　）

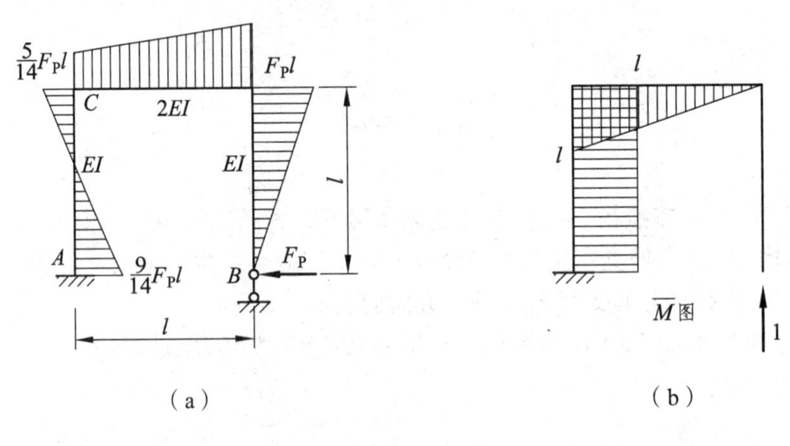

图 4-12

【答案】　×

【分析】　该题是对最后弯矩图的校核。使用位移条件，可根据 A 点的转角等于零，B 点竖向位移为零，或刚架上任一点左右两截面的相对转角为零来校核。现计算 B 点的竖向位移，相应基本结构在虚力状态下的弯矩图参见图 4-12（b），由图乘法得

$$\Delta_{By}=-\frac{1}{2EI}\left[\frac{1}{2}\cdot l\cdot l\cdot\left(\frac{5}{14}F_Pl+\frac{1}{3}\cdot\frac{9}{14}F_Pl\right)\right]+\frac{1}{EI}l\cdot l\cdot\frac{1}{2}\left(\frac{9}{14}F_Pl-\frac{5}{14}F_Pl\right)=0$$

可知最后弯矩图正确。

2. 选择题

【例 12】　图 4-13 所示结构的超静定次数为（　　）。

A. 2　　B. 3　　C. 4　　D. 5

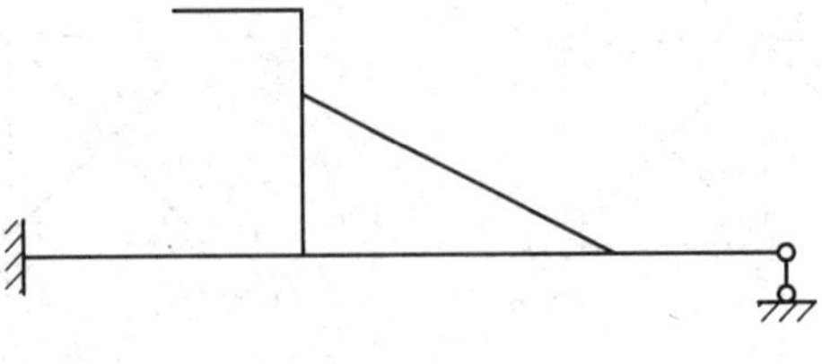

图 4-13

【答案】　C

【分析】　此题中，有刚性连接的封闭框格可看出 3 个约束，刚片数为 1，约束为 4，计算得到超静定次数为 4。

【例 13】 图 4-14（a）所示刚架结构中，杆 CD 受弯矩、剪力及轴力等各项内力的情况为（　　）。

A. 有弯矩、有剪力、有轴力　　B. 无弯矩、无剪力、有轴力

C. 有弯矩、有剪力、无轴力　　D. 无弯矩、无剪力、无轴力

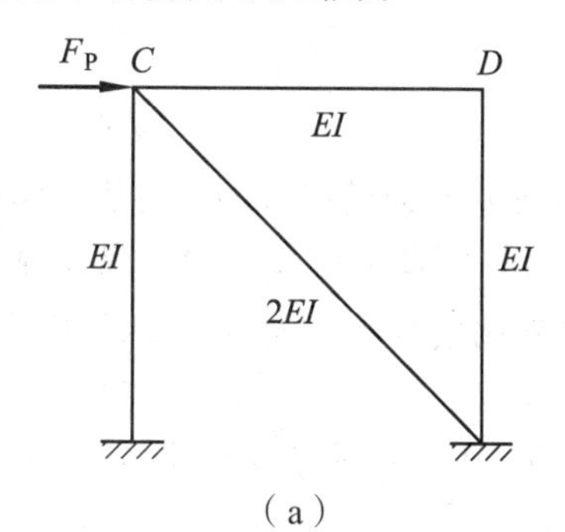

（a）

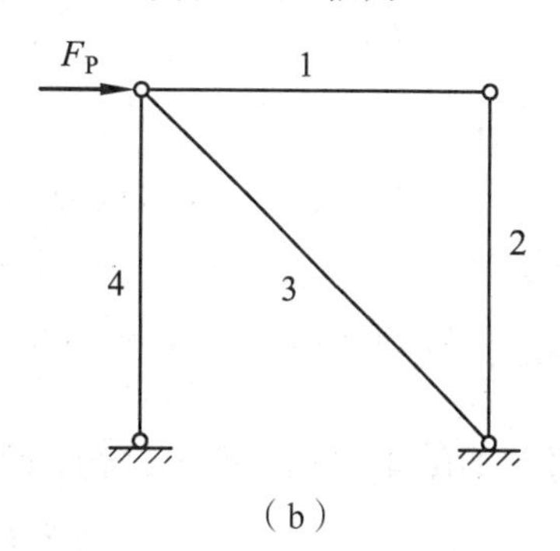

（b）

图 4-14

【答案】 D

【分析】 当力 F_P 作用在节点 C 上时，取图（b）为基本结构，M_P 图为零，则所有的自由项皆为零，M 图为零，只有轴力。因此，图 4-14（a）可化为图 4-14（b），即转化为桁架结构，故得杆 1、2 为零杆，杆 3、4 有轴力。

【例 14】 图 4-15（a）中取 A 支座反力为力法的基本未知量 X_1，当 I_1 增大时，柔度系数 δ_{11}（　　）。

A. 变小　　B. 变大

C. 不变　　D. 或变大或变小，取决于 I_1/I_2 的值

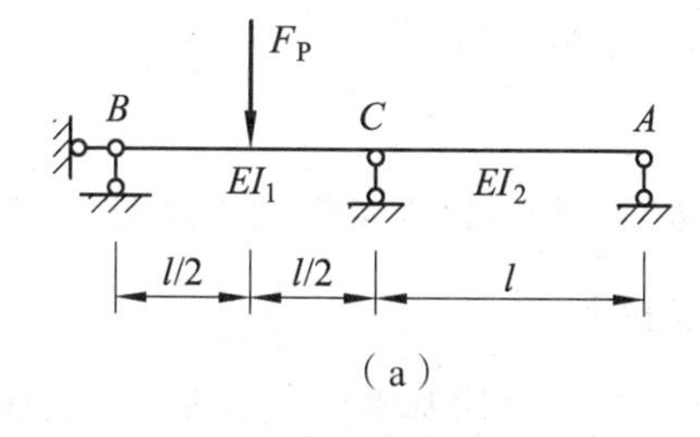

（a）

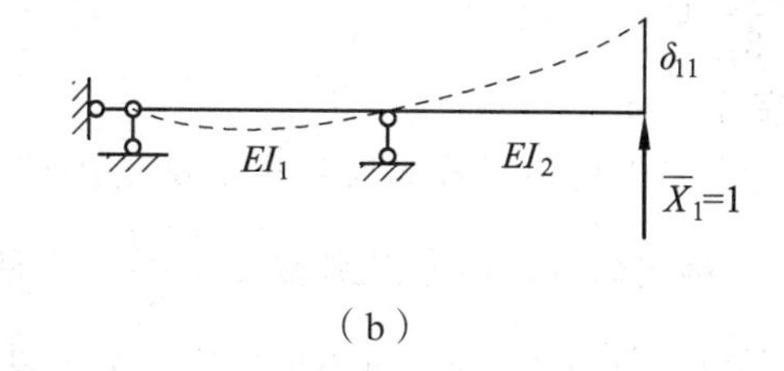

（b）

图 4-15

【答案】 A

【分析】 柔度系数 δ_{11} 的意义是当 $\overline{X}_1=1$ 时，引起与 X_1 相对应的位移，如图 4-15（b）所示。在 $\overline{X}_1=1$ 的作用下，BC 段梁的弯矩不为零，从位移计算公式可知，EI_1 为分母项，因此当 I_1 增大时，柔度系数 δ_{11} 会变小。

【例 15】 如图 4-16（a）所示的连续梁，用力法求解时应如何简化基本结构（　　）。

A. 去掉 B、C 两个支座

B. 将 A 支座改为固定铰支座，同时将梁在 B 截面处换铰

C. 将 A 支座改为固定铰支座，同时拆去 B 支座

D. 将 A 支座改为滑动支座，同时拆去 B 支座

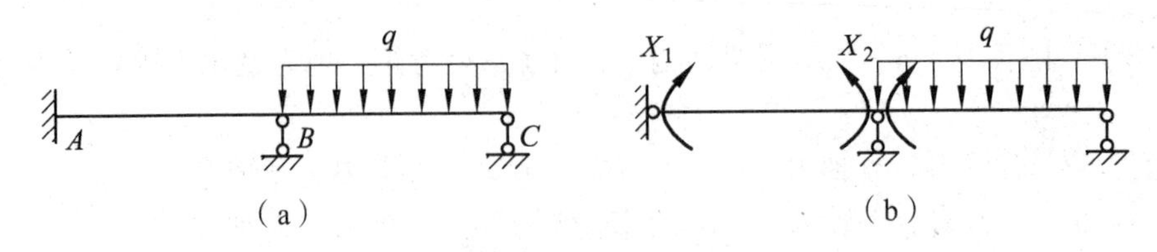

图 4-16

【答案】 B

【分析】 将 A 支座改为固定铰支座，同时将梁在 B 截面处换铰时，其基本体系如图 4-16（b）所示。此时的 $\bar{M}_1$ 图、$\bar{M}_2$ 图和 M_P 图都可以画出，且自由项 $\Delta_{1P}=0$，其余系数可通过图乘法得到。若选用其他基本体系，则弯矩图、图乘都比较复杂，而且缺少等于零的副系数或自由项。

【例 16】 如图 4-17（a）所示结构，设 EI 为常数，在给定荷载作用下，M_{BA} 等于（　　）。

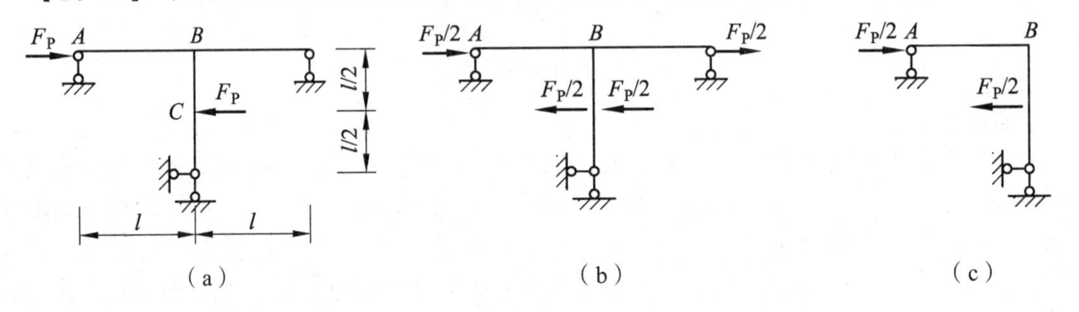

图 4-17

A. $F_P l$（上侧受拉）　　B. $\dfrac{F_P l}{2}$（上侧受拉）

C. $\dfrac{F_P l}{8}$（上侧受拉）　　D. $\dfrac{F_P l}{4}$（上侧受拉）

【答案】 D

【分析】 先将荷载看作反对称［见图 4-17（b）］，并简化为半结构［见图 4-17（c）］，则半结构为静定结构，计算得到 $M_{BA}=\dfrac{F_P l}{4}$（上侧受拉）。

【例 17】 图 4-18（a）所示结构中，支座 B 下沉 Δ，力法基本体系如图 4-18（b）所示，则 Δ_{1c} 为（　　）。

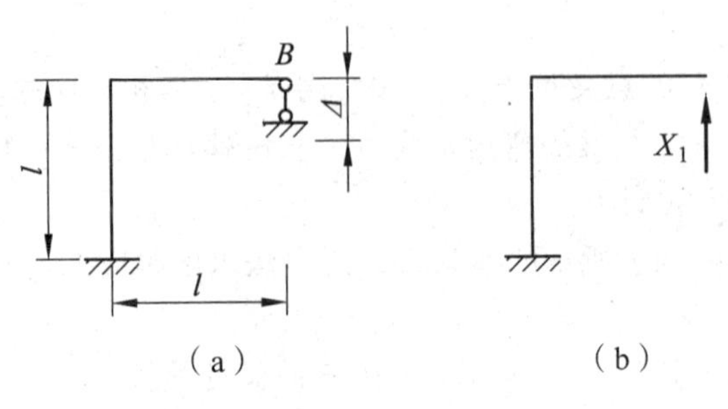

图 4-18

A. 0　　B. Δ　　C. $-\Delta$　　D. $\dfrac{\Delta}{2}$

【答案】 A

【分析】 Δ对应的约束被去除时，基本体系中不再含有支座位移，那么$\Delta_{1c}=0$。

【例 18】 如图 4-19（a）所示结构最后弯矩图的形状为（　　）。

A. 图（b）　　B. 图（c）　　C. 图（d）　　D. 都不对

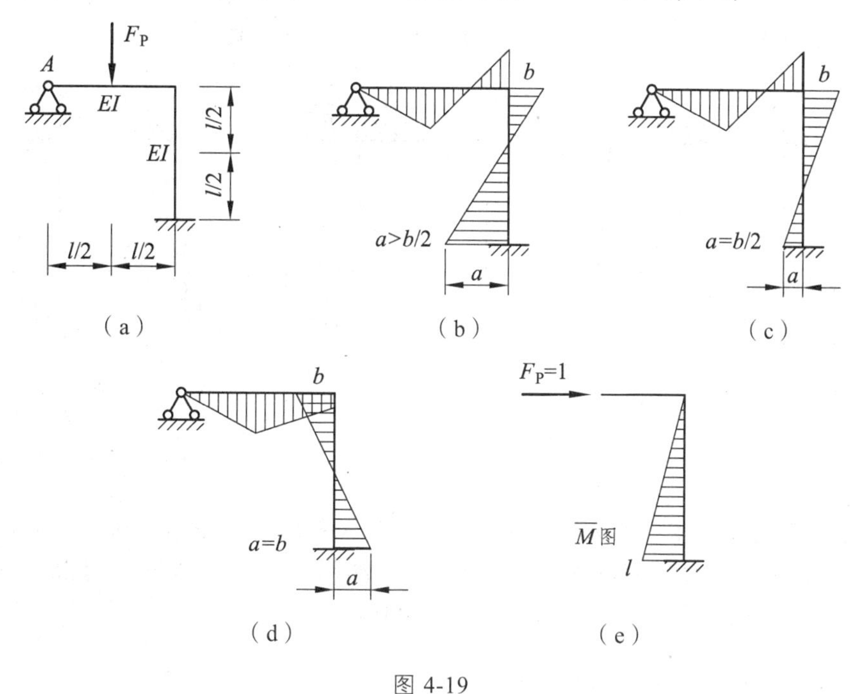

图 4-19

【答案】 B

【分析】 对于超静定结构的弯矩图，可用位移条件来校核。这里可校核 A 点的水平位移。选取图 4-19（e）所示的基本结构，在单位荷载作用下，弯矩如图 4-19（e）所示。A 点的水平位移为零，即图 4-19（e）与最后弯矩图相图乘的结果应为零。显然，只有图 4-19（c）满足该条件，因此正确答案为 B。

【例 19】 图 4-20（a）所示结构的最后弯矩图为（　　）。

A. 图（b）　　B. 图（c）　　C. 图（d）　　D. 都不对

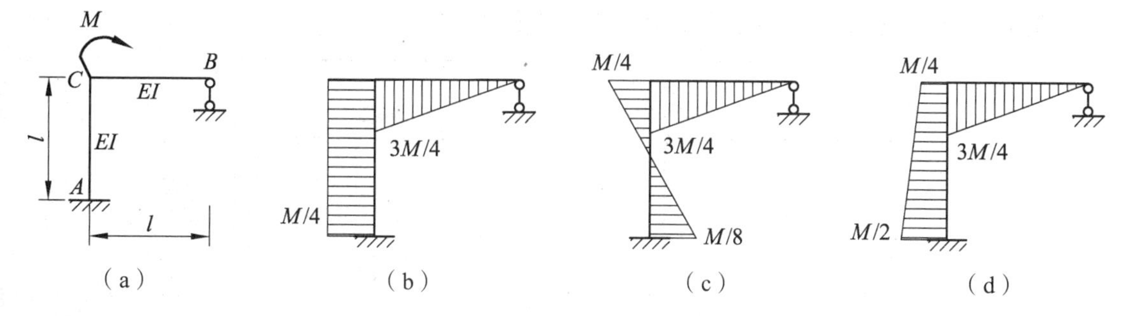

图 4-20

【答案】 A

【分析】 比较几个弯矩图，CB 杆弯矩完全一样，只有 AC 杆不同。分析 AC 杆内力，由于 B 处支座只能提供竖向支座反力，因此 AC 杆件没有剪力，弯矩应为常数，只有图 4-20（b）符合。

【例 20】 图 4-21（a）所示的结构 E 为常数，在给定荷载作用下，若使 A 支座反力为零，则应使（　　）。

A. $I_2=I_3$　　B. $I_2=4I_3$　　C. $I_2=2I_3$　　D. $I_3=4I_2$

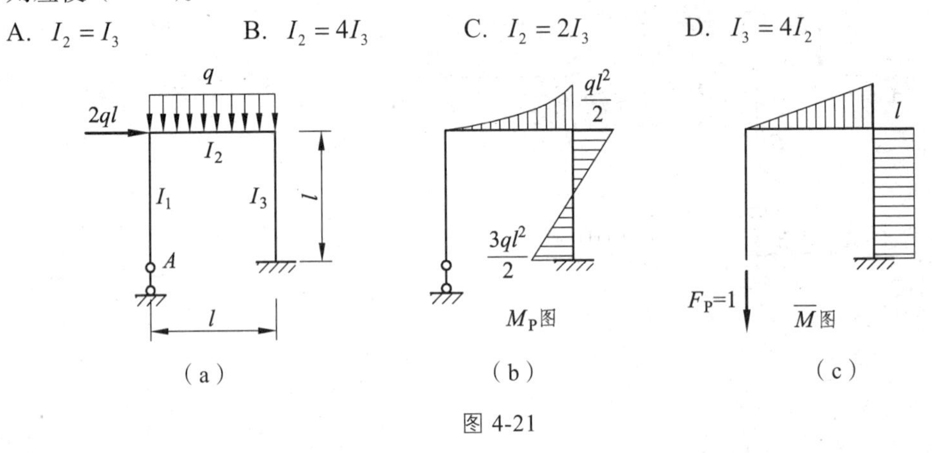

图 4-21

【答案】 D

【分析】 假定 A 支座反力为零，则结构的最后弯矩如图 4-21（b）所示。用 A 点的竖向位移为零的条件来校核最后弯矩图，选取基本结构如图 4-21（c）所示，可得到相应单位荷载作用下的弯矩 $\bar{M}$ 图。用图乘法计算 A 点竖向位移

$$\Delta_{Ay}=\frac{1}{EI_2}\left(\frac{1}{3}\cdot\frac{ql^2}{2}\cdot l\cdot\frac{3}{4}l\right)-\frac{1}{EI_3}\left[l^2\cdot\frac{1}{2}\cdot\left(\frac{3ql^2}{2}-\frac{ql^2}{2}\right)\right]$$

$$=\frac{ql^4}{8EI_2}-\frac{ql^4}{2EI_3}=0$$

由此可得

$$I_3=4I_2$$

3. 填空题

【例 21】 图 4-22（a）所示的结构，其超静定次数为________。

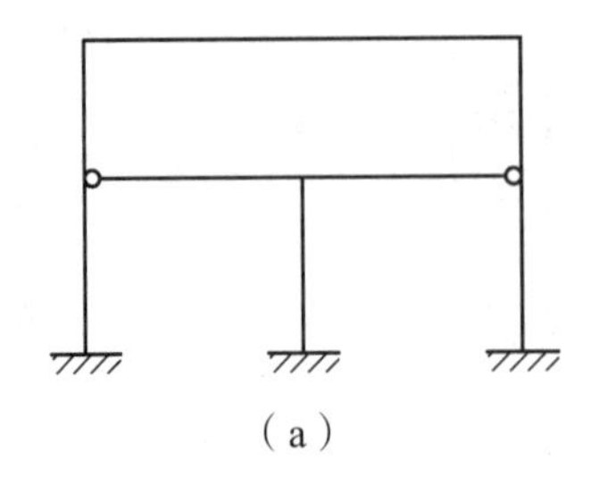

（a）

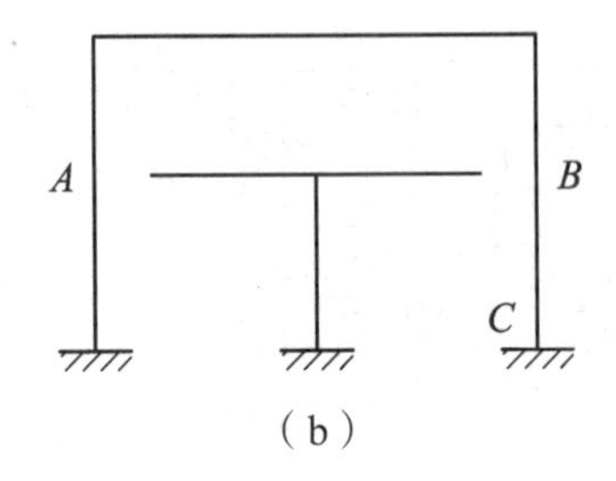

（b）

图 4-22

【答案】 7

【分析】 先从基础开始，组装成无多余约束的几何不变体系，如图 4-22（b）所示；解除的约束包括结点 A、B 都是单铰，每个单铰为 2 个约束，支座 C 是固定支座，相当于 3 个约束。因此原结构为 7 次超静定结构。

【例 22】 如图 4-23 所示，M_{AB} 和 M_{DC} 的绝对值关系为（EA 为有限大数值）________。

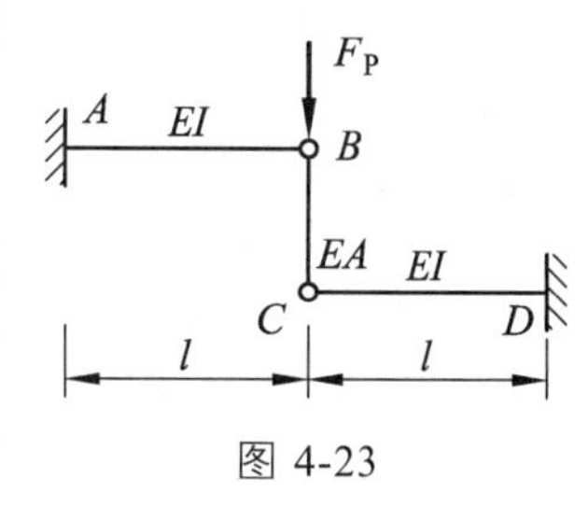

图 4-23

【答案】 $|M_{AB}|>|M_{DC}|$

【分析】 在荷载作用下，杆件的变形与内力成对应关系。在图示结构中，杆件 BC 受压，因此 B 点的竖向位移会大于 C 点的竖向位移，即 AB 杆件的变形大于 CD 杆件变形，而 AB 和 CD 杆件上没有其他荷载，弯矩图都是三角形，可知 $|M_{AB}|>|M_{DC}|$。

【例 23】 图 4-24（a）所示桁架中，AC 为刚性杆，则 $F_{NAD}=$________，$F_{NAC}=$________。

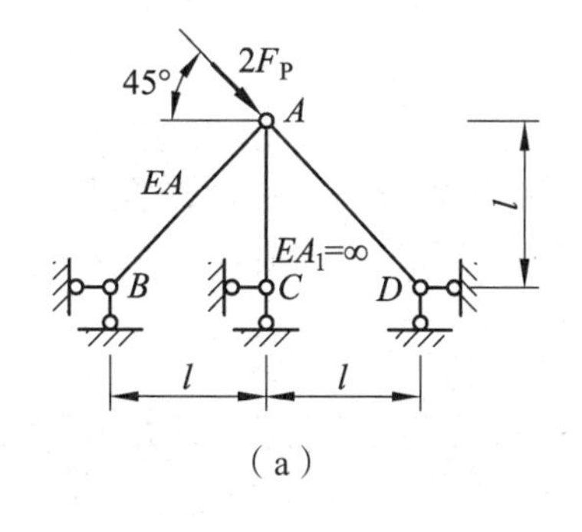

（a）

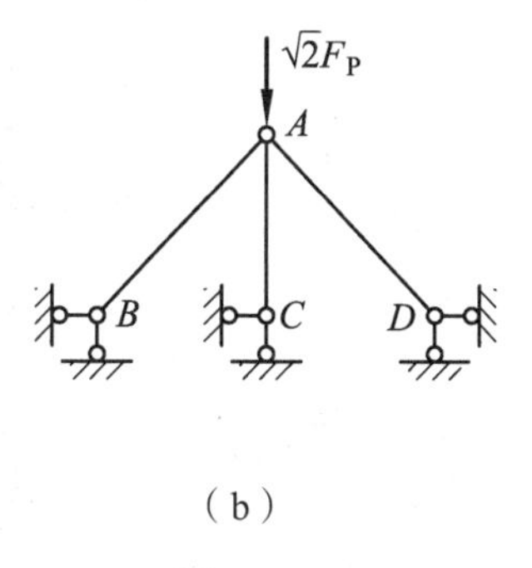

（b）

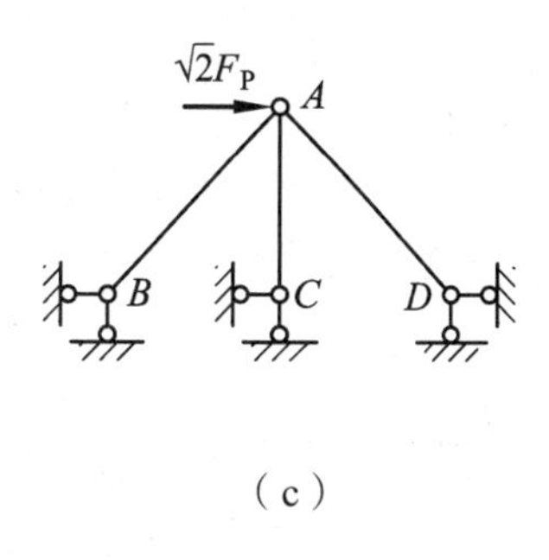

（c）

图 4-24

【答案】 $-F_P$；$-\sqrt{2}F_P$

【分析】 图示桁架为对称结构，将荷载分为竖向力和横向力，如图 4-24（b）和（c）所示。在竖向力作用下，属于对称结构承受对称荷载，因此位移也是对称的，即 A 点只能有竖向位移。而 AC 杆件的轴向刚度为无穷，因此 A 点没有位移。相应地，AB、AD 杆件没有变形，也没有内力，此时 AC 的轴力 $F_{NAC}=-\sqrt{2}F_P$。横向力作用下，属于对称结构承受反对称荷载，结构轴力也是反对称，因此 AC 杆件的轴力为零，根据 A 结点的平衡条件，可知 $F_{NAD}=-F_P$。

【例 24】 如图 4-25（a）所示，t_1、t_2 为温升，$t_1>t_2$，图（b）中 X_1、X_2、X_3 为力法基本未知量，则 X_1________0，X_2________0。（填 < 、 > 或 = ）

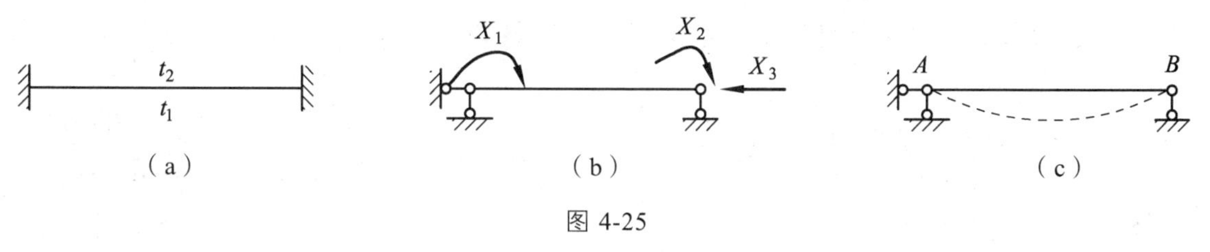

（a） （b） （c）

图 4-25

【答案】 <； >

【分析】 由于 t_1、t_2 为温升，$t_1>t_2$，因此基本结构的变形是下侧受拉，如图 4-25（c）

所示，A 点截面的转角为顺时针方向，而 B 截面的转角为逆时针方向。实际结构中，A、B 两点都有固定支座，会约束 A、B 截面的转动，因此约束弯矩的方向一定与其运动趋势相反，即 A 点的约束力矩应为逆时针方向，而 B 点为顺时针方向。同图 4-25（b）中假定的 X_1、X_2 方向相比较，可知实际的 $X_1<0$，$X_2>0$。

【例 25】　图 4-26 所示结构在温度变化下，____杆件受拉，____受压。（填外侧或内侧）

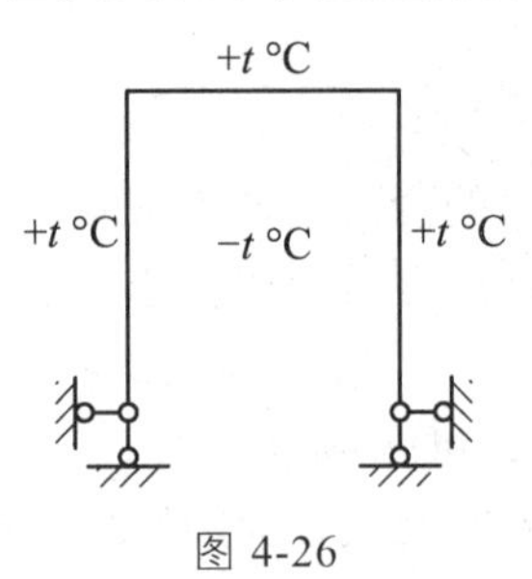

图 4-26

【答案】　内侧；外侧

【分析】　根据多余未知力的方向确定。

【例 26】　如图 4-27（a）所示结构，取其力法基本体系如图 4-27（b）所示。X_1 是基本未知量，其力法方程可写为 $\delta_{11}X_1+\Delta_{1c}=\Delta_1$，其中 Δ_{1c} ________0，Δ_1 _______0。（填 < 、> 或 = ）

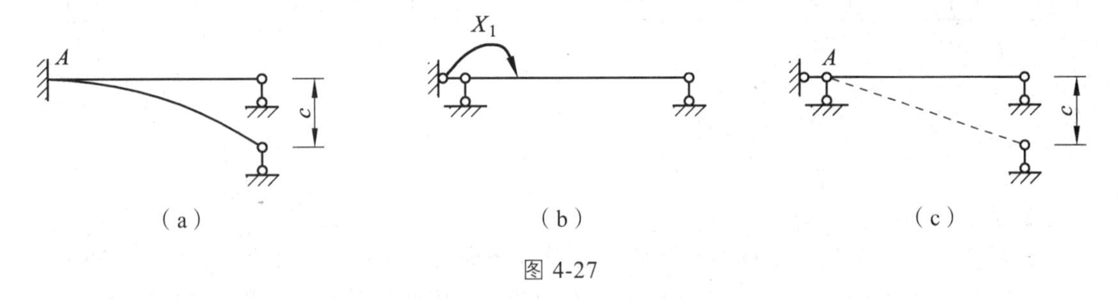

图 4-27

【答案】　>；=

【分析】　基本结构在支座移动时的变形如图 4-27（c）所示。力法典型方程中，Δ_{1c} 表示基本结构中由支座移动引起的与 X_1 对应的位移，即图（c）中 A 点的转角。显然，其方向与假定的 X_1 方向一致，因此为正。Δ_1 为实际结构中与 X_1 对应的位移，即图（a）中 A 点的转角，所以 $\Delta_1=0$。

4. 计算题

【例 27】　用力法求解图 4-28 所示结构，并作弯矩图。

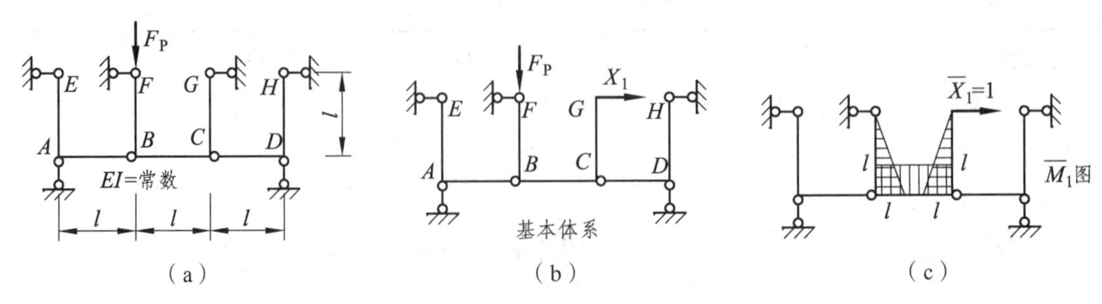

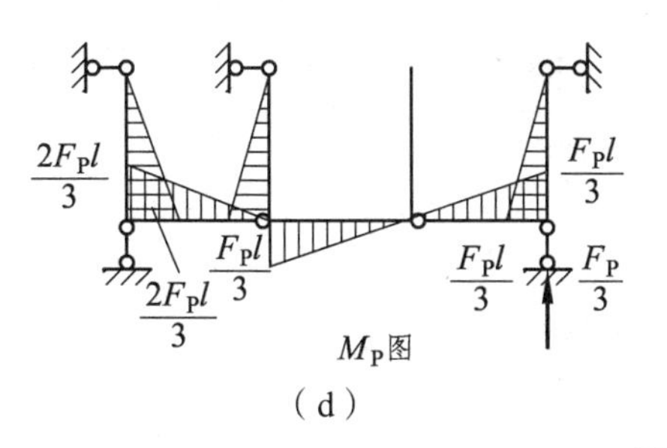

（d）

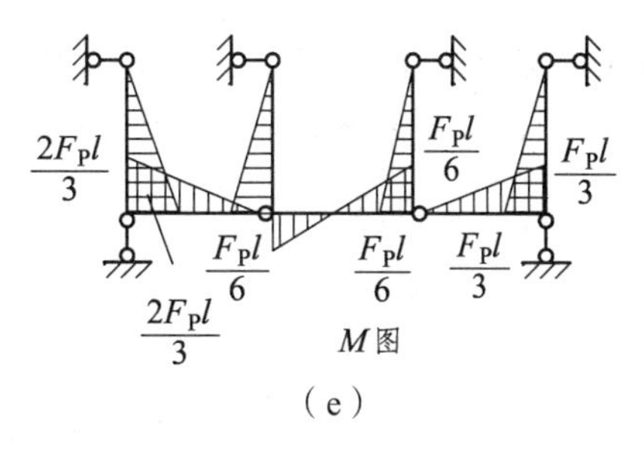

（e）

图 4-28

【解】 选取图 4-28（b）所示静定结构为基本结构，相应的 $\bar{M}_1$、M_P 图见图 4-28（c）、（d）。力法典型方程为

$$\delta_{11}X_1+\Delta_{1P}=0$$

其中

$$\delta_{11}=\sum\int\frac{\bar{M}_1\bar{M}_1}{EI}\mathrm{d}s=\frac{5l^3}{3EI}$$

$$\Delta_{1P}=\sum\int\frac{\bar{M}_1M_P}{EI}\mathrm{d}s=\frac{-5F_Pl^3}{18EI}$$

代回典型方程，联立求解，得

$$X_1=-\Delta_{1P}/\delta_{11}=F_P/6$$

根据 $M=X_1\bar{M}_1+M_P$，作最终弯矩图，如图 4-28（e）所示。

【例 28】 用力法计算图 4-29（a）所示结构，并作 M 图，已知各杆 EI 为常数。

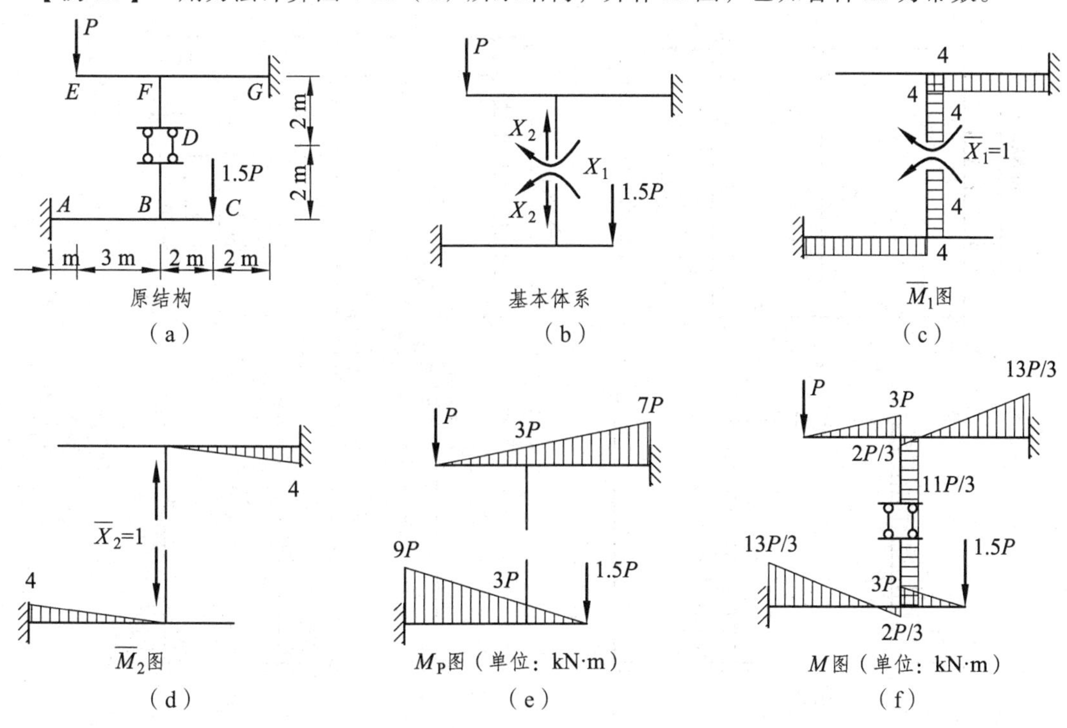

图 4-29

【解】 选取图 4-29（b）所示结构为基本结构，相应的 $\bar{M}_1$ 、$\bar{M}_2$ 、M_P 图见图 4-29（c）、（d）、（e）。力法典型方程为

$$\begin{cases}\delta_{11}X_1+\delta_{12}X_2+\varDelta_{1P}=0\\ \delta_{21}X_2+\delta_{22}X_2+\varDelta_{2P}=0\end{cases}$$

其中

$$\delta_{11}=\frac{1}{EI}\times(4+2+2+4)=\frac{12}{EI}$$

$$\delta_{12}=\delta_{21}=0$$

$$\varDelta_{1P}=-\frac{1}{EI}\left[\frac{1}{2}\times(3P+7P)\times4+\frac{1}{2}\times(3P+9P)\times4\right]=-\frac{44P}{EI}$$

$$\varDelta_{2P}=\frac{1}{EI}\times\left[-\frac{1}{2}\times4\times4\times\left(3P+\frac{2}{3}\times4P\right)+\frac{1}{2}\times4\times4\times\left(3P+\frac{2}{3}\times6P\right)\right]=\frac{32P}{3EI}$$

$$\delta_{22}=\frac{1}{EI}\left(\frac{2}{3}\times4\times4\times\frac{1}{2}\times4\right)=\frac{64}{3EI}$$

代回典型方程，联立求解，得

$$X_1=\frac{11P}{3}，\quad X_2=-\frac{P}{4}$$

根据 $M=\bar{M}_1X_1+\bar{M}_2X_2+M_P$，作出最后弯矩图，如图 4-29（f）所示。

【例 29】 用力法计算图 4-30（a）所示结构，并作 M 图，已知各杆 EI 为常数。

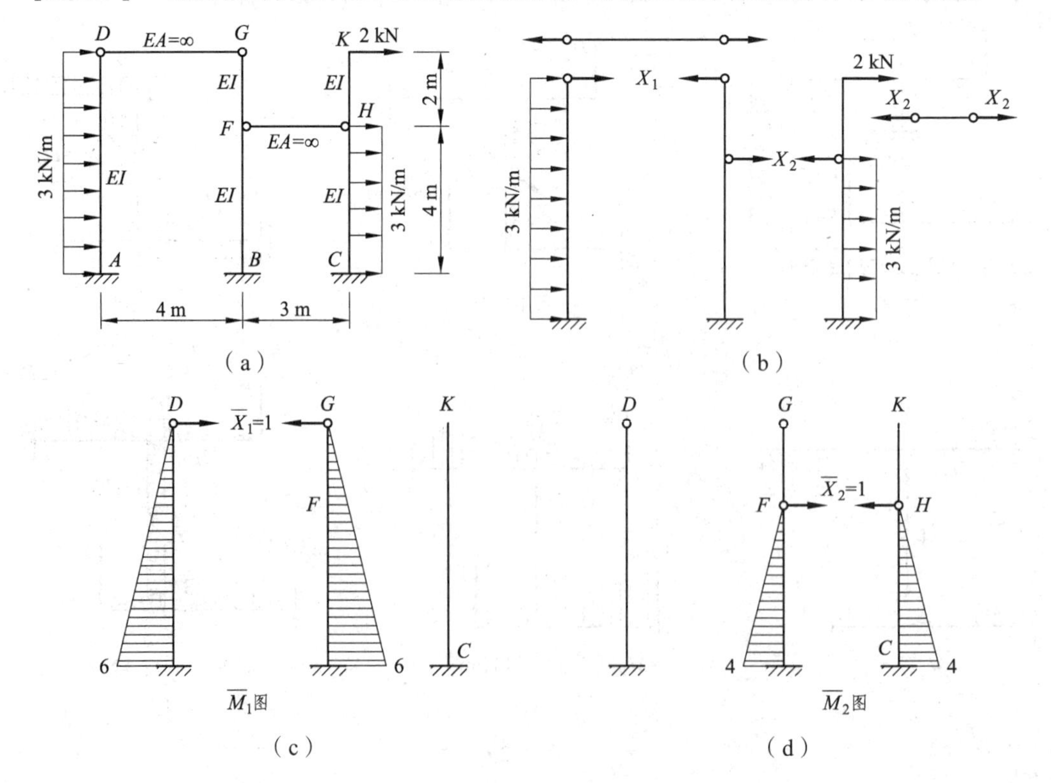

（a）　（b）

（c）　（d）

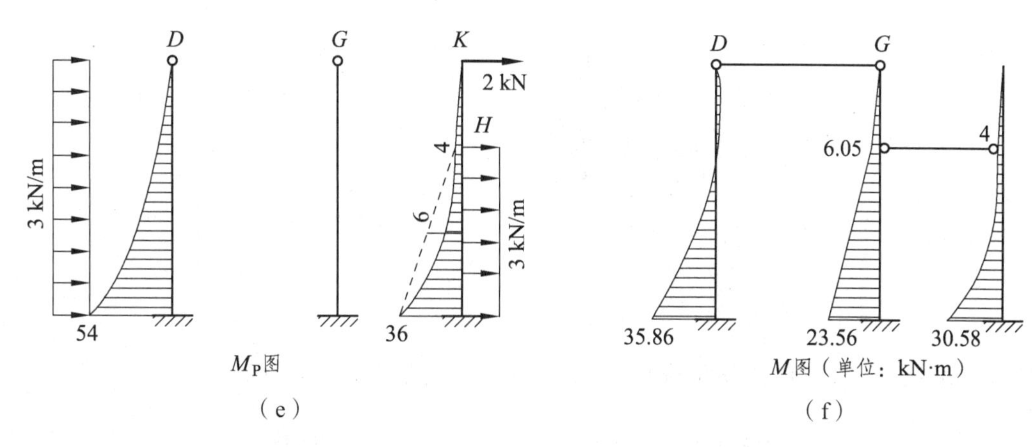

图 4-30

【解】 将 DG、FH 两杆看作多余约束，去除两杆，基本体系如图 4-30（b）所示，相应的 $\bar{M}_1$ 图、$\bar{M}_2$ 图、M_P 图如图 4-30（c）、（d）、（e）所示。

力法方程为

$$\begin{cases}\delta_{11}X_1+\delta_{12}X_2+\varDelta_{1P}=0\\ \delta_{21}X_1+\delta_{22}X_2+\varDelta_{2P}=0\end{cases}$$

其中

$$\delta_{11}=\frac{1}{EI}\times\frac{1}{2}\times6\times6\times6\times\frac{2}{3}\times2=\frac{144}{EI}$$

$$\delta_{12}=\delta_{21}=-\frac{1}{EI}\times\frac{1}{2}\times4\times4\times\frac{14}{3}=-\frac{112}{3EI}$$

$$\delta_{22}=\frac{1}{EI}\times\frac{1}{2}\times4\times4\times4\times\frac{2}{3}\times2=\frac{128}{3EI}$$

$$\varDelta_{1P}=\frac{1}{EI}\times\frac{1}{3}\times6\times54\times6\times\frac{3}{4}=\frac{486}{EI}$$

$$\varDelta_{2P}=-\frac{1}{EI}\times\frac{1}{2}\times4\times4\times\left(4\times\frac{1}{3}+36\times\frac{2}{3}\right)+\frac{1}{EI}\times\frac{2}{3}\times4\times6\times2=-\frac{512}{3EI}$$

代入力法方程，解得

$$X_1=-3.024\ \text{kN},\ X_2=1.354\ \text{kN}$$

根据 $M=\bar{M}_1X_1+\bar{M}_2X_2+M_P$，作出最后弯矩图，如图 4-30（f）所示。

【例 30】 用力法求解图 4-31 所示结构，并计算各杆轴力。

【解】 基本体系如图 4-31（b）所示，相应的 F_{NP} 图、$\bar{F}_{N1}$ 图如图 4-31（c）、（d）所示。

力法方程为

$$\delta_{11}X_1+\varDelta_{1P}=0$$

其中

$$\delta_{11}=\sum\frac{\overline{F}_{N1}^{2}l}{EA}=\frac{(7+4\sqrt{2})l}{4EA}$$

$$\Delta_{1P}=\sum\frac{\overline{F}_{N1}F_{NP}l}{EA}=\frac{-(7+4\sqrt{2})F_{P}l}{4EA}$$

将各系数带入力法方程，解得

$$X_1=-\Delta_{1P}/\delta_{11}=F_P$$

根据 $F_N=X_1\overline{F}_{N1}+F_{NP}$，计算各杆轴力，如图 4-31（e）所示。

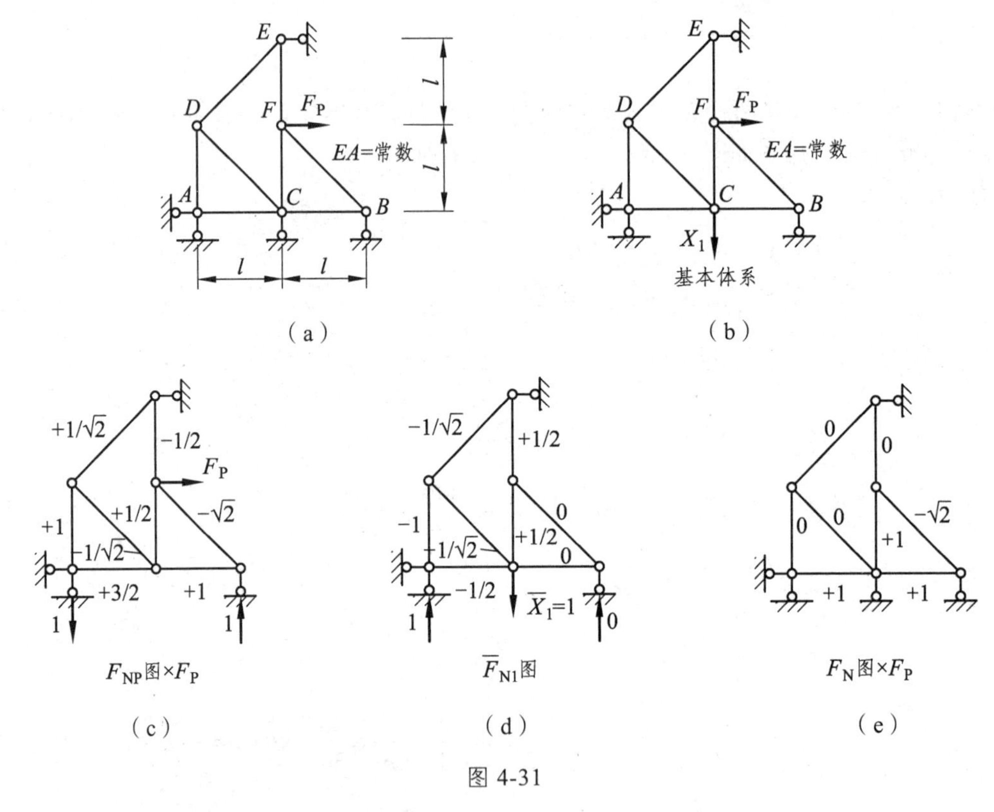

图 4-31

【例 31】　用力法作图 4-32（a）所示结构的 M 图，已知各杆 EI 为常数。

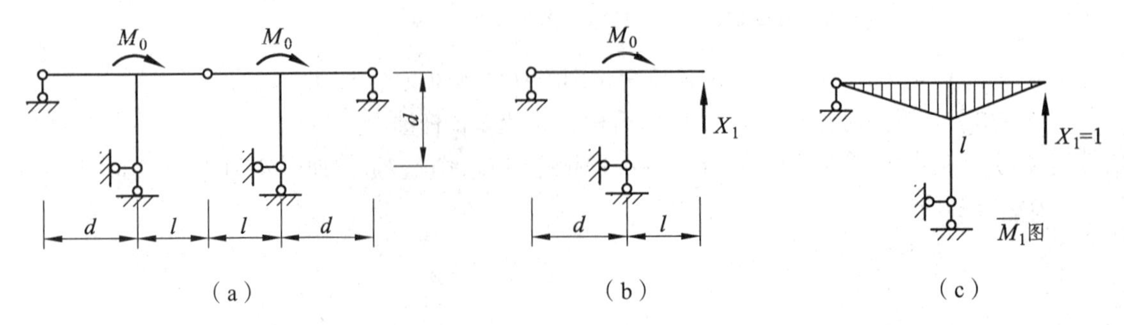

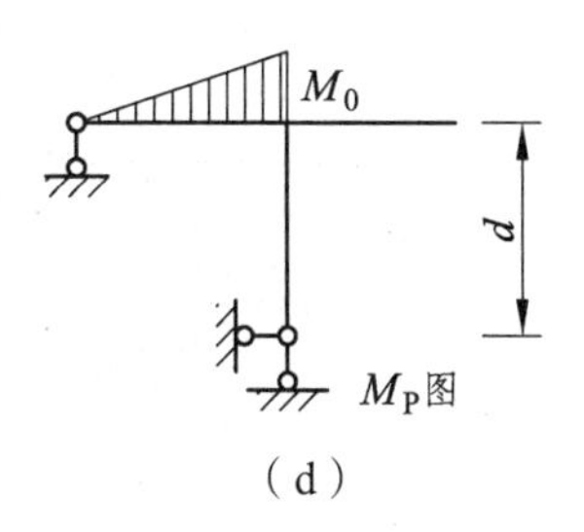

(d)

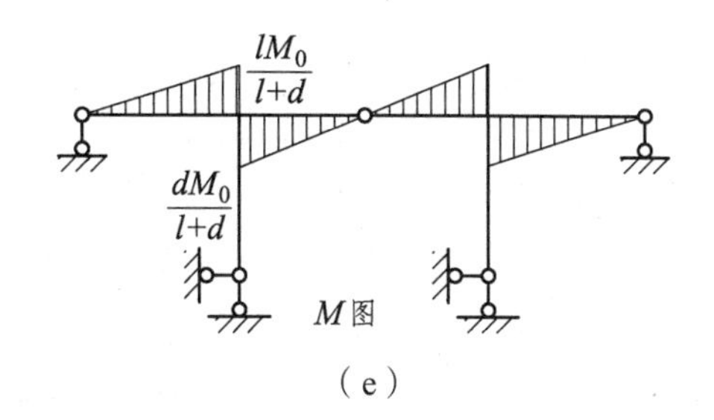

(e)

图 4-32

【解】 图示刚架为对称结构，在反对称荷载作用下，对称轴上只有反对称内力。因此将中间铰切断，取一半结构进行计算，基本体系如图 4-32（b）所示。分别作出 $\bar{M}_1$ 图、M_P 图。其力法典型方程为

$$\delta_{11}X_1+\Delta_{1P}=0$$

用图乘法，有

$$\delta_{11}=\frac{1}{EI}\left(\frac{1}{2}\cdot l\cdot d\cdot\frac{2}{3}l+\frac{1}{2}\cdot l\cdot l\cdot\frac{2}{3}l\right)=\frac{l^2(d+l)}{3EI}$$

$$\Delta_{1P}=-\frac{1}{EI}\left(\frac{1}{2}\cdot d\cdot l\cdot\frac{2}{3}\cdot M_0\right)=-\frac{ldM_0}{3EI}$$

代回典型方程，求得

$$X_1=\frac{dM_0}{l(d+l)}$$

根据 $M=\bar{M}_1X_1+M_P$，作出最后弯矩图，如图 4-32（e）所示。

【例 32】 用力法及对称性计算图 4-33（a）所示结构并作 M 图，已知各杆 EI 为常数。

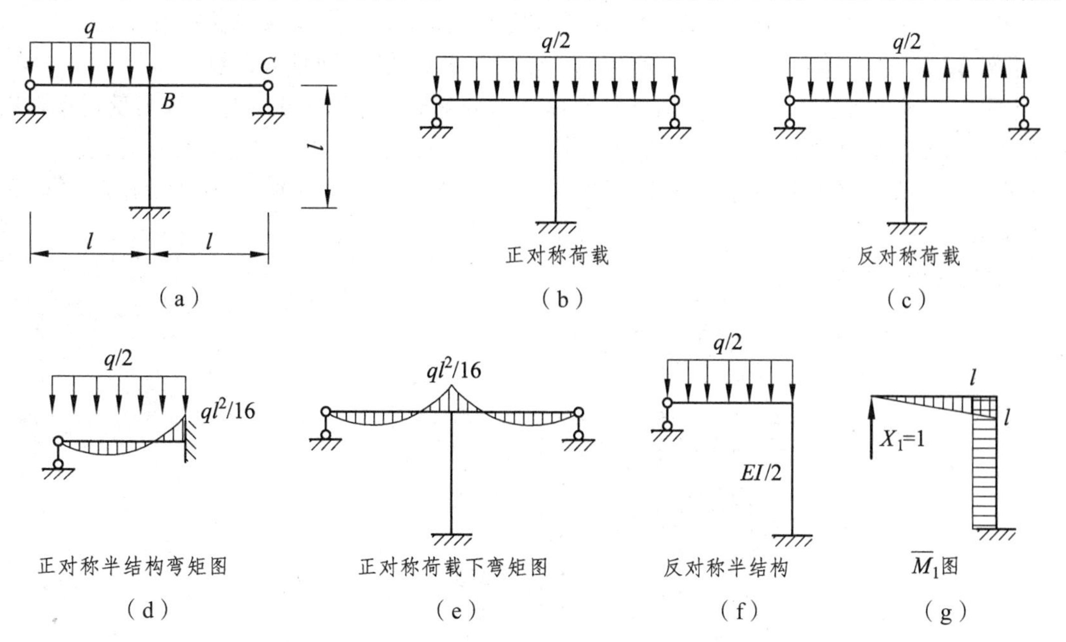

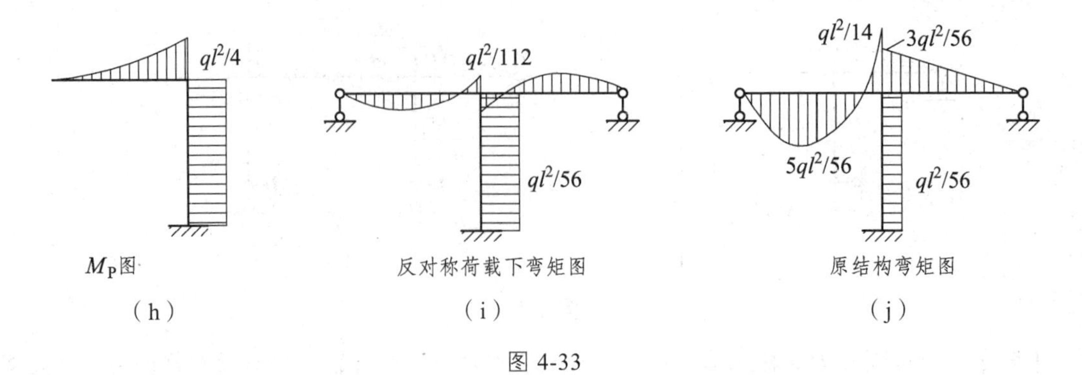

图 4-33

【解】 先将荷载分解为正对称荷载和反对称荷载，如图 4-33（b）、（c）所示，再分别取半结构。正对称半结构的弯矩图及正对称荷载弯矩图如图 4-33（d）、（e）所示。反对称半结构如图 4-33（f）所示，相应的 $\bar{M}_1$ 图、M_P 图如图 4-33（g）、（h）所示。

力法方程为

$$\delta_{11}X_1 + \Delta_{1P} = 0$$

其中

$$\delta_{11} = \frac{1}{EI}\times\frac{1}{2}\times l\times l\times\frac{2}{3}l + \frac{1}{EI/2}\times l\times l\times l = \frac{l^3}{3EI}$$

$$\Delta_{1P} = -\frac{1}{EI}\times\frac{1}{3}\times l\times\frac{ql^3}{4}\times\frac{3l}{4} - \frac{1}{EI/2}\times l\times l\times\frac{ql^3}{4} = -\frac{9ql^4}{16EI}$$

代入力法方程，解得

$$X_1 = \frac{27ql}{112}$$

根据 $M = \bar{M}_1X_1 + M_P$，作出反对称荷载作用下结构弯矩图，如图 4-33（i）所示。

最后，正反对称荷载作用下的弯矩图叠加得到结构弯矩图，如图 4-33（j）所示。

【例 33】 作图 4-34（a）所示刚架的弯矩图，各杆 EI 相同且为常数。

【解】 求出支座反力，将外荷载及支座反力分解成沿 x 轴的正对称荷载与反对称荷载，如图 4-34（b）、（c）所示。在正对称荷载作用下结构无弯矩，只需讨论反对称荷载。

得到力法基本未知量的基本体系如图 4-34（d）所示，相应的 $\bar{M}_1$、M_P 图如图 4-34（e）、（f）所示。

力法典型方程为

$$\delta_{11}X_1 + \Delta_{1P} = 0$$

其中

$$\delta_{11} = \frac{4}{EI}\left(\frac{1}{2}\times\frac{5}{2}\times\frac{5}{2}\times\frac{2}{3}\times\frac{5}{2} + \frac{5}{2}\times 5\times\frac{5}{2}\right) = \frac{875}{6EI}$$

$$\Delta_{1P} = \sum\int\frac{\bar{M}_1M_P}{EI}\mathrm{d}s$$

$$= -\frac{4}{EI}\left(\frac{1}{2}\times 5\times\frac{24\times 5}{4}\times\frac{5}{2}\right) = -\frac{875}{4EI}$$

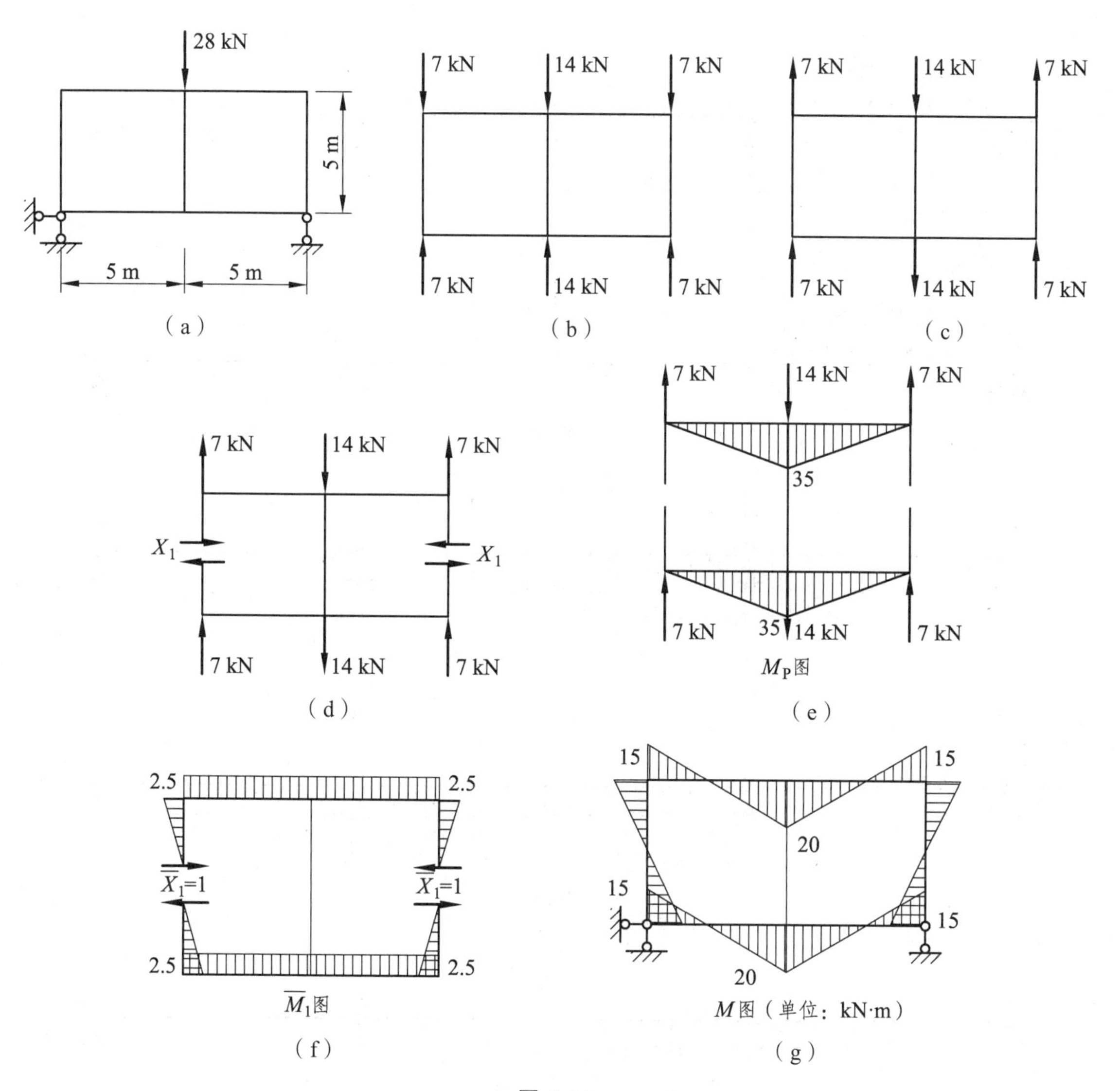

图 4-34

代回典型方程，得

$$X_1 = 6\ \text{kN}$$

根据 $M = \bar{M}_1 X_1 + M_P$，作出最后弯矩图如图 4-34（g）所示。

【例 34】 计算图 4-35 所示连续梁，作出 M 图，并计算 K 点的竖向位移。

【解】 去掉支座 B、C 多余约束，画出基本体系如图 4-35（b）所示，相应的 $\bar{M}_1$、$\bar{M}_2$、M_P 图如图 4-35（c）、（d）、（e）所示。力法典型方程为

$$\begin{cases} \delta_{11}X_1 + \delta_{12}X_2 + \Delta_{1P} = 0 \\ \delta_{21}X_1 + \delta_{22}X_2 + \Delta_{2P} = 0 \end{cases}$$

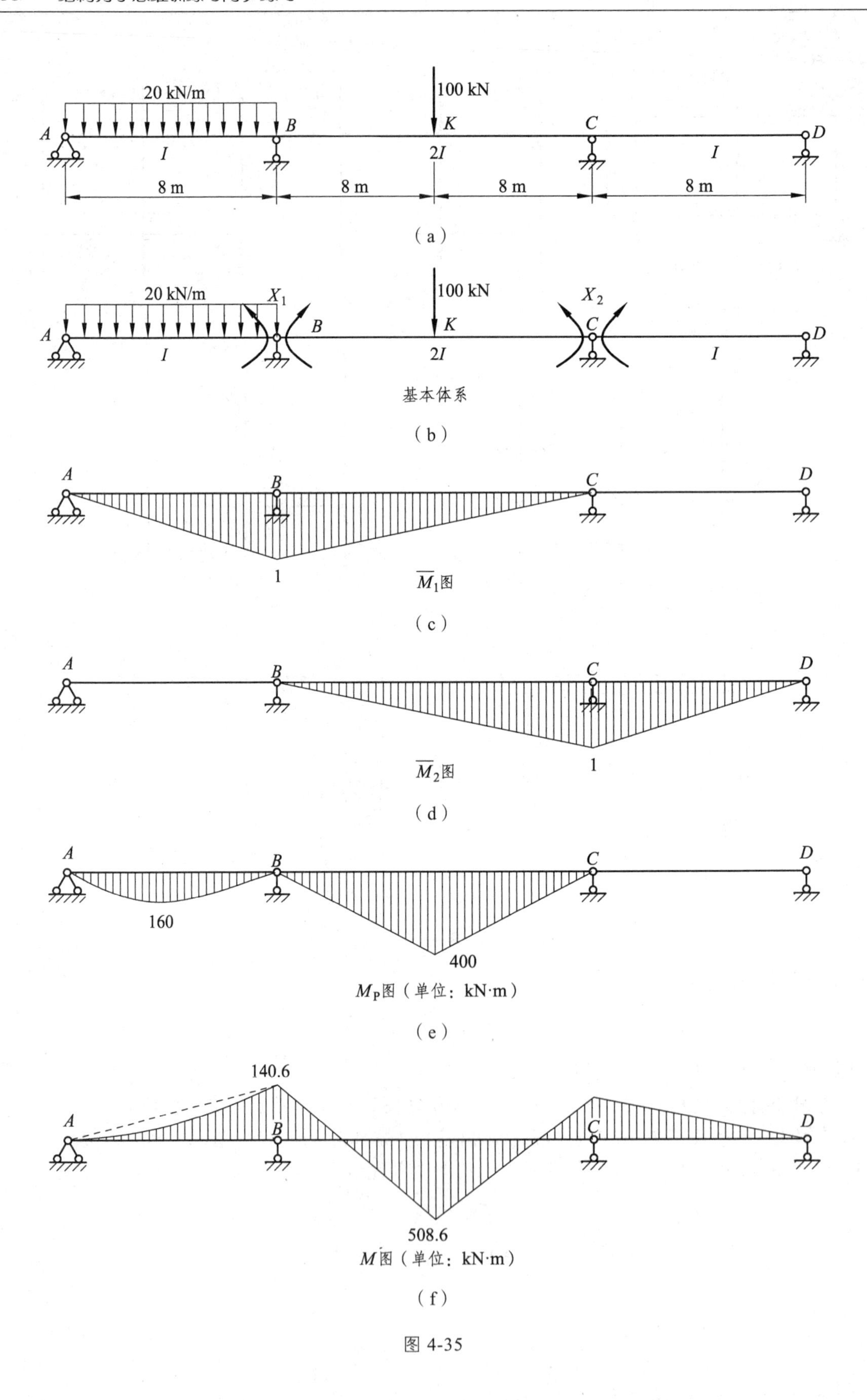

20 kN/m
100 kN
A
B
K
C
D
I
2I
I
8 m
8 m
8 m
8 m
(a)
20 kN/m
X_1
100 kN
X_2
A
B
K
C
D
I
2I
I
基本体系
(b)
A
B
C
D
1
$\overline{M}_1$图
(c)
A
B
C
D
1
$\overline{M}_2$图
(d)
A
B
C
D
160
400
M_P图（单位：kN·m）
(e)
140.6
A
B
C
D
508.6
M图（单位：kN·m）
(f)

图 4-35

其中

$$\delta_{11}=\frac{1}{EI}\times\frac{1}{2}\times8\times1\times\frac{2}{3}\times1+\frac{1}{2EI}\times16\times1\times\frac{2}{3}\times1=\frac{24}{3EI}$$

$$\delta_{12}=\delta_{21}=\frac{1}{2EI}\times\frac{1}{2}\times16\times1\times\frac{1}{3}\times1=\frac{4}{3EI}$$

$$\delta_{22}=\frac{24}{3EI}$$

$$\Delta_{1\mathrm{P}}=\frac{1}{EI}\times\frac{2}{3}\times160\times8\times\frac{1}{2}+\frac{1}{2EI}\times\frac{1}{2}\times400\times16\times\frac{1}{2}=\frac{3680}{3EI}$$

$$\Delta_{2\mathrm{P}}=\frac{1}{2EI}\times\frac{1}{2}\times400\times16\times\frac{1}{2}=\frac{800}{EI}$$

代回典型方程，联立求解，得

$$X_1=-140.6\ ,\quad X_2=-76.6$$

根据 $M=\bar{M}_1X_1+\bar{M}_2X_2+M_\mathrm{P}$，作出最后弯矩图，如图 4-35（f）所示。

K 点的竖向位移

$$\Delta_{ky}=\frac{1}{2EI}\times\left[-\frac{1}{2}\times16\times4\times\frac{1}{2}\times(140.6+76.6)+\frac{1}{2}\times8\times4\times\frac{2}{3}\times400\times2\right]$$
$$=\frac{2530}{EI}$$

【例 35】 图 4-36（a）所示结构的支座 A 下沉了 2 cm。已知各杆的抗弯刚度 $EI=4.02\times10^4\,\mathrm{kN\cdot m^2}$，试用力法分析作其弯矩图，并求 C 点的竖向线位移 Δ_{VC}。

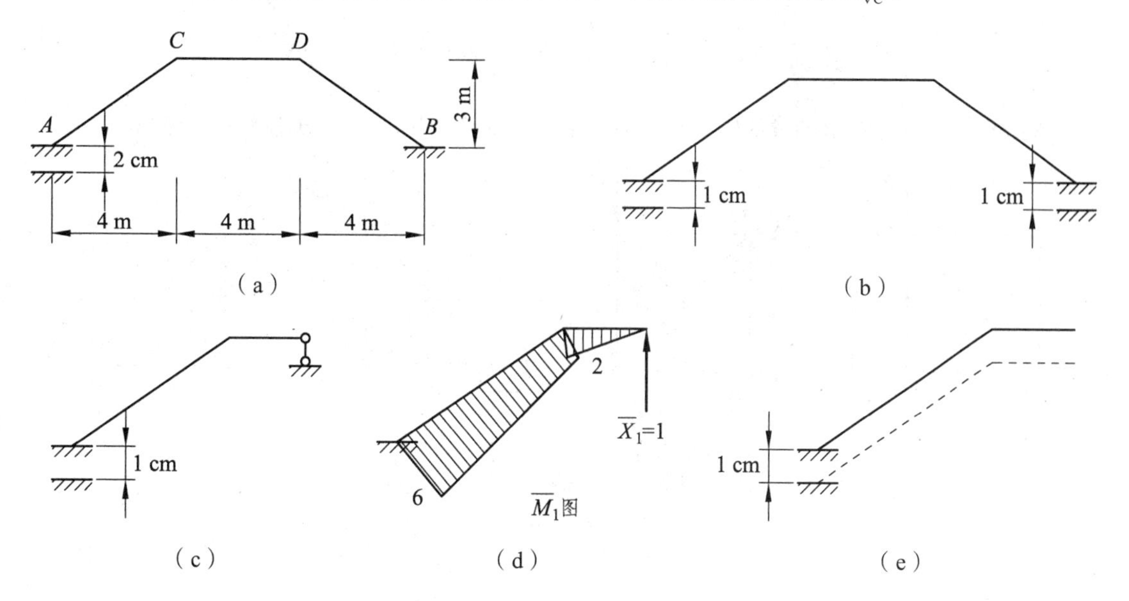

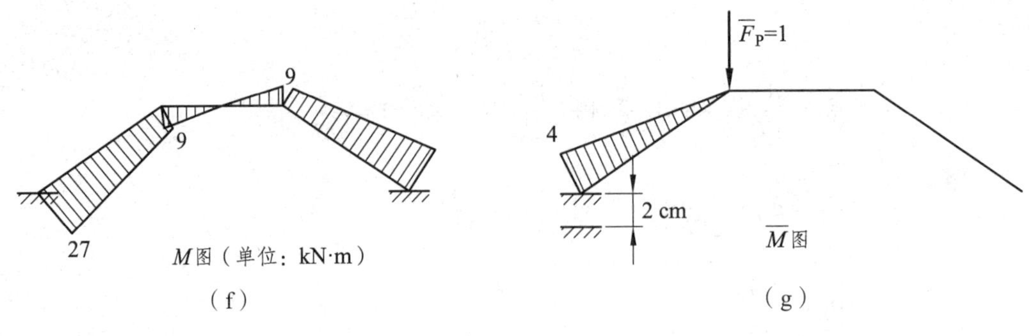

图 4-36

【解】 将支座位移分解成正对称位移和反对称位移，如图 4-36（b）、（c）所示。正对称荷载作用下结构为平动，不产生弯矩。反对称荷载作用下简化成半结构计算，如图 4-36（d）所示。相应的 $\overline{M}_1$ 图如图 4-36（d）所示，刚体位移图如图 4-36（e）所示。

力法方程为

$$\delta_{11}X_1+\Delta_{1c}=0$$

其中

$$\delta_{11}=0.00222$$

$$\Delta_{1c}=-0.01$$

代入力法方程，解得

$$X_1=4.5\ \text{kN}$$

原结构弯矩图如图 4-36（f）所示。

求 C 点位移时，在图 4-36（g）所示的基本结构上加虚单位荷载，基本体系中含有支座位移，所以图乘后还应加上支座位移引起的 C 点位移，即

$$\Delta_{VC}=-\frac{1}{EI}\times\frac{1}{2}\times5\times4\times\left(9\times\frac{1}{3}+27\times\frac{2}{3}\right)+0.02=0.0148\ \text{m}$$

【例 36】 用力法求图 4-37（a）所示桁架中杆 AC 的轴力，已知各杆 EA 相同。

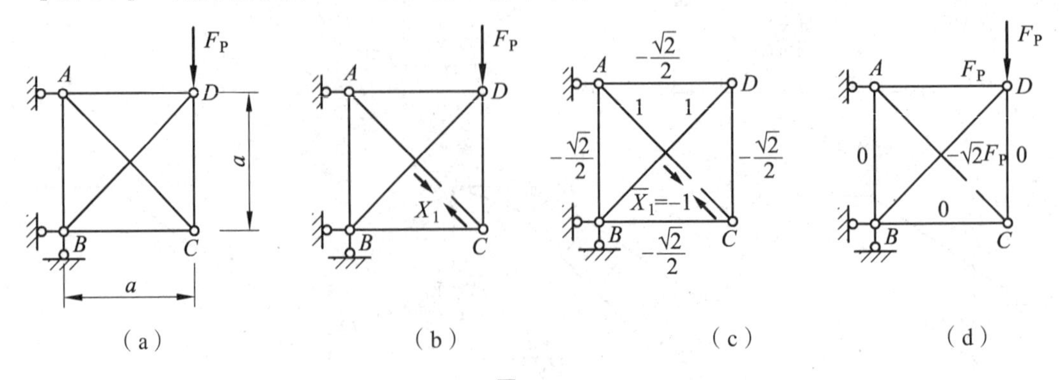

图 4-37

【解】 图示桁架为一次超静定结构，取基本体系如图 4-37（b）所示。分别计算出基本结构在单位荷载和实际荷载作用下的内力，如图 4-37（c）、（d）所示。

力法典型方程为

$$\delta_{11}X_1+\Delta_{1P}=0$$

其中

$$\delta_{11}=\sum\frac{\overline{F}_{N1}^2 l}{EA}=\frac{1}{EA}\left[4\cdot\left(-\frac{\sqrt{2}}{2}\right)^2\cdot a+2\cdot 1^2\cdot\sqrt{2}a\right]=\frac{2+2\sqrt{2}}{EA}a=\frac{4.828a}{EA}$$

$$\Delta_{1P}=\sum\frac{\overline{F}_{N1}F_{NP}}{EA}l=\frac{1}{EA}\left(-\frac{\sqrt{2}}{2}\cdot F_P\cdot a-\sqrt{2}F_P\cdot 1\cdot\sqrt{2}a\right)=-\frac{4+\sqrt{2}}{2EA}F_P a=-\frac{2.707F_P a}{EA}$$

代回典型方程，可解出

$$F_{NAC}=X_1=-\frac{\Delta_{1P}}{\delta_{11}}=0.561F_P$$

【例 37】 用力法计算并作图 4-38（a）所示结构的 M 图。已知 B 支座的柔度系数 $f=2l^3/3EI$。

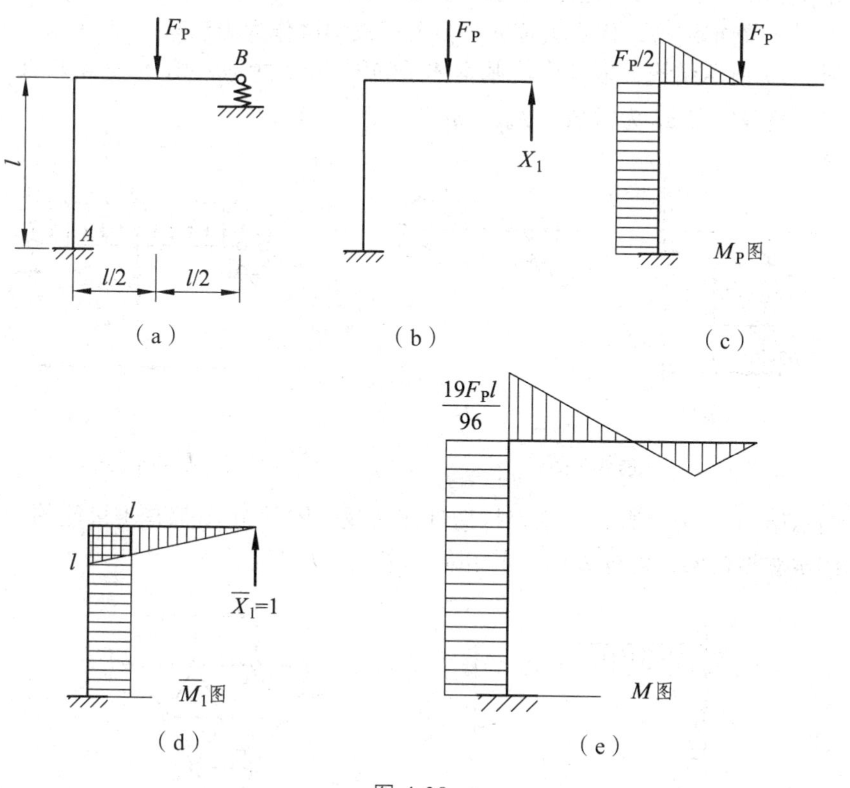

图 4-38

【解】 采用如图 4-38（b）所示的基本体系，分别作出相应的 M_P、$\overline{M}_1$ 图。

力法典型方程为

$$\delta_{11}X_1+\Delta_{1P}=-fX_1$$

其中

$$\delta_{11}=\sum\int\frac{\bar{M}_1^2}{EI}\mathrm{d}s=\frac{1}{EI}\left(\frac{1}{2}\cdot l^2\cdot\frac{2}{3}\cdot l+l^2\cdot l\right)=\frac{4l^3}{3EI}$$

$$\Delta_{1P}=\sum\int\frac{\bar{M}_1M_P}{EI}\mathrm{d}s=-\frac{1}{EI}\left[\frac{1}{2}\cdot\frac{l}{2}\cdot\frac{F_Pl}{2}\cdot\frac{5}{6}l+l^2\cdot\frac{F_Pl}{2}\right]=-\frac{29F_Pl^3}{48EI}$$

代入典型方程，有

$$X_1=-\frac{\Delta_{1P}}{\delta_{11}+f}=\frac{\dfrac{29F_Pl^3}{48EI}}{\dfrac{4l^3}{3EI}+\dfrac{2l^3}{3EI}}=\frac{29}{96}F_P$$

§4-3　自测题

4-1　在荷载作用下，超静定结构的内力与 EI 的绝对值大小有关。(　　)

4-2　$2n$ 次超静定结构，任意去掉 n 个多余约束均可作为力法基本结构。(　　)

4-3　图（a）所示结构，取其力法基本体系如图（b）所示，则 $\Delta_{1c}=\Delta/l$。(　　)

4-4　图示超静定梁 EI 为常数，$F_{RB}=ql(\uparrow)$。(　　)

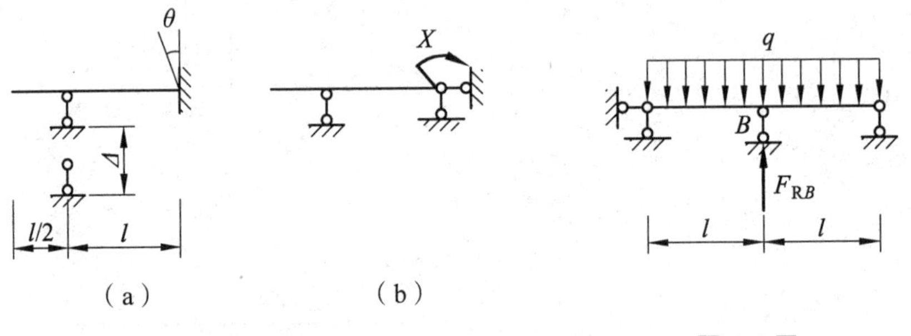

题 4-3 图　　　　题 4-4 图

4-5　图示结构 EI 为常数，无论怎样的外部荷载，图示 M 图都是不可能的。(　　)

4-6　图示对称桁架，各杆 EA、l 均相同，$F_{NAB}=F_P/2$。(　　)

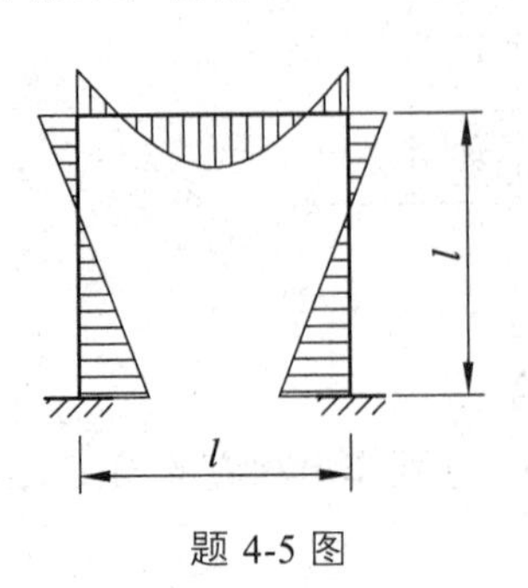

题 4-5 图

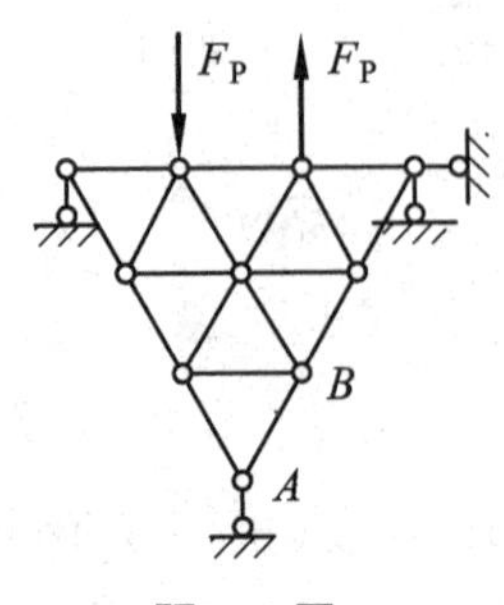

题 4-6 图

4-7 图示结构 EI、EA 为常数，则截面 C 处的弯矩 $M_C = 0$。(　　)

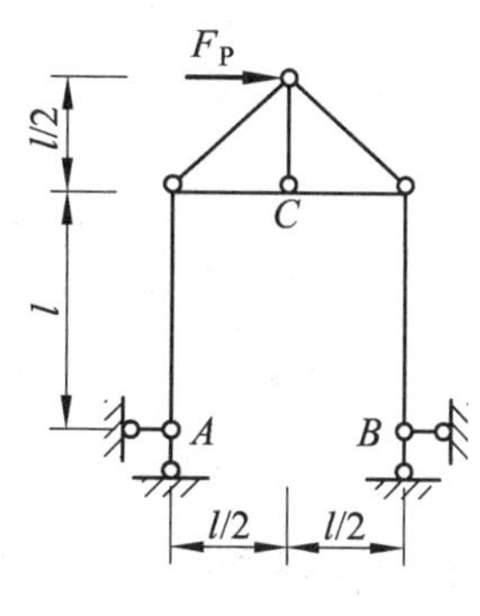

题 4-7 图

4-8 图示对称结构 EI 为常数，中点截面 C 及 AB 杆内力应满足 (　　)。

A. $M \neq 0, F_Q = 0, F_N = 0, F_{NAB} \neq 0$　　B. $M = 0, F_Q \neq 0, F_N = 0, F_{NAB} \neq 0$

C. $M = 0, F_Q \neq 0, F_N = 0, F_{NAB} = 0$　　D. $M \neq 0, F_Q = 0, F_N = 0, F_{NAB} = 0$

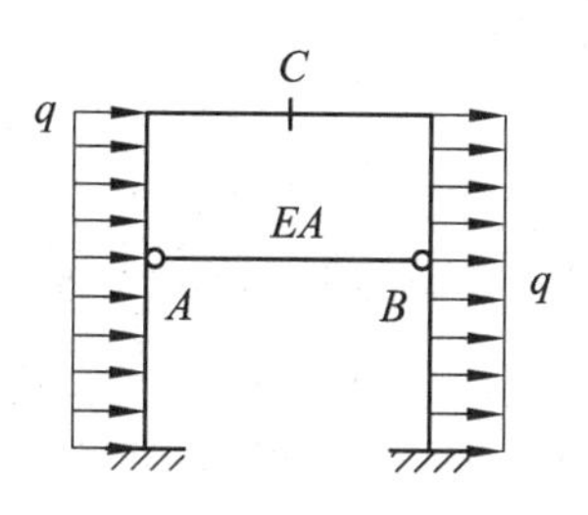

题 4-8 图

4-9 图示结构中，n_1、n_2 均为比例常数，当 n_1 大于 n_2 时，则 (　　)。

A. M_A 大于 M_B　　B. M_A 小于 M_B

C. M_A 等于 M_B　　D. 不定

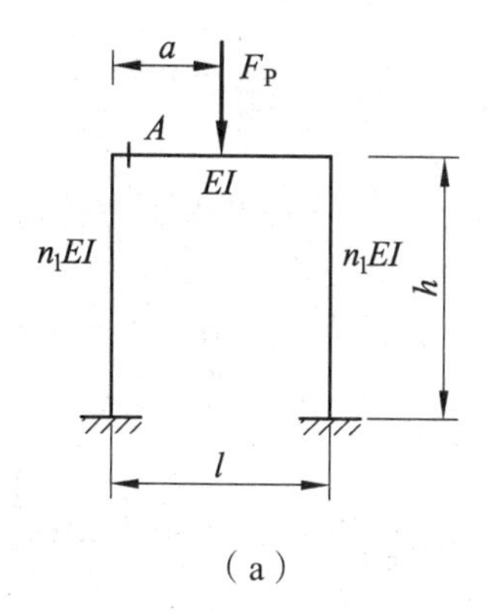

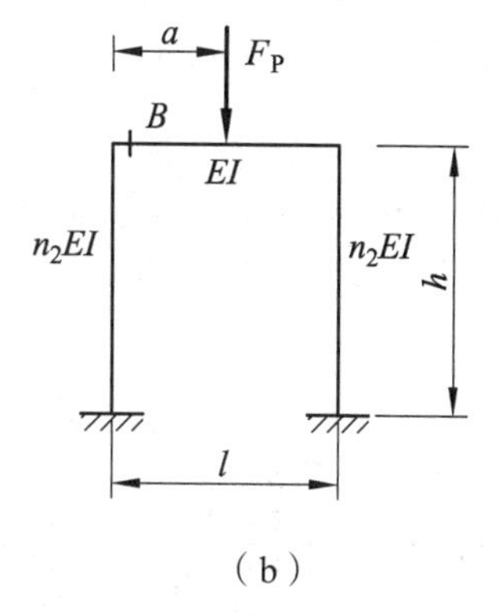

题 4-9 图

4-10 图 (a) 所示结构，其力法基本体系如图 (b) 所示，EI 为常数，则 Δ_{1P} 为 (　　)。

A. $ql^4/3EI$　　B. $ql^4/4EI$　　C. $7ql^4/24EI$　　D. $11ql^4/24EI$

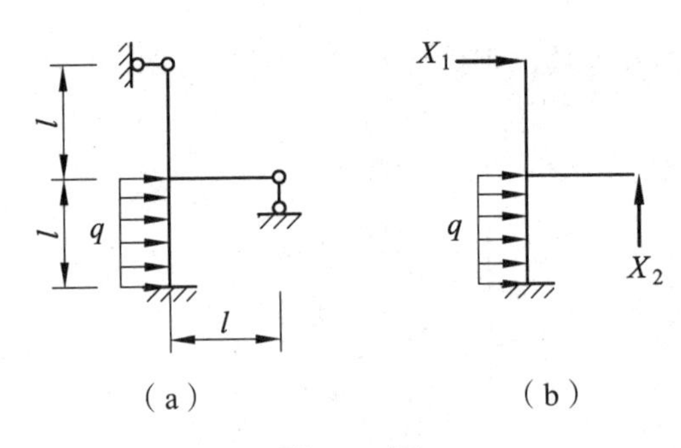

题 4-10 图

4-11 图（a）所示结构，取其力法基本体系如图（b）所示，EI 为常数，则 δ_{11} 为（ ）。

A. $2l/3EI$ B. $l/2EI$ C. l/EI D. $4l/3EI$

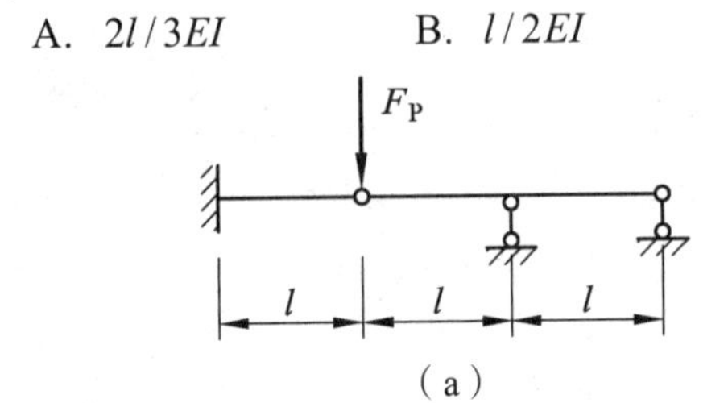

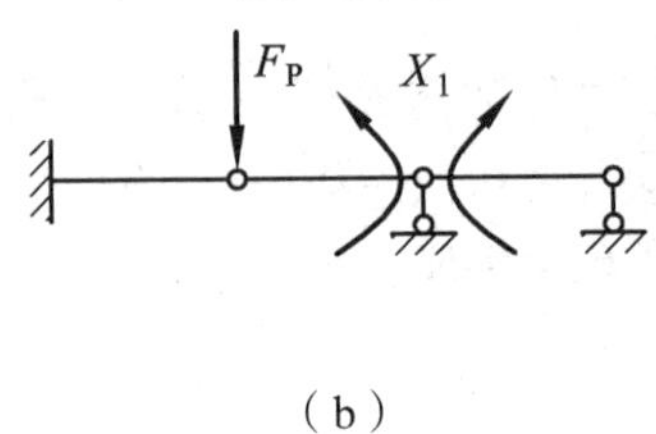

题 4-11 图

4-12 图（a）所示结构，取其力法基本体系如图（b）所示，则 Δ_{1c} 为（ ）。

A. $a-b$ B. $b-l\theta$ C. $l\theta-b$ D. b

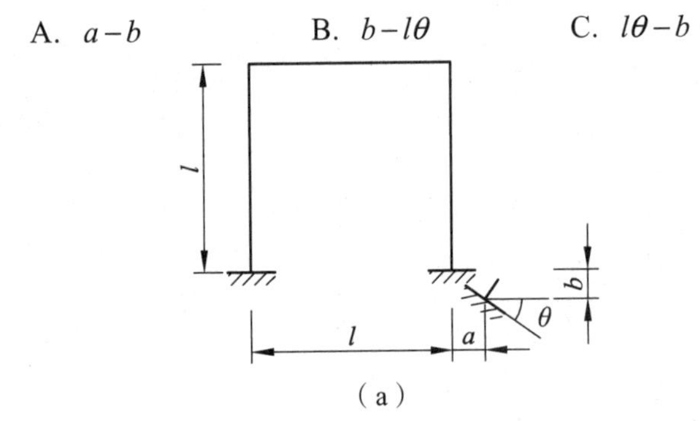

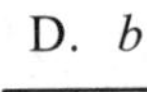

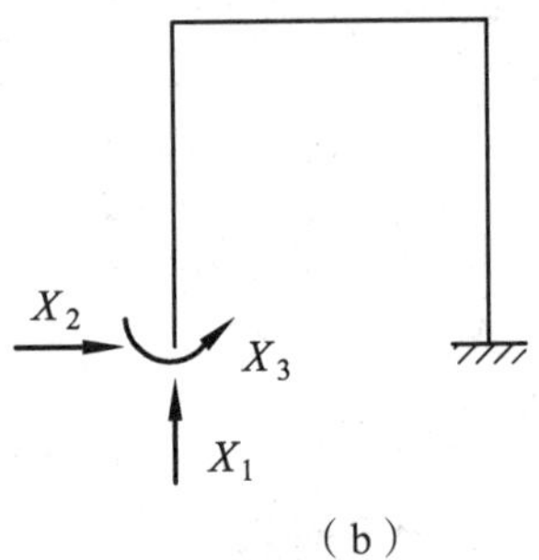

题 4-12 图

4-13 图示为一端固支另一端定向支撑的等截面梁，当 A 端发生单位转角（$\theta=1$）时，跨中截面的竖向位移 Δ 为（ ）。

A. $\dfrac{l}{8}$ B. $\dfrac{l}{4}$ C. $\dfrac{l}{2}$ D. $\dfrac{3l}{8}$

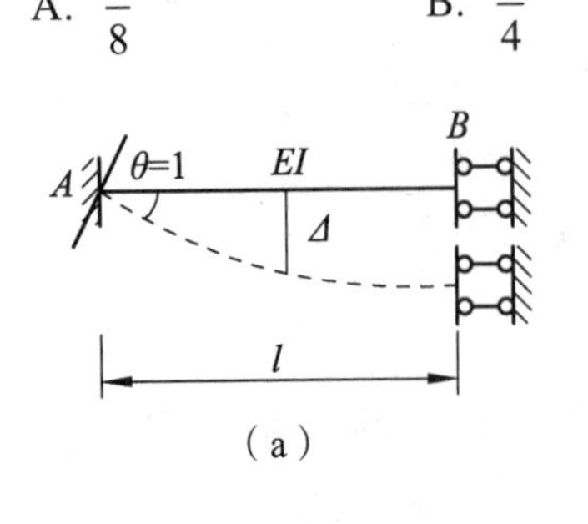

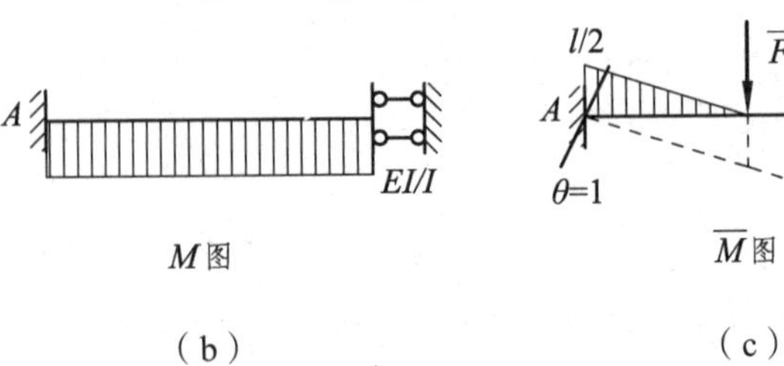

题 4-13 图

4-14 试利用对称性简化图示结构，建立力法基本体系（画上基本未知量）。已知 E 为常数。

4-15 试利用对称性简化图示结构，建立力法基本体系（画上基本未知量）。已知 E 为常数。

4-16 试利用对称性简化图示结构，建立力法基本体系（画上基本未知量）。已知 E 为常数。

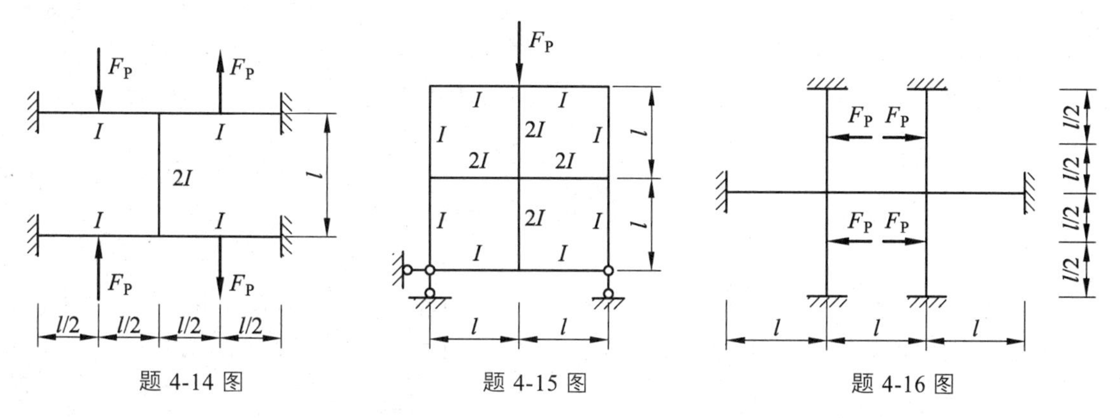

题 4-14 图　　题 4-15 图　　题 4-16 图

4-17 图（a）所示结构，取其力法基本体系如图（b）所示。已知 EI 为常数，计算系数 δ_{12}。

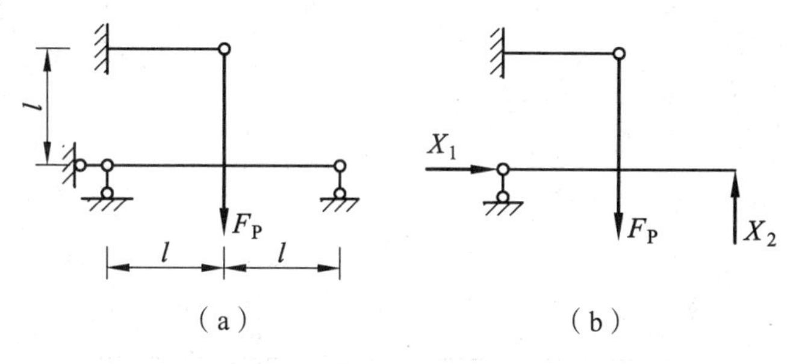

题 4-17 图

4-18 用力法计算并绘图示结构的 M 图。已知 EI 为常数。

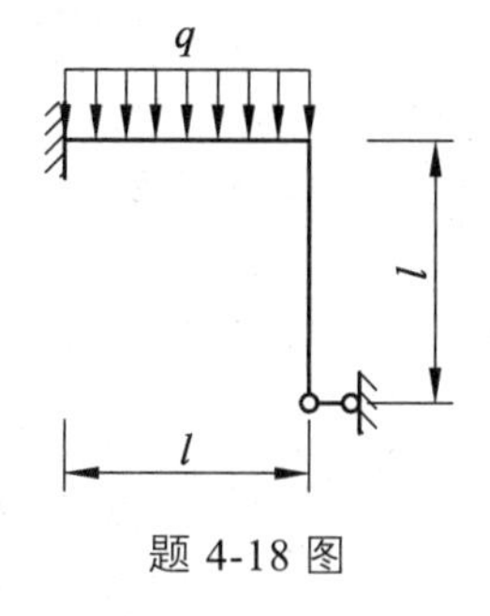

题 4-18 图

4-19 用力法计算并绘图示结构的 M 图。

4-20 用力法计算并绘图示结构的 M 图。已知 EI 为常数。

4-21 用力法计算并绘图示结构的 M 图。

4-22　用力法计算并绘图示结构的 M 图。已知 EI 为常数。

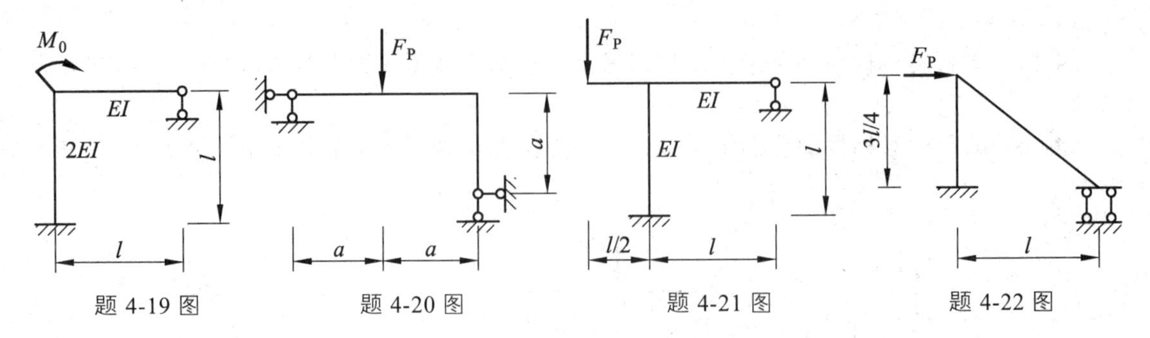

题 4-19 图　　题 4-20 图　　题 4-21 图　　题 4-22 图

自测题答案

4-1（×）　4-2（×）　4-3（×）　4-4（×）　4-5（√）　4-6（×）　4-7（√）
4-8（C）　4-9（A）　4-10（C）　4-11（C）　4-12（C）　4-13（D）

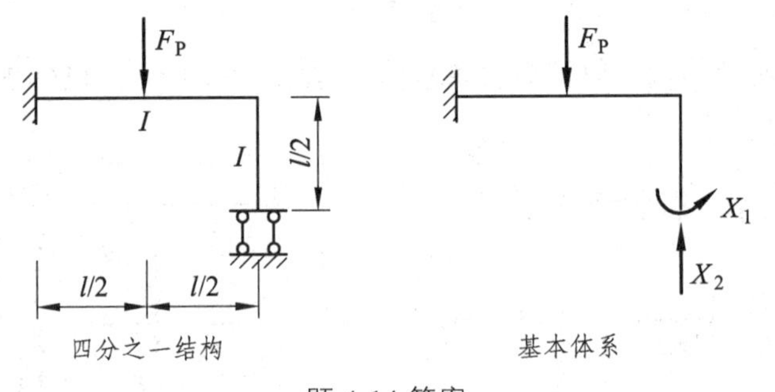

题 4-14 答案

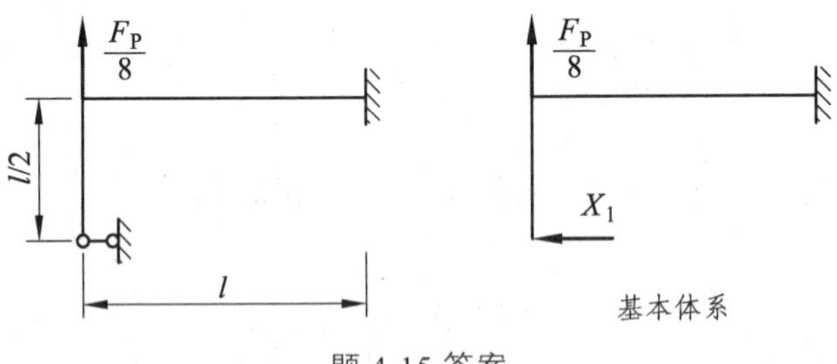

题 4-15 答案

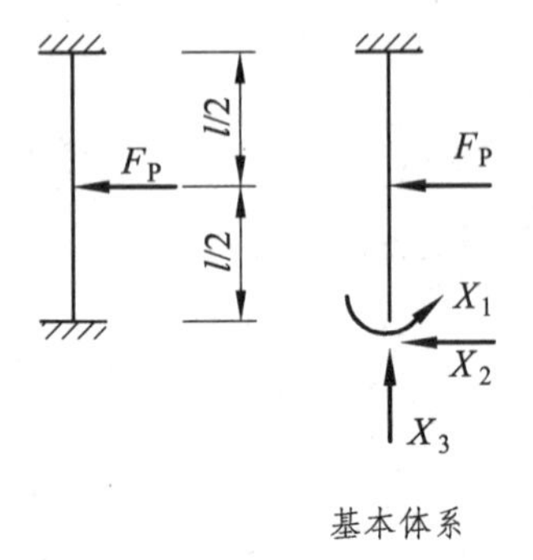

题 4-16 答案

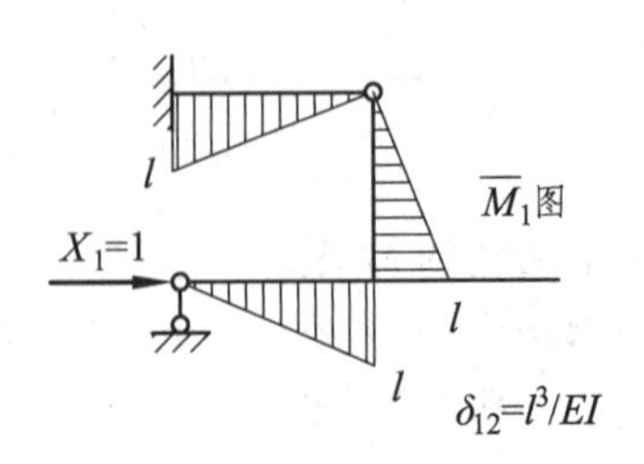

题 4-17 答案

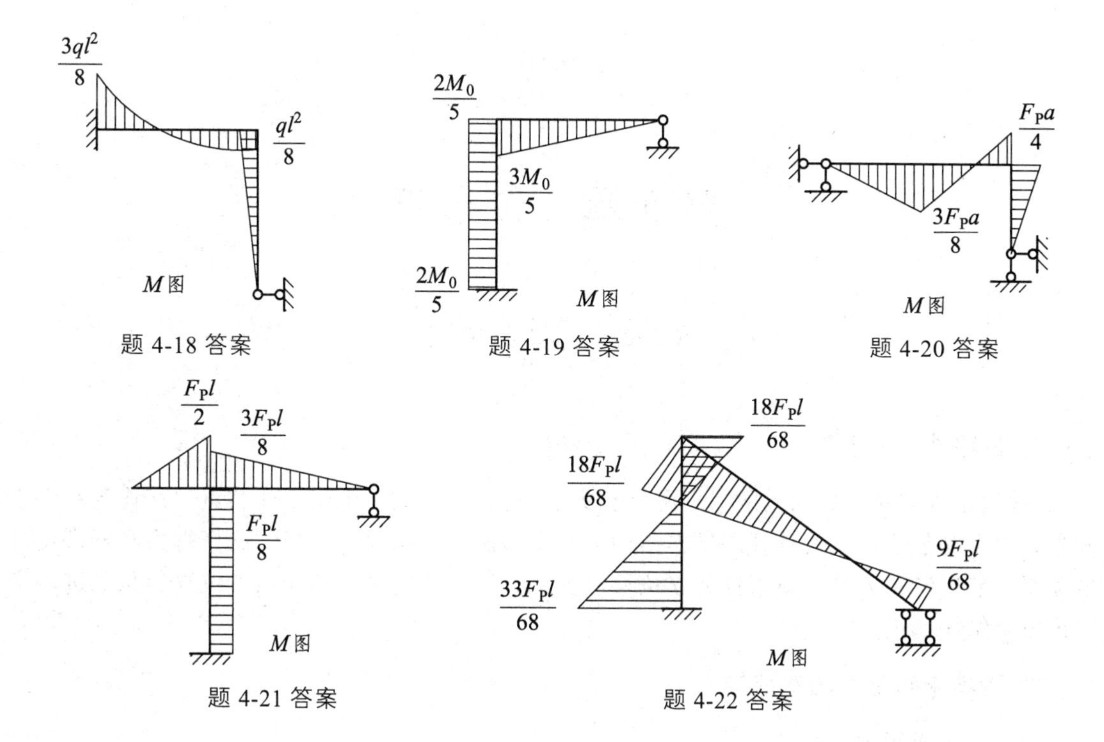

$\frac{3ql^2}{8}$
$\frac{ql^2}{8}$
M图
题 4-18 答案
$\frac{2M_0}{5}$
$\frac{3M_0}{5}$
$\frac{2M_0}{5}$
M图
题 4-19 答案
$\frac{F_Pa}{4}$
$\frac{3F_Pa}{8}$
M图
题 4-20 答案
$\frac{F_Pl}{2}$
$\frac{3F_Pl}{8}$
$\frac{F_Pl}{8}$
M图
题 4-21 答案
$\frac{18F_Pl}{68}$
$\frac{18F_Pl}{68}$
$\frac{9F_Pl}{68}$
$\frac{33F_Pl}{68}$
M图
题 4-22 答案

第 5 章　位移法

§ 5-1　知识要点

1. 位移法的概念

位移法是求解超静定结构的另一种计算方法。位移法以结构中的某些结点位移作为基本未知量，以单跨超静定梁为计算的基本结构，先由力法确定出单跨超静定梁杆端力和杆端位移的关系，然后利用力的平衡条件建立位移法基本方程，确定出未知的结点位移，从而进一步求出整个结构的内力。

2. 基本未知量和基本结构

（1）基本未知量

位移法的基本未知量是独立的结点角位移和结点线位移。在判断基本未知量时，遵循以下两个假设：

① 结构满足变形连续条件；

② 对于受弯直杆，只考虑弯曲变形，忽略轴向变形和剪切变形，且弯曲变形微小。

结点角位移是指刚结点（包括半铰连接的刚结点）的结点转角。根据假设（1），结点转角和刚结于某一结点的各杆杆端转角相等。因此，每个刚结点有一个角位移。

结点线位移是指支承点以外的结点所发生的线位移。根据假设（2），可以认为受弯直杆两端之间的距离在变形后不改变。

判断结点线位移的位置和数目时，对于简单结构，通常由观察直接判断线位移发生的位置和数目。对于复杂结构，可按铰化结点、增设链杆的方法确定结点线位移。即将原结构的刚结点和固定支座均改为铰结，得到一个相应的铰结体系。使该铰结体系保持几何不变时，需添加的最少链杆数为原结构独立的结点线位移数。该法仅适用于不计轴向变形影响的受弯直杆结构，且杆件边界端有垂直于杆轴方向的支承。

（2）基本结构

位移法的基本结构是单跨超静定梁的组合体，是通过对原结构设置附加约束而得到。附加约束包括附加刚臂和附加链杆。附加刚臂只阻止刚结点的转动，附加链杆只阻止结点发生线位移。

3. 位移法基本方程

根据位移法概念，为了使基本结构的受力与原结构相同，可令基本结构发生和原结构完全相同的位移。此时相当于解除了基本结构上的所有约束，不存在约束反力，即按附加刚臂和附加链杆中总反力为零的条件建立位移法基本方程。

对于具有 n 个独立结点位移的结构，位移法典型方程的形式为

$$\left.\begin{aligned}r_{11}\Delta_1+r_{12}\Delta_2+\cdots+r_{1n}\Delta_n+R_{1P}(R_{1c}、R_{1t})=0\\r_{21}\Delta_1+r_{22}\Delta_2+\cdots+r_{2n}\Delta_n+R_{2P}(R_{2c}、R_{2t})=0\\\cdots\cdots\cdots\\r_{n1}\Delta_1+r_{n2}\Delta_2+\cdots+r_{nn}\Delta_n+R_{nP}(R_{nc}、R_{nt})=0\end{aligned}\right\}\qquad(5\text{-}1)$$

位移法方程的物理意义：基本体系在荷载等外因和各结点位移共同作用下产生的附加约束中的反力（矩）等于零。实质上是原结构应满足的平衡条件。

在位移法基本方程中，自由项 R_{iP}、R_{ic}、R_{it} 表示基本结构由于荷载（支座移动、温度变化）作用下产生的第 i 个附加约束中的反力（矩），与所设 Δ_i 方向相同者为正，相反者为负。

主系数 r_{ii} 表示基本结构在 $\Delta_i=1$ 作用下产生的第 i 个附加约束中的反力（矩），r_{ii} 恒大于零。

副系数 r_{ij} 表示基本结构在 $\Delta_j=1$ 作用下产生的第 i 个附加约束中的反力（矩），与所设 Δ_i 方向相同者为正，相反者为负。根据反力互等定理有 $r_{ij}=r_{ji}$，副系数可大于零、等于零或小于零。

4. 位移法分析的步骤

利用基本结构建立位移法基本方程，求解超静定结构的内力的分析步骤可概括如下：

（1）确定位移法基本未知量，加入附加约束，取位移法基本结构。

（2）令附加约束发生与原结构相同的结点位移，根据基本结构在荷载等外因和结点位移共同作用下产生的附加约束中的总反力（矩）为零，列位移法基本方程。

（3）绘出单位弯矩图 $\overline{M}_i$、荷载弯矩图 M_P，利用平衡条件求系数和自由项。

（4）解方程，求出结点位移。

（5）用公式 $M=\sum\overline{M}_i\Delta_i+M_P$ 叠加最后弯矩图，并校核平衡条件。

（6）根据 M 图由杆件平衡求 F_Q，绘 F_Q 图，再根据 F_Q 图由结点投影平衡求 F_N，绘 F_N 图。

5. 简化计算

（1）对称性的利用

根据对称结构的特点，对称结构在对称荷载作用下产生对称的变形和位移，在反对称荷载作用下产生反对称的变形和位移。利用对称性取半边结构简化计算。

（2）剪力静定杆的利用

剪力静定杆是剪力可由静力平衡条件求出的杆件，其杆端侧移可以不作为位移法基本未知量，而该杆的形常数和载常数及转角位移方程按一端固定、一端定向支承的单跨梁确定。

（3）静定部分的处理

去除静定部分，将静定部分的荷载向剩余部分的结点上等效平移，如图 5-1（a）、（c）各结构简化后为图 5-1（b）、（d）所示，都只有一个基本未知量。

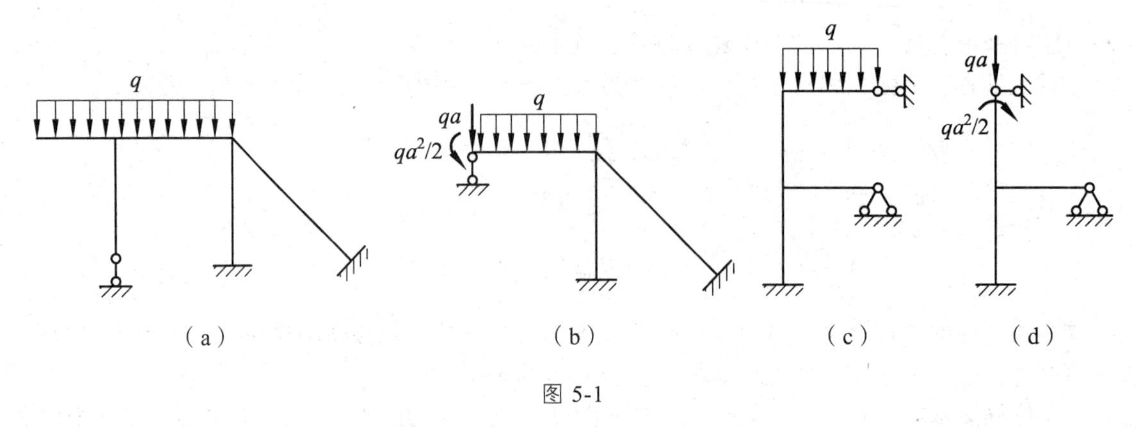

图 5-1

6. 力矩分配法

力矩分配法是在位移法的基础上派生出来的一种渐进的计算方法，直接对杆端弯矩进行计算，而不需要建立和求解基本方程（杆端弯矩的正负号与位移法规定相同），仅适用于结点无线位移的结构（即连续梁和无侧移的刚架）。

（1）力矩分配法的基本概念

① 杆端转动刚度 S_{AB}

杆端转动刚度表示杆端对转动的抵抗能力，在数值上等于仅使杆端发生单位转角时需在杆端（即近端）施加的力矩。对于等截面直杆，当远端支承是固定、铰支、滑动时，近端的转动刚度 S_{AB} 示于表 5-1 中。由此表可见，转动刚度的大小与远端的支承和线刚度 i（即材料的性质、横截面的形状尺寸及杆长）有关。

② 分配弯矩及分配系数

设在刚架的结点 A 上作用一力矩（规定顺时针转动为正），此力矩 M 将按刚度分配给汇交于 A 点的各杆的杆端，任一杆 AB 的 A 端分配到的弯矩 M_{AB}，称分配弯矩，其计算式为

$$M_{AB}=\mu_{AB}\cdot M \tag{5-2}$$

式中：μ_{AB} 为分配系数，它等于杆 AB 的转动刚度 S_{AB} 与汇交于 A 点处各杆转动刚度之和 $\sum\limits_{A}S$ 的比值。

$$\mu_{AB}=\frac{\text{杆件}AB\text{的转动刚度}}{\text{汇交于}A\text{点的各杆的转动刚度之和}}=\frac{S_{AB}}{\sum\limits_{A}S} \tag{5-3}$$

μ 与转动刚度成正比，且 $\sum\mu_{Aj}=1$。

③ 传递弯矩及传递系数 C_{AB}

作用于结点 A 的力矩 M，使各杆近端 A 得到分配弯矩的同时，也使远端 B 产生弯矩。远端产生的弯矩 M_{BA} 称为传递弯矩。传递弯矩按下式计算：

$$M_{BA}=C_{AB}\cdot M_{AB}$$

式中：C_{AB} 为传递系数，它为将杆端转动时产生的远端弯矩与近端弯矩的比值。即

$$C_{AB}=\frac{M_{远}}{M_{近}}=\frac{M_{BA}}{M_{AB}} \tag{5-4}$$

传递系数大小与杆件远端支承情况有关（见表 5-1）。

表 5-1　等截面直杆的转动刚度与传递系数 $\left(i=\frac{EI}{l}\right)$

远端支承	转动刚度	传递系数
远端固定	$S=4i$	$C=\frac{1}{2}$
远端铰支	$S=3i$	$C=0$
远端滑动	$S=i$	$C=-1$
远端自由	$S=0$	—

（2）力矩分配法的基本运算

① 固定结点

假想用附加刚臂锁住刚结点，即取与位移法相同的基本结构，计算实际荷载产生的固端弯矩 $\bar{M}^{\mathrm{F}}$，而在结点上出现的约束力矩或不平衡力矩，则暂时由刚臂承担，不平衡力矩等于汇交于结点的各杆固端弯矩的代数和。

② 放松结点

由于结点上并不存在刚臂和不平衡力矩，故应消去。为此，设想在结点上加一个与不平衡力矩反向的力矩（$-\bar{M}^{\mathrm{F}}$），就等于取消（放松）了刚臂，消除了不平衡力矩。

③ 分配

由（$-\bar{M}^{\mathrm{F}}$）和分配系数按 $M_{AB}=\mu_{AB}(-M^{\mathrm{F}})$ 计算分配弯矩。

④ 传递

由分配弯矩 M_{AB} 和传递系数按 $M_{BA}=C_{AB}\cdot M_{AB}$ 计算传递力矩。往后，则是按以上的步骤作循环运算，以修正杆端弯矩。当杆端弯矩接近精确值时，不平衡力矩便趋近于零而使各结点达到平衡，这时即可停止计算。最后，将各杆端的固端弯矩、历次的分配弯矩和传递弯矩叠加即得各杆端最后弯矩。

（3）运用力矩分配法解题时注意以下几点：

① 力矩分配法适用于求解连续梁和无结点线位移的刚架。

② 力矩分配（放松结点）过程宜从结点不平衡力矩最大的结点开始，这样可以加快计算收敛速度。

③ 进行多结点力矩分配时，相邻结点不可同时放松。但可以同时放松所有不相邻结点，以加速计算过程。

④ 力矩分配过程是一种增量渐近过程，一般当传递力矩达到固端弯矩的 5% 以下时，即可终止计算，不再传递力矩。

⑤ 当结点有外力偶 M_0 作用，且 M_0 为顺时针方向时，可直接对 M_0 分配；当 M_0 为逆时针方向时，对反向的 M_0（即 $-M_0$）进行分配。

⑥ 连续梁和刚架如有已知的支座位移时，也可用力矩分配法计算。此时，只需将已知的支座位移引起的杆端力矩作为“固端力矩”，其余步骤均与荷载作用时的计算相同。

§5-2　典型例题

1. 判断题

【例 1】 位移法的基本未知量与超静定次数有关，位移法不能计算静定结构。(　　)

【答案】 ×

【分析】 位移法的基本未知量与超静定次数无直接的关系。不论结构是静定的或超静定的，只要结构有结点位移，就有位移法基本未知量，就能按位移法求解。

【例 2】 图 5-2 所示排架结构有一个位移法基本未知量，该结构宜用位移法计算。(　　)

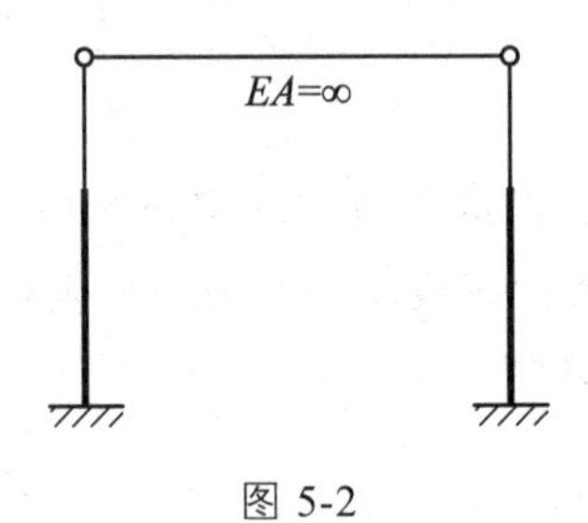

图 5-2

【答案】 ×

【分析】 柱子是阶梯形的，如采用等截面单元计算，截面突变处应视为一刚点，所以结构有 2 个角位移和 3 个线位移，而结构只是一次超静定结构，按力法计算较简单。

【例 3】 图 5-3 所示两结构的位移法基本未知量的数目相同。(　　)

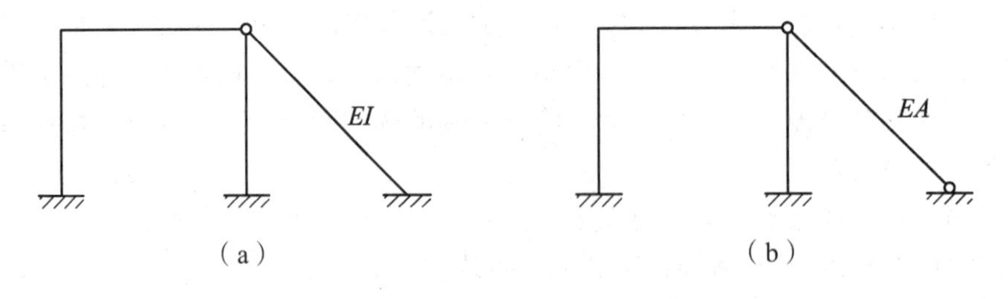

图 5-3

【答案】 ×

【分析】 图（a）有 1 个角位移，图（b）有 1 个角位移和 1 个线位移［斜杆为链杆，应考虑轴向变形，因此比图（a）多一个线位移未知量］。

【例 4】 位移法典型方程的物理含义是基本体系附加约束中的反力或反力矩等于零，实质上是原结构的平衡条件。(　　)

【答案】 √

【分析】 位移法典型方程本质上为力的平衡条件。

【例 5】 图 5-4（a）所示结构，用位移法求解时基本结构如图 5-4（b）所示，则基本方程中的主系数 $r_{11}=i$。（　　）

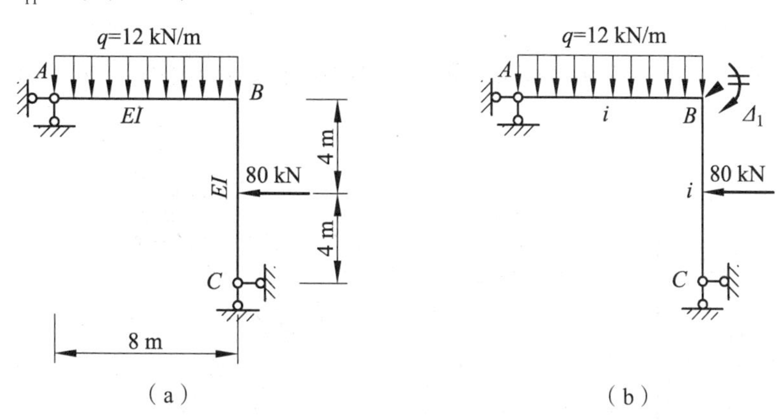

图 5-4

【答案】 ×

【分析】 A、C 为铰，$r_{11}=3i+3i=6i$。

【例 6】 欲使图 5-5（a）所示结构中的 A 点发生向右单位移动，应在 A 点施加的力 $F_{\mathrm{P}}=15i/a^2$。（　　）

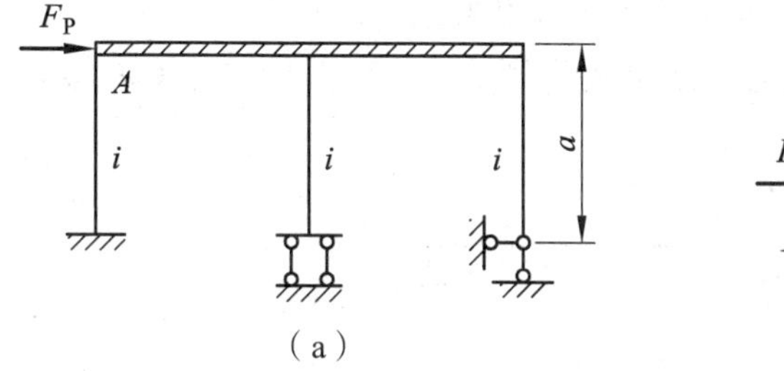

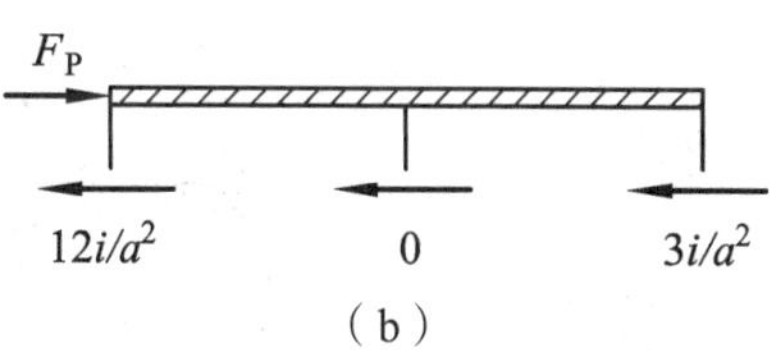

图 5-5

【答案】 √

【分析】 A 点向右单位移动，两个边柱发生杆端相对位移，中柱刚体平动，产生的杆端剪力如图（b）所示。由平衡求出：$F_{\mathrm{P}}=15i/a^2$。

【例 7】 图 5-6（a）所示结构中 Z_1、Z_2 为位移法的基本未知量，$i=$ 常数。图 5-6（b）是 $Z_2=1$、$Z_1=0$ 时的弯矩图，即 $\overline{M}_2$ 图。（　　）

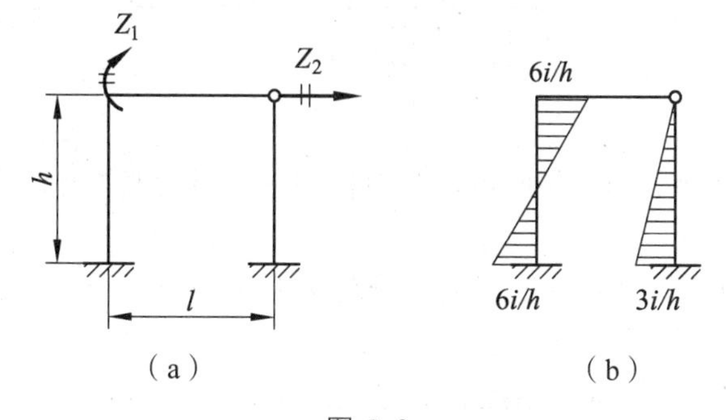

图 5-6

【答案】 √

【分析】 当$Z_2=1$、$Z_1=0$时，两根立柱均有单位侧移，有弯矩产生，横梁为整体平移，无弯矩，$\bar{M}_2$图即为图（b）。

【例 8】 图 5-7（b）是图 5-7（a）所示结构用位移法计算时的$\bar{M}_1$图（图中附加约束未标出）。（　　）

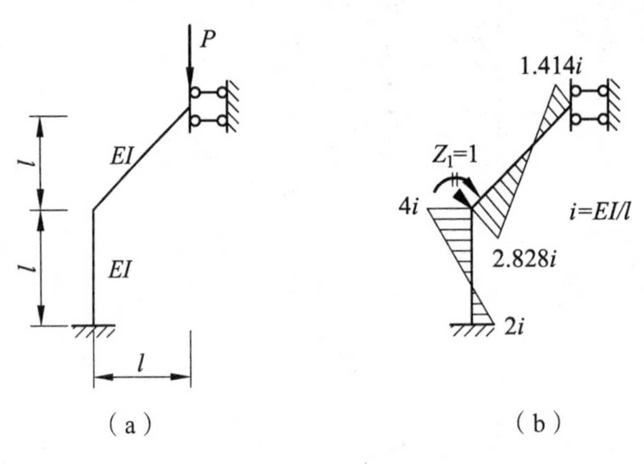

图 5-7

【答案】 √

【分析】 确定斜梁的劲度系数时，远端的约束应视为固定端。

【例 9】 图 5-8 所示等截面超静定梁，已知θ_A，则$\theta_B=-\theta_A/2$（逆时针转）。（　　）

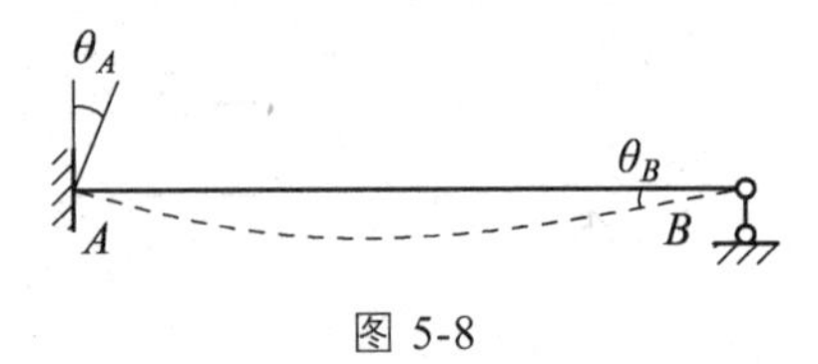

图 5-8

【答案】 √

【分析】 将它视为两端固定梁，由$M_{BA}=2i\theta_A+4i\theta_B=0$，确定出$\theta_B=-\theta_A/2$。

【例 10】 图 5-9 所示结构两支座处弯矩的关系是$|M_A|=|M_B|$。（　　）

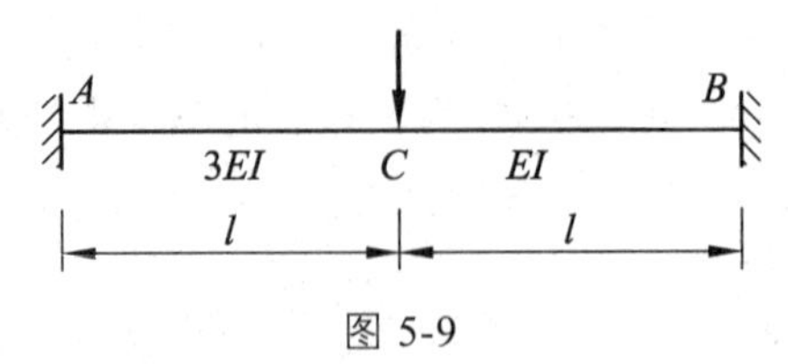

图 5-9

【答案】 ×

【分析】 荷载作用下，内力与刚度的相对值有关，刚度大，内力也大。两支座弯矩的关系是$|M_A|=|M_B|$。

【例 11】 图 5-10 所示结构均能用力矩分配法求解。（　　）

【答案】 ×

【解析】 图（a）所示结构，结点A有竖向线位移，故不可用力矩分配法求解。图（b）

所示结构，A点尽管有竖向线位移，但AB部分相当于悬臂梁，其M图可直接作出，又因B、C结点无水平线位移，故可用力矩分配法求解。

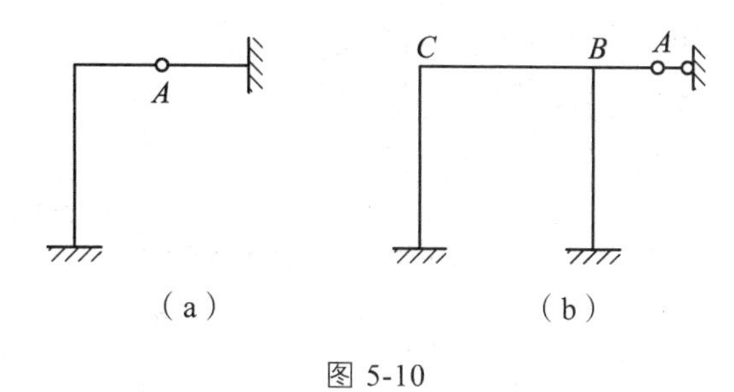

图 5-10

2. 选择题

【例 12】 位移法的适用范围为（　　）。

A. 不能解静定结构　　B. 只能解超静定结构

C. 只能解平面刚架　　D. 可解任意结构

【答案】 D

【分析】 任意结构都可以采用位移法求解。

【例 13】 图 5-11 所示结构位移法方程中的自由项 R_{1P} 为（　　）。

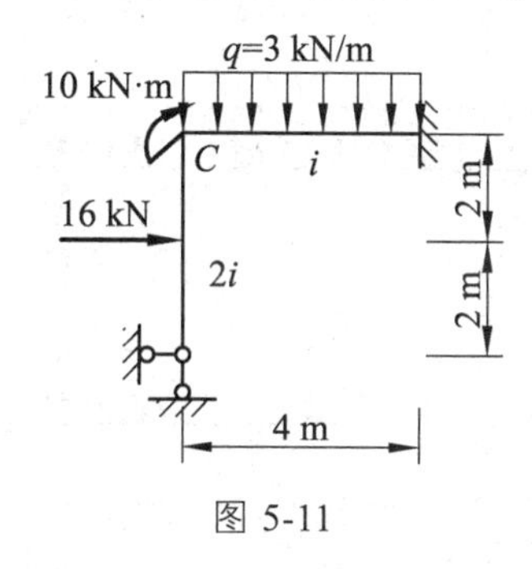

图 5-11

A. －2 kN·m　　B. －26 kN·m　　C. 8 kN·m　　D. 2 kN·m

【答案】 A

【分析】 $R_{1P}=\dfrac{3\times16\times4}{16}-\dfrac{3\times4^2}{12}-10=-2\ \text{kN}\cdot\text{m}$。

【例 14】 位移法典型方程中的系数 r_{ij} 表示的是基本结构在（　　）。

A. 第 i 个结点位移产生的第 j 个附加约束中的反力（矩）

B. 第 j 个结点位移等于单位位移时，产生的第 j 个附加约束中的反力（矩）

C. 第 j 个结点位移等于单位位移时，产生的第 i 个附加约束中的反力（矩）

D. 第 j 个结点位移产生的第 j 个附加约束中的反力（矩）

【答案】 C

【分析】 系数 r_{ij} 表示第 j 个节点位移等于单位位移时，产生的第 i 个附加约束中的反力（矩）。

【例 15】 图 5-12 所示结构，M_{AB} 与 M_{DC} 的绝对值关系为（EA 为有限大数值）（　　）。

A. $|M_{AB}|=|M_{DC}|$　　B. $M_{AB}|>|M_{DC}|$

C. $|M_{AB}|<M_{DC}|$　　D. 不定，取决于 EA 大小

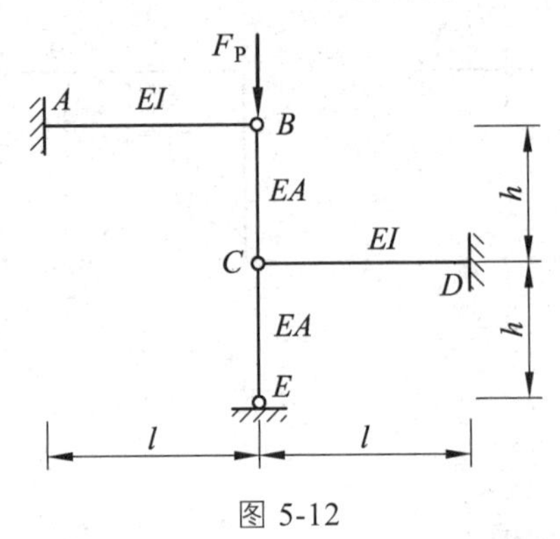

图 5-12

【答案】 B

【解析】 B 点的竖向位移大于 C 点的竖向位移。

【例 16】 图 5-13 所示结构 EI 为常数，在均布荷载作用下在 A 点产生竖向位移，若在 A 点增加竖向集中力 F_P 使 $\Delta=0$，则 $F_P=$（　　）。

A. $\frac{1}{2}qa$　　B. qa　　C. $\frac{5}{4}qa$　　D. $2qa$

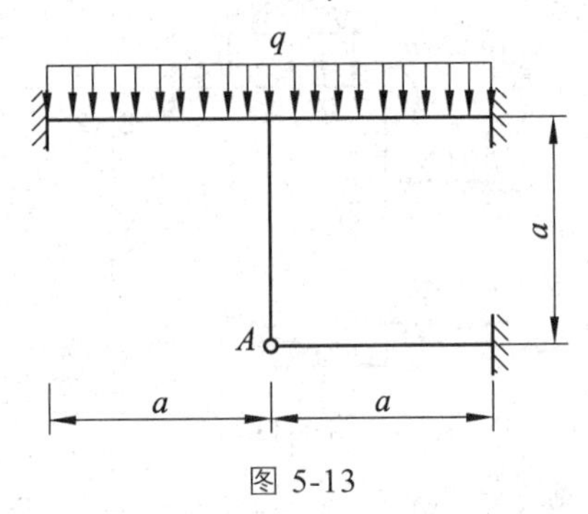

图 5-13

【答案】 B

【分析】 A 点竖向位移时载常数的大小即为 F_P 的大小。

【例 17】 欲使图 5-14 所示结点 A 的转角为 0，应在结点 A 施加的力偶 M 为（　　）。

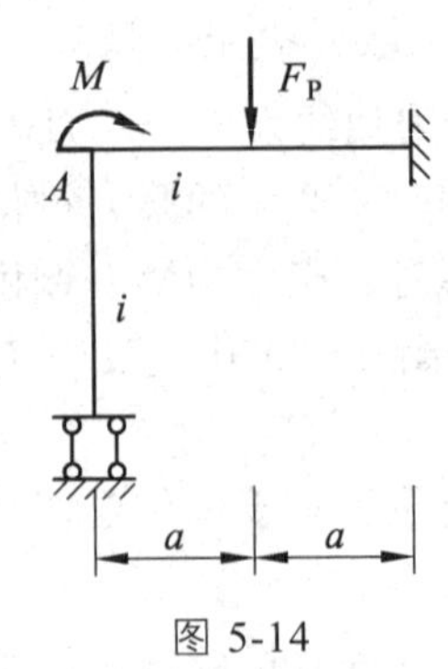

图 5-14

A. $5i$　　B. $-5i$　　C. $F_Pa/4$　　D. $-F_Pa/4$

【答案】 D

【分析】 欲使结点 A 的转角为 0，可以在点 A 施加一个附加刚臂，反求附加刚臂上产生的力矩，即应在结点 A 上施加的力偶。令 $R_{1P}=-\dfrac{F_P\times 2a}{8}-M=0$，由此求出 $M=-\dfrac{F_Pa}{4}$。

【例 18】 图 5-15 所示单跨超静定梁的杆端相对线位移 Δ 是（　　）。

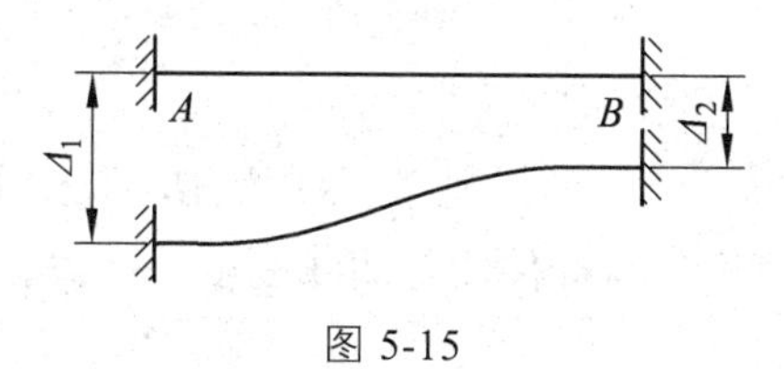

图 5-15

A. Δ_1　　B. Δ_2　　C. $\Delta_2-\Delta_1$　　D. $\Delta_1-\Delta_2$

【答案】 C

【分析】 杆端相对线位移有正负之分，使弦线顺时针转动时为正。本题的 Δ 应该是负值，故选 C。

【例 19】 图 5-16 所示结构其杆端弯矩 M_{AB} 为（　　）。

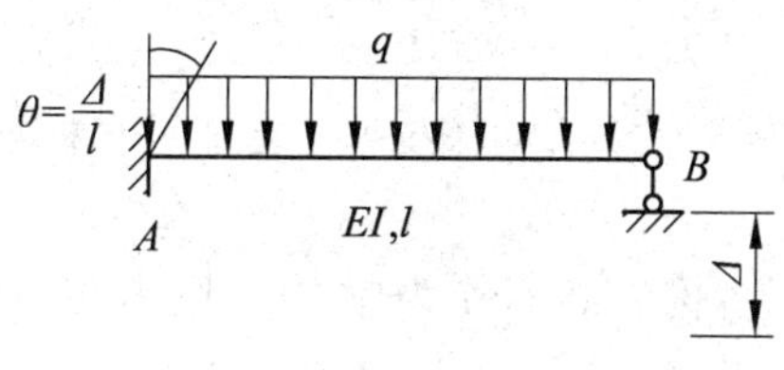

图 5-16

A. $M_{AB}=-(ql^2+3EI\Delta/l^2)$　　B. $M_{AB}=-ql^2/8$

C. $M_{AB}=-(ql^2/8-3EI\Delta/l^2)$　　D. $M_{AB}=-(ql^2/8+6EI\Delta/l^2)$

【答案】 B

【分析】 产生杆端弯矩 M_{AB} 的因素有 A 端转角 θ、B 端位移及荷载 q。由 A 端转角 θ、B 端位移 Δ 产生的 M_{AB} 正负相互抵消，故 $M_{AB}=-ql^2/8$。

【例 20】 图 5-17 所示排架结构，横梁刚度为无穷大，各柱 EI 相同，则 2 杆的轴力 F_{N2} =（　　）。

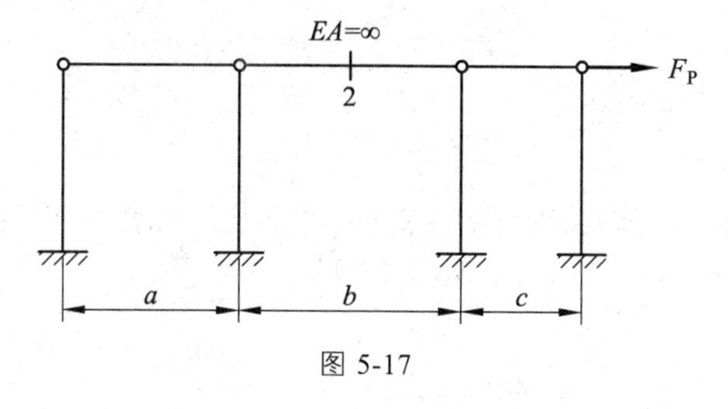

图 5-17

A. F_P　　B. $F_P/2$　　C. 0　　D. 不确定（与 abc 的值有关）

【答案】 B

【分析】 由剪力分配法得各柱剪力为 $F_P/4$，所求杆的轴力为左边两柱的剪力和。

【例 21】 转动刚度 S_{AB} 指的是图 5-18 中哪根梁的杆端弯矩 M_{AB}。（　　）

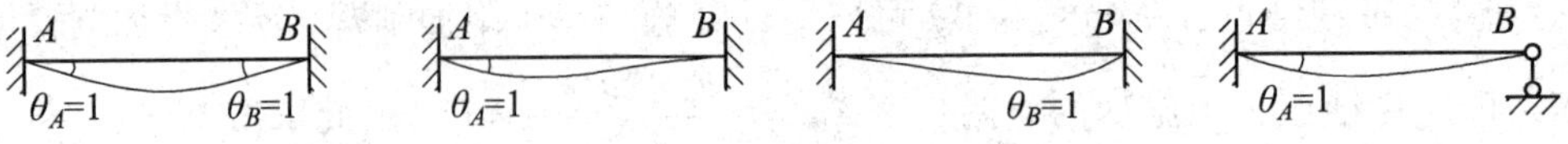

A B $\theta_A=1$ $\theta_B=1$　　A B $\theta_A=1$　　A B $\theta_B=1$　　A B $\theta_A=1$

A　　B　　C　　D

图 5-18

【答案】 B

【分析】 杆端转动刚度系数 S_{AB} 的定义是：杆件 AB 的 A 端（或称近端）发生单位转角时，A 端产生的弯矩值。此值不仅与杆件的弯曲线刚度 i 有关，而且与杆件另一端（或称远端）的支承情况有关。

【例 22】 图 5-19 所示杆件 A 端的转动刚度 S_{AB} =（　　）。

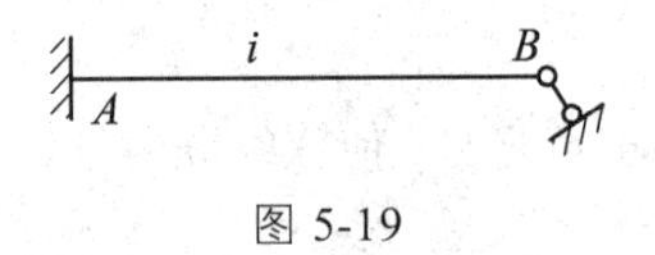

图 5-19

A. $4i$　　B. $3i$　　C. i　　D. 0

【答案】 B

【解析】 当远端是固定铰支座或活动铰支座（支杆不与杆轴线重合）时，转动刚度 $S_{AB}=3i$。

【例 23】 图 5-20 所示结构，各杆 i 为常数，用力矩分配法计算时分配系数 μ_{A4} 为（　　）。

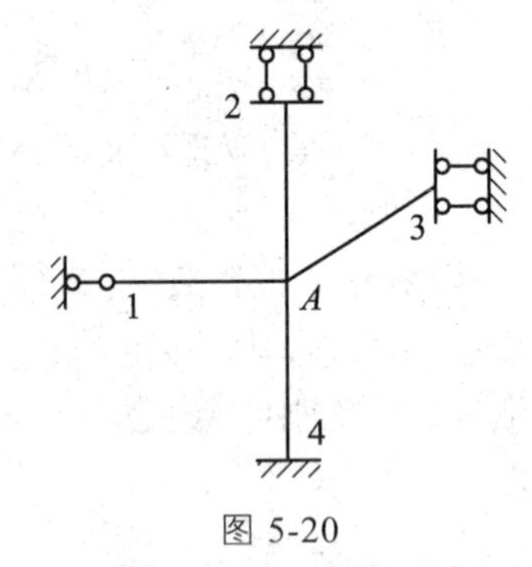

图 5-20

A. $\dfrac{4}{11}$　　B. $\dfrac{4}{9}$　　C. $\dfrac{1}{3}$　　D. $\dfrac{2}{3}$

【答案】 B

【解析】 $A3$ 杆的 3 支座与 $A2$ 杆的 2 支座不同，3 支座的约束作用相当于固定端，因此其转动刚度 $S_{A4}=4i$，$S_{A3}=4i$，$S_{A2}=i$，$S_{A1}=0$，则

$$\mu_{A4}=\frac{S_{A4}}{\sum\limits_{A}S}=\frac{4i}{4i+4i+i}=\frac{4}{9}$$

【例 24】 图 5-21 所示连续梁中，结点 B 的不平衡力矩为（　　）。

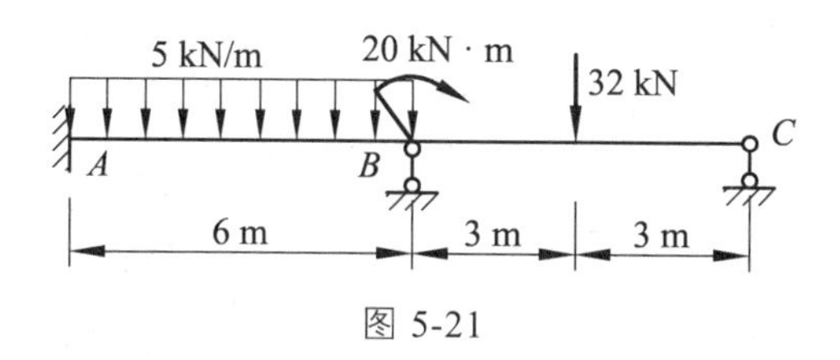

图 5-21

A. 21 kN · m　　B. －20 kN · m　C. 1 kN · m　　D. －41 kN · m

【答案】 D

【解析】 当结点上有外力偶 m 作用时，结点 B 的不平衡力矩为：汇交于结点 B 的各杆端固端弯矩的代数和－结点外力偶 m（顺时针方向为正）。

$$M_B = \sum_B M^F - m = 15 - 36 - 20 = -41 \text{ kN} \cdot \text{m}$$

3. 填空题

【例 25】 用位移法求解图 5-22 所示结构时，所需基本未知量的个数为________。

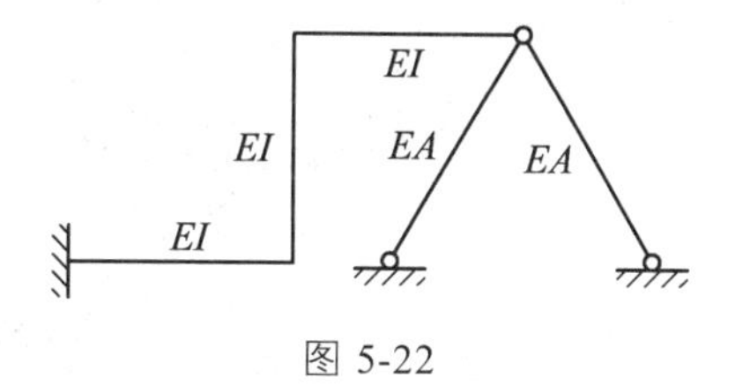

图 5-22

【答案】 5

【分析】 基本结构如图 5-23 所示。

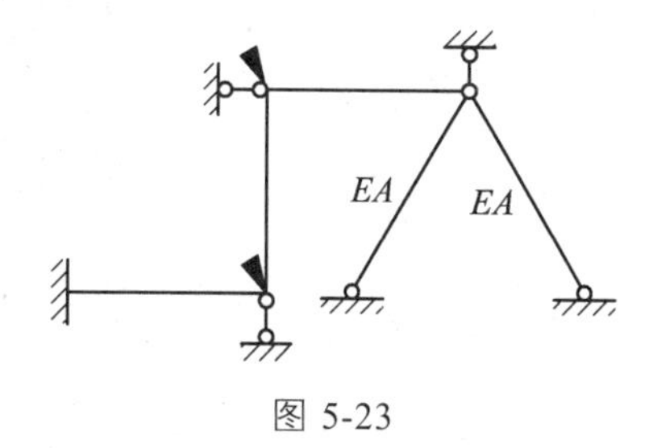

图 5-23

【例 26】 图 5-24 所示结构 A 点处弯矩为______________。

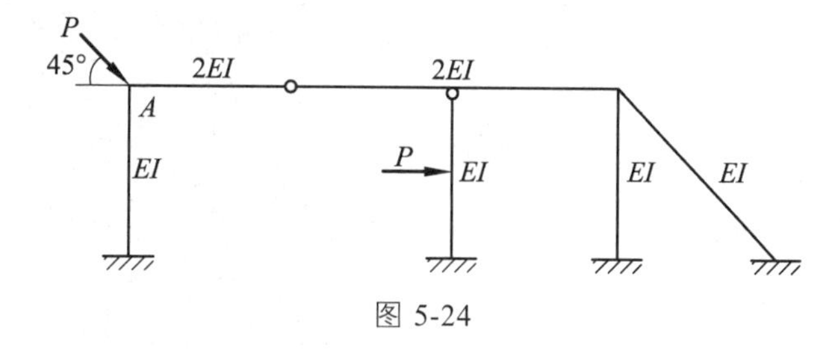

图 5-24

【答案】 0

【分析】 忽略受弯杆件轴向变形，集中力作用在无线位移的结点上时，交于该点的各杆无弯矩和剪力，只有轴力。

4. 计算题

【例 27】 试用位移法求解图 5-25 所示结构，并作 M 图。

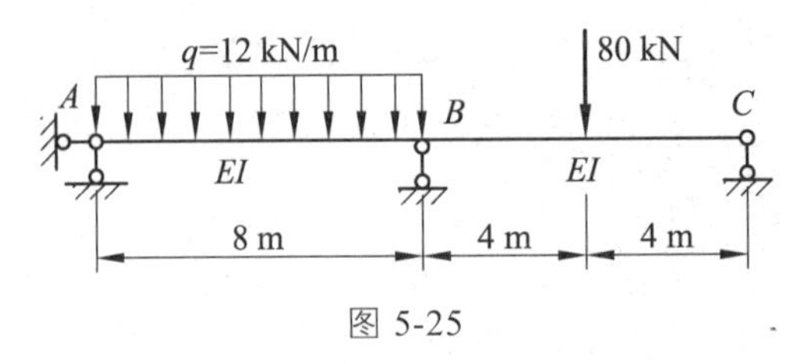

图 5-25

【解】

（1）该题具有 1 个角位移未知量，选取如图 5-26（a）所示基本体系。

（2）列位移法方程 $r_{11}\Delta_1 + R_{1P} = 0$。

（3）画出相应的 $\bar{M}_1$ 图和 M_P 图，如图 5-26（b）、（c）所示，求出位移法典型方程中的系数。

$$r_{11} = 6i,\ \ R_{1P} = -24\ \text{kN}\cdot\text{m}$$

（4）解方程，得到 Δ_1。

$$\Delta_1 = -\frac{R_{1P}}{r_{11}} = 4/i$$

（5）再由 $M = \bar{M}_1\Delta_1 + M_P$ 画出最后弯矩图，如图 5-26（d）所示。

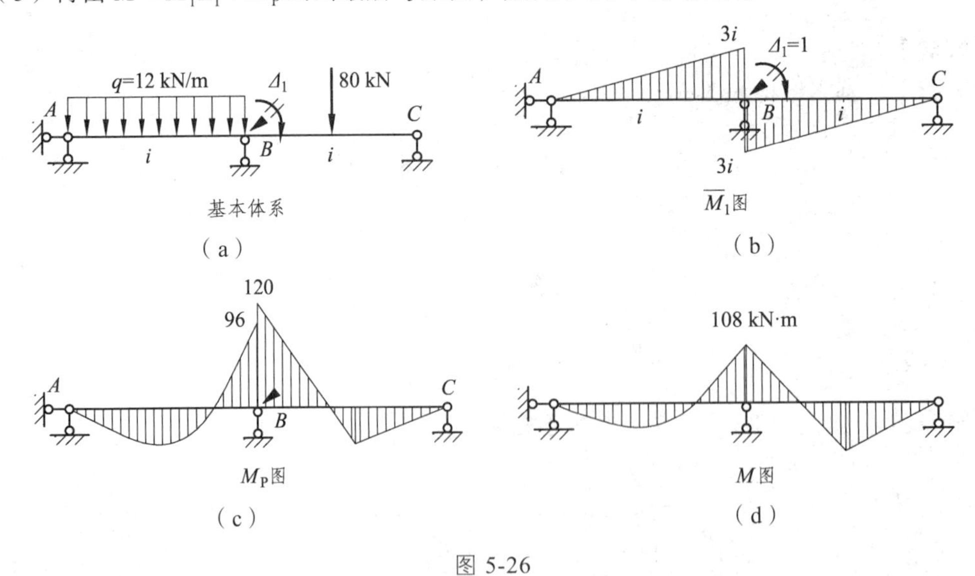

图 5-26

【例 28】 试用位移法求解图 5-27 所示结构，并作 M 图。

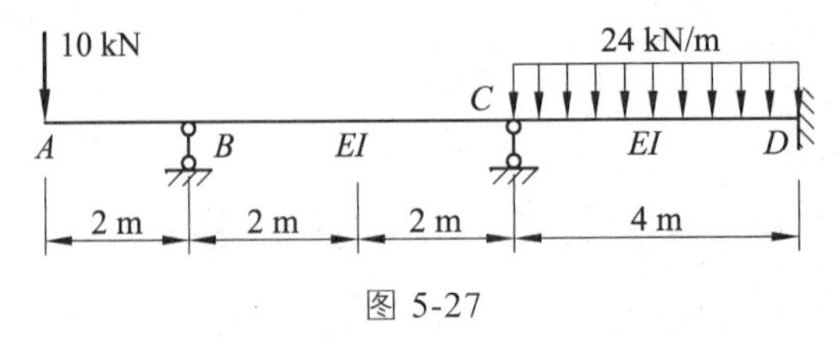

图 5-27

【解】

AB 部分为简化静定部分，结点 *B* 的转角可以不作为位置量。

（1）该题有 1 个角位移未知量，选取如图 5-28（a）所示基本体系。

（2）列位移法方程 $r_{11}\Delta_1 + R_{1P} = 0$。

（3）画出相应的 $\bar{M}_1$ 图和 M_P 图，如图 5-28（b）、（c）所示，求出位移法典型方程中的系数。

$$r_{11} = 7i,\ R_{1P} = -42\ \text{kN}\cdot\text{m}$$

（4）解方程，得到 Δ_1。

$$\Delta_1 = -\frac{R_{1P}}{r_{11}} = 6/i$$

（5）再由 $M = \bar{M}_1\Delta_1 + M_P$ 画出最后弯矩图，如图 5-28（d）所示。

（a）
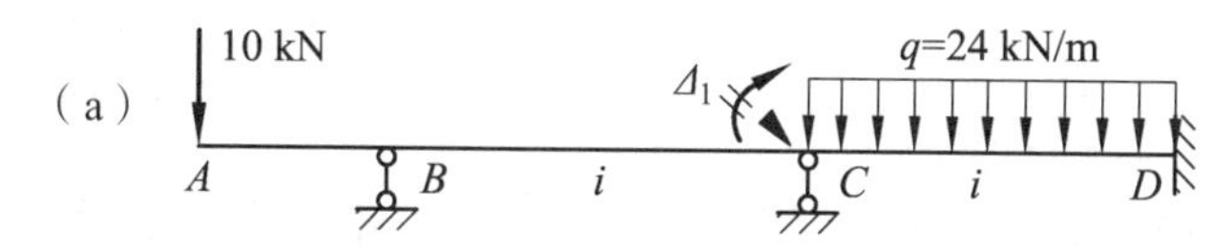

（b）
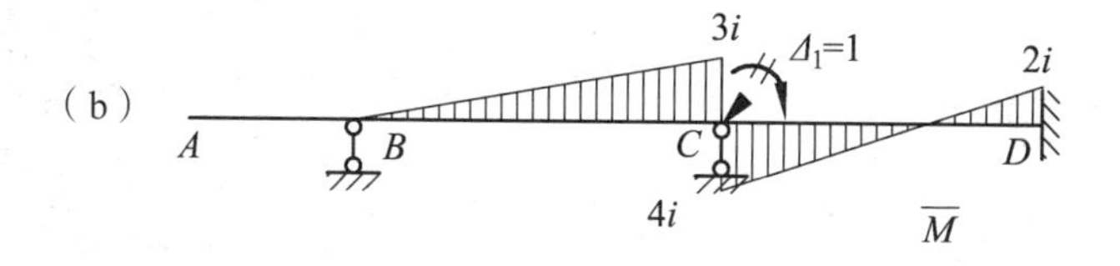

（c）
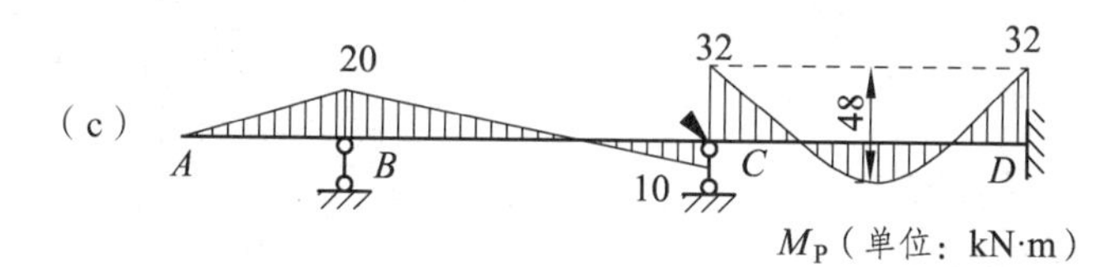

（d）
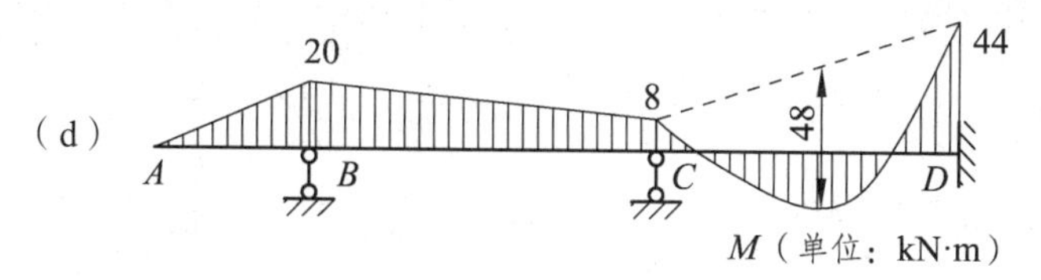

图 5-28

【例 29】　试用位移法求解图 5-29 所示结构，并作 *M* 图。

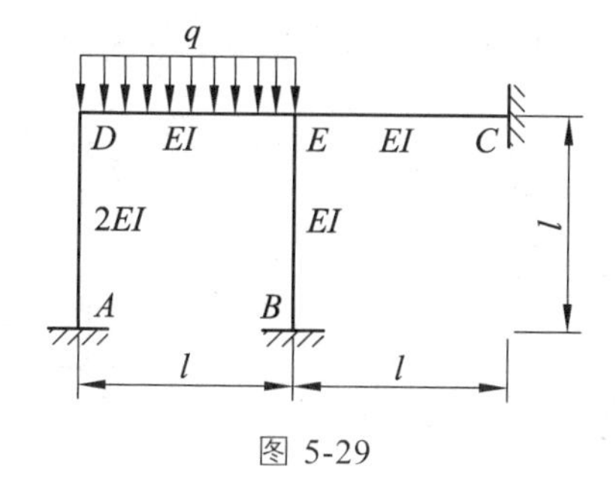

图 5-29

【解】

（1）该题有 2 个角位移未知量，选取如图 5-30（a）所示基本体系。

（2）列位移法方程 $\begin{cases} r_{11}\Delta_1 + r_{12}\Delta_2 + R_{1P} = 0 \\ r_{21}\Delta_1 + r_{22}\Delta_2 + R_{2P} = 0 \end{cases}$。

（3）画出相应的 $\bar{M}_1$ 图、$\bar{M}_2$ 图和 M_P 图，如图 5-30（b）、（c）、（d）所示，求出位移法典型方程中的系数。

$$\begin{cases} 12i\Delta_1 + 2i\Delta_2 - \dfrac{ql^2}{12} = 0 \\ 2i\Delta_1 + 12i\Delta_2 + \dfrac{ql^2}{12} = 0 \end{cases}$$

（4）解方程，得到 Δ_1、Δ_2。

$$\Delta_1 = -\Delta_2 = \frac{ql^2}{120i}$$

（5）再由 $M = \bar{M}_1\Delta_1 + \bar{M}_2\Delta_2 + M_P$ 画出最后弯矩图，如图 5-30（e）所示。

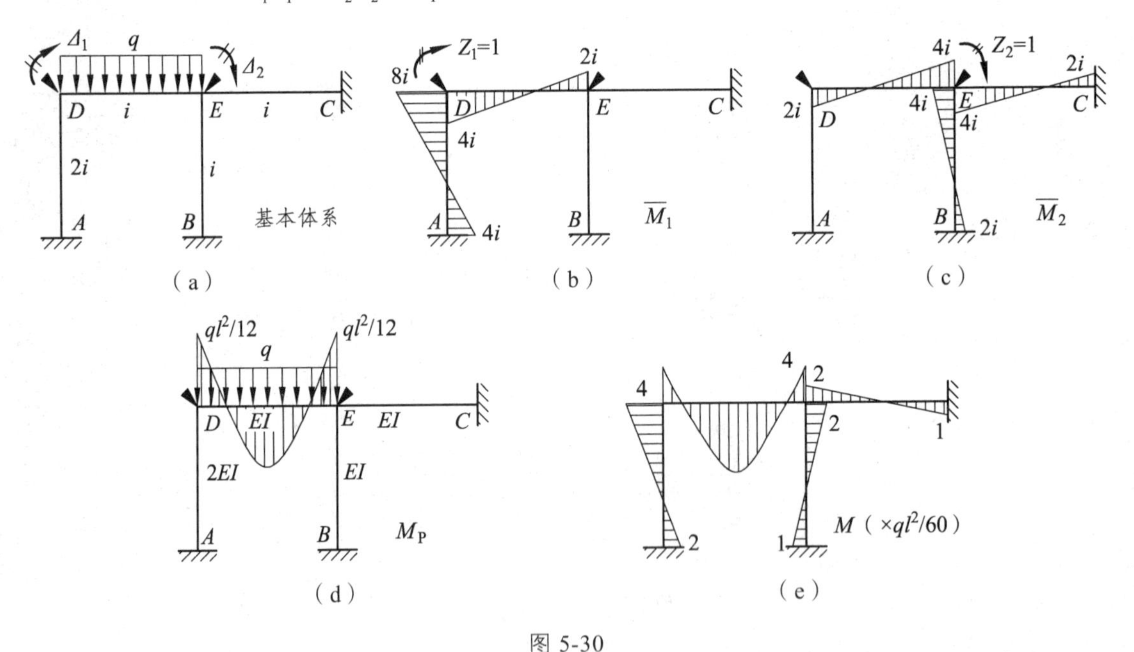

图 5-30

【例 30】　试用位移法求解图 5-31 所示结构，并作 M 图。

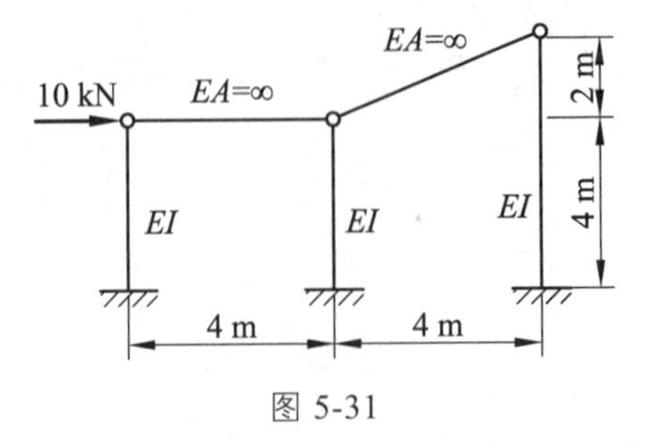

图 5-31

【解】

（1）该题有 1 个线位移未知量，选取如图 5-32（a）所示基本体系。

（2）列位移法方程 $r_{11}\Delta_1 + R_{1P} = 0$。

（3）画出相应的 $\bar{M}_1$ 图和 M_P 图，如图 5-32（b）、（c）所示，求出位移法典型方程中的系数。

$$r_{11} = -31EI/288,\quad R_{1P} = -10\ \text{kN}\cdot\text{m}$$

（4）解方程，得到 Δ_1。

$$\Delta_1 = 2880/31EI$$

（5）再由 $M = \bar{M}_1\Delta_1 + M_P$ 画出最后弯矩图，如图 5-32（d）所示。

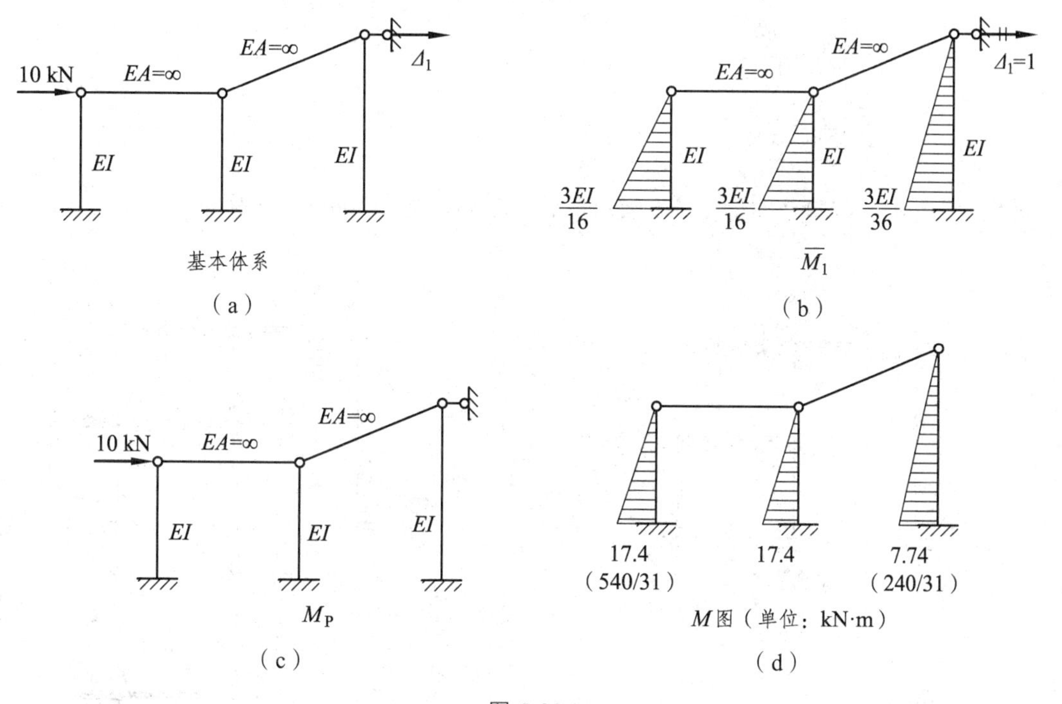

图 5-32

【例 31】 试用位移法求解图 5-33 所示结构，并作 M 图。

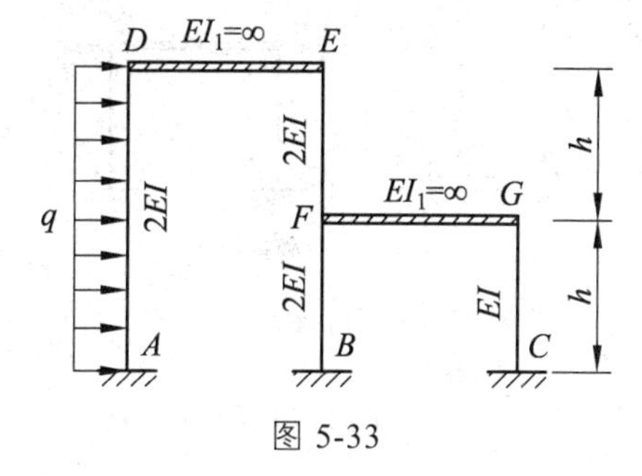

图 5-33

【解】

（1）该题有 2 个线位移未知量，选取如图 5-34（a）所示基本体系。

（2）列位移法方程$\begin{cases} r_{11}\varDelta_1+r_{12}\varDelta_2+R_{1P}=0 \\ r_{21}\varDelta_1+r_{22}\varDelta_2+R_{2P}=0 \end{cases}$。

（3）画出相应的$\bar{M}_1$图、$\bar{M}_2$图和M_P图，求出位移法典型方程中的系数。

$$\begin{cases} \dfrac{27EI}{h^3}\varDelta_1-\dfrac{24EI}{h^3}\varDelta_2-qh=0 \\ -\dfrac{24EI}{h^3}\varDelta_1+\dfrac{48EI}{h^3}\varDelta_2=0 \end{cases}$$

（4）解方程，得到$\varDelta_1$、$\varDelta_2$。

$$\begin{cases} \varDelta_1=\dfrac{qh^4}{15EI} \\ \varDelta_2=\dfrac{qh^4}{30EI} \end{cases}$$

（5）再由$M=\bar{M}_1\varDelta_1+\bar{M}_2\varDelta_2+M_P$画出最后弯矩图，如图 5-34（e）所示。

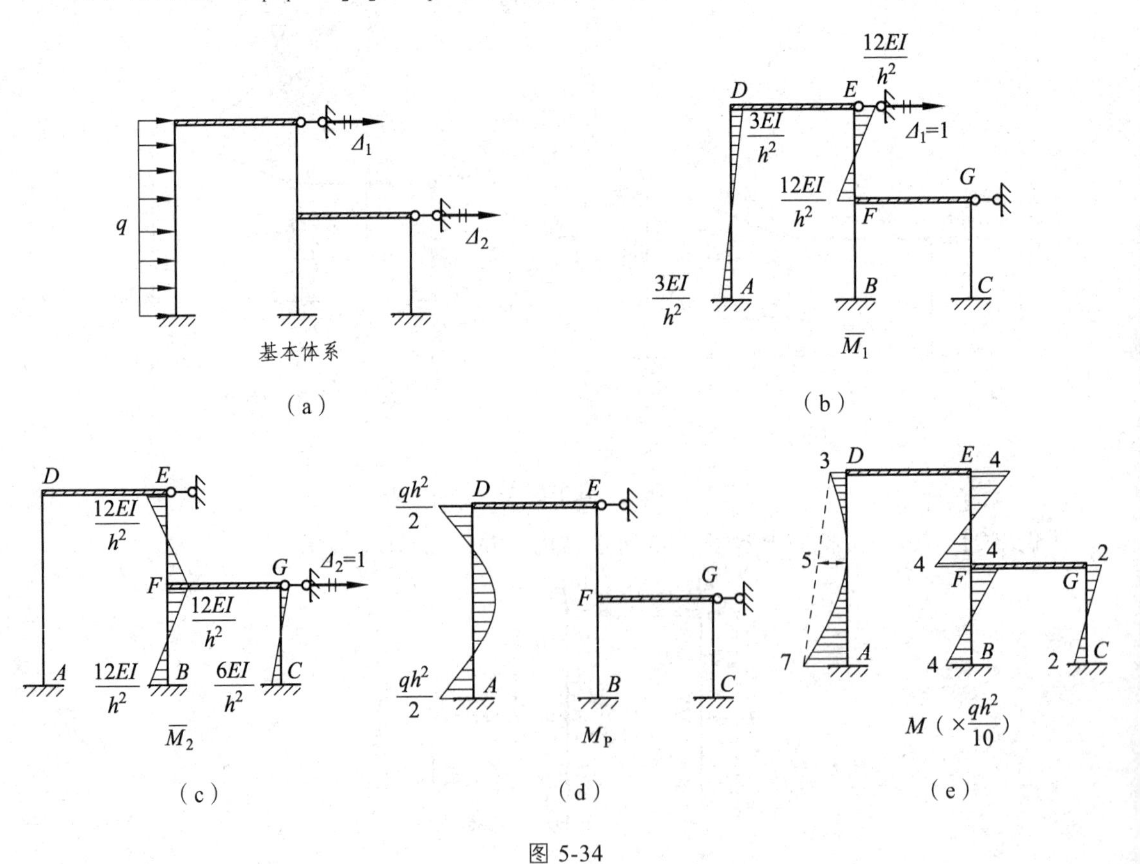

图 5-34

【例 32】 试用位移法求解图 5-35 所示结构，并作 M 图。

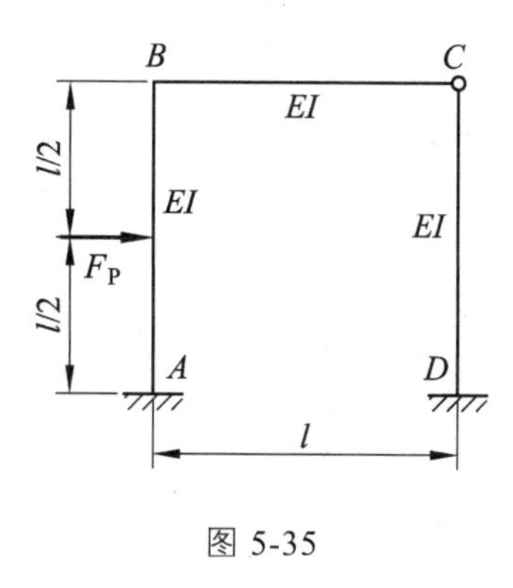

图 5-35

【解】

（1）该题有 1 个线位移未知量和 1 个角位移未知量，选取如图 5-36（a）所示基本体系。

（2）列位移法方程。

（3）画出相应的 $\bar{M}_1$ 图、$\bar{M}_2$ 图和 M_P 图，如图 5-36（b）、（c）、（d）所示，求出位移法典型方程中的系数。

$$\begin{cases} 7i\Delta_1 - \dfrac{6i}{l}\Delta_2 + \dfrac{F_P l}{8} = 0 \\ -\dfrac{6i}{l}\Delta_1 + \dfrac{15i}{l^2}\Delta_2 - \dfrac{F_P}{2} = 0 \end{cases}$$

（4）解方程，得到 Δ_1 、Δ_2 。

$$\begin{cases} \Delta_1 = \dfrac{9F_P l}{552i} \\ \Delta_2 = \dfrac{22F_P l^2}{552i} \end{cases}$$

（5）再由 $M = \bar{M}_1\Delta_1 + \bar{M}_2\Delta_2 + M_P$ 画出最后弯矩图，如图 5-36（e）所示。

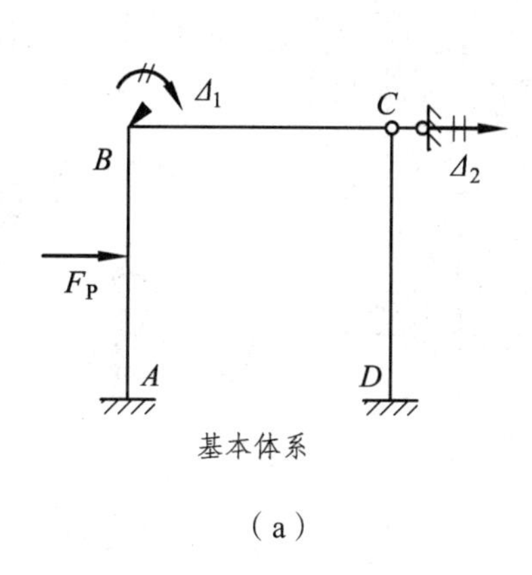

基本体系

（a）

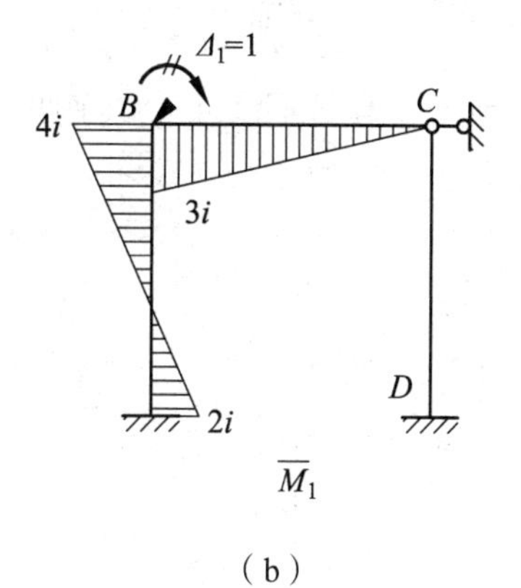

$\bar{M}_1$

（b）

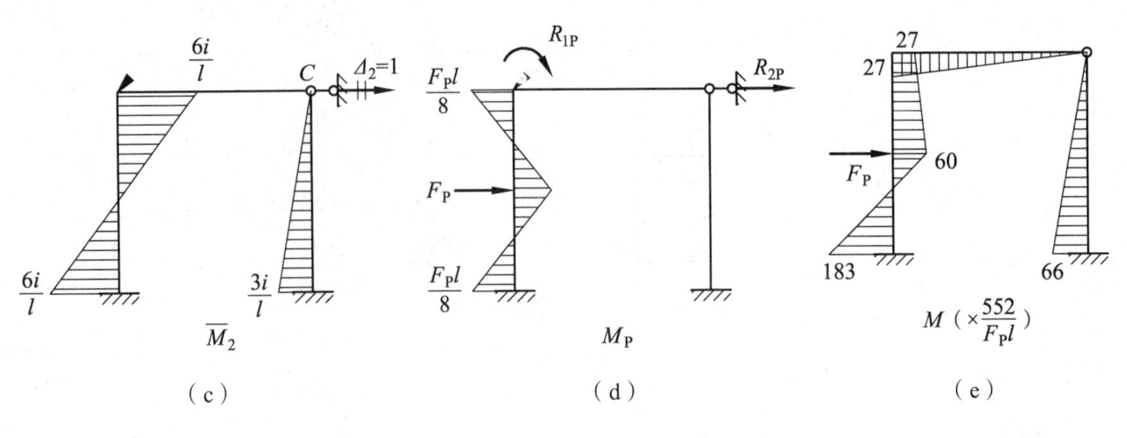

图 5-36

【例 33】　用位移法作图 5-37 所示刚架的弯矩图。已知各杆 EI 为常数。

【解】

（1）该题有 1 个线位移未知量和 1 个角位移未知量，选取如图 5-38（a）所示基本体系。

（2）列位移法方程。

（3）画出相应的 $\bar{M}_1$ 图、$\bar{M}_2$ 图和 M_P 图，如图 5-38（b）、（c）、（d）所示，求出位移法典型方程中的系数。

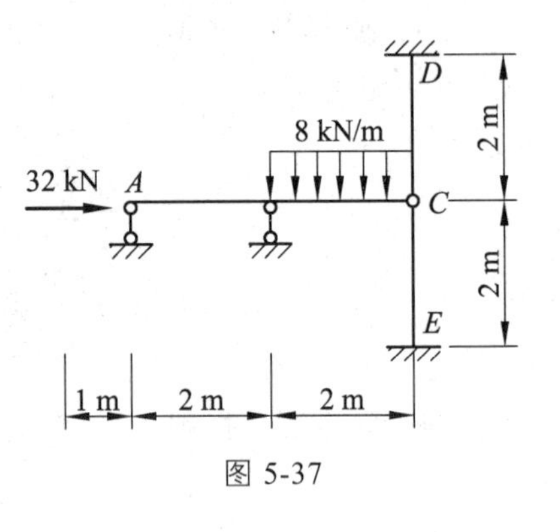

图 5-37

$$\begin{cases} 6i\Delta_1 - 0\cdot\Delta_2 - 4 = 0 \\ 0\cdot\Delta_1 + \dfrac{3i}{2}\Delta_2 - 32 = 0 \end{cases}$$

（4）解方程，得到 Δ_1、Δ_2。

$$\begin{cases} \Delta_1 = \dfrac{2}{3i} \\ \Delta_2 = \dfrac{64}{3i} \end{cases}$$

（5）再由 $M = \bar{M}_1\Delta_1 + \bar{M}_2\Delta_2 + M_P$ 画出最后弯矩图，如图 5-38（e）所示。

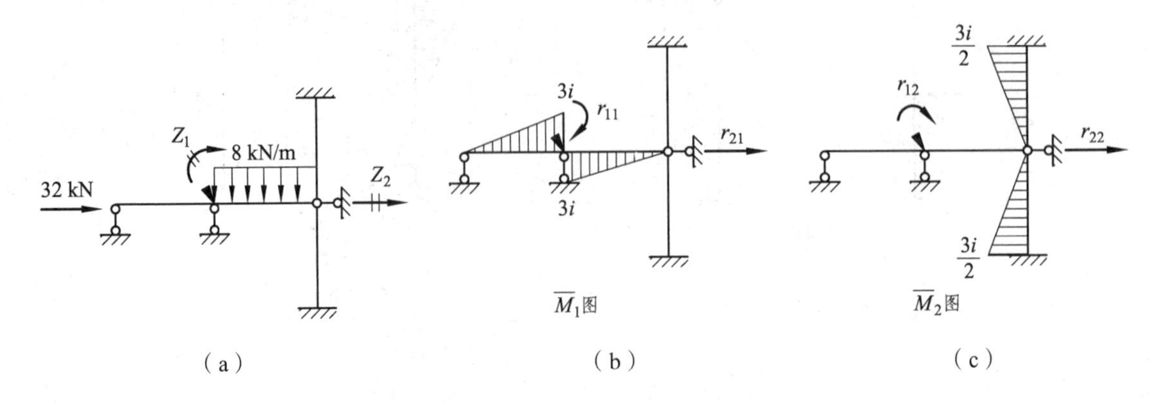

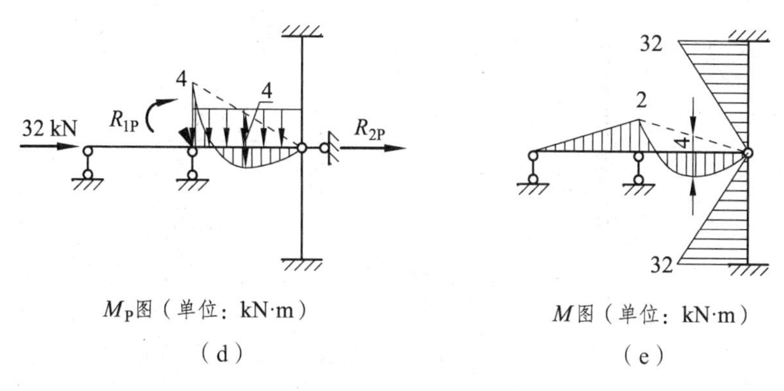

M_P图（单位：kN·m）

（d）

M图（单位：kN·m）

（e）

图 5-38

【例 34】 用位移法作图 5-39 所示刚架的弯矩图。已知各杆 EI 为常数。

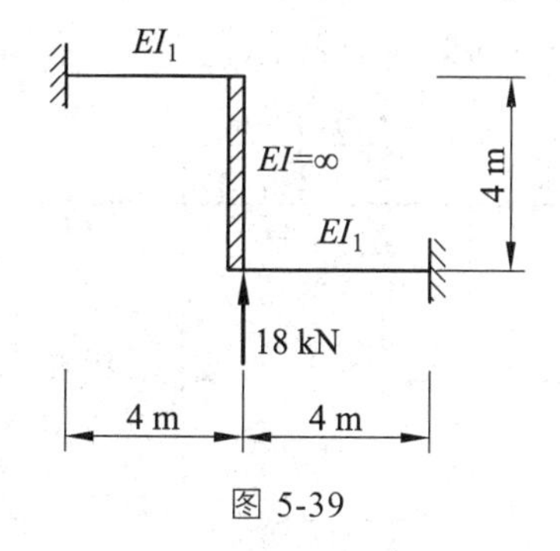

图 5-39

【解】

（1）该题有 1 个线位移未知量，选取如图 5-40（a）所示基本体系。

（2）列位移法方程。

（3）画出相应的 $\bar{M}_1$ 图和 M_P 图，如图 5-40（b）、（c）所示，求出位移法典型方程中的系数。

$$r_{11}=3i/2,\ \ R_{1P}=18\ \text{kN}$$

（4）解方程，得到 $\varDelta_1$。

$$\varDelta_1=-12/i$$

（5）再由 $M=\bar{M}_1\varDelta_1+M_P$ 画出最后弯矩图，如图 5-40（d）所示。

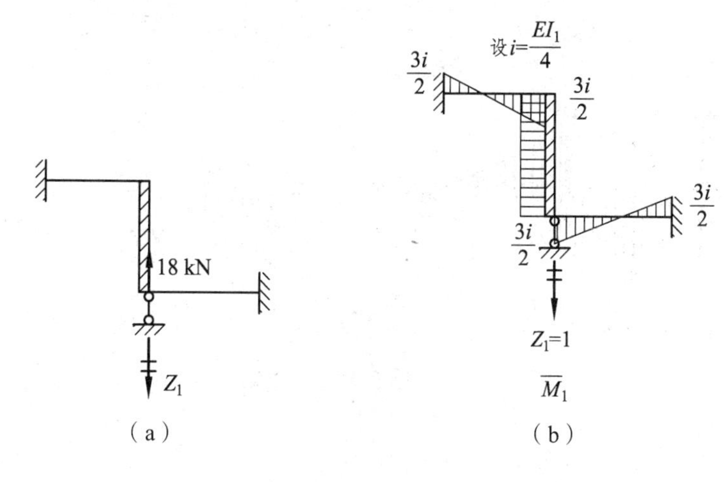

（a）

（b）

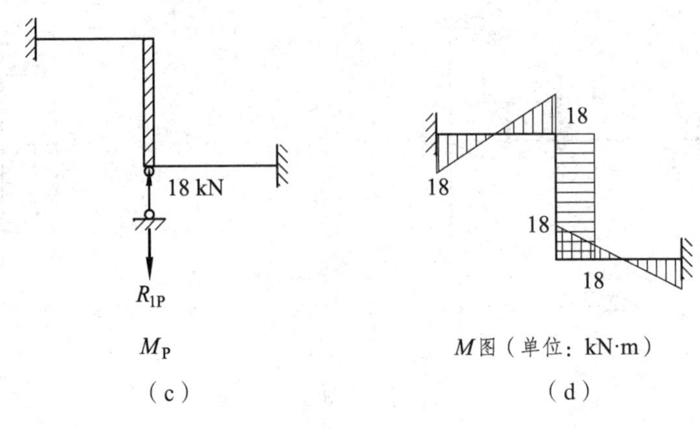

图 5-40

【例 35】 用力矩分配法分析如图 5-41 所示连续梁，作 M 图，并求支座 B 的反力。

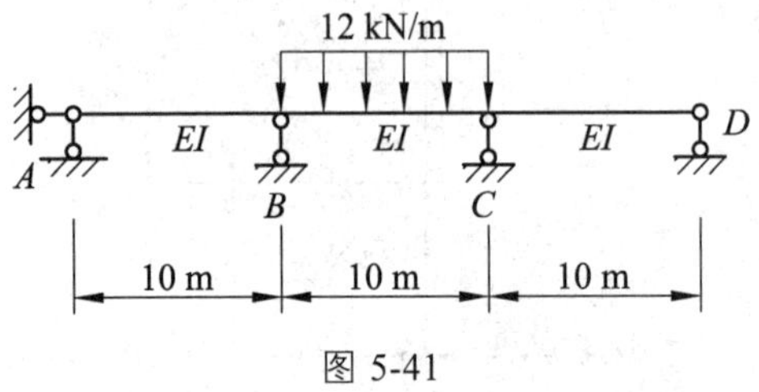

图 5-41

【解析】 取半结构进行分析，如图 5-42 所示。

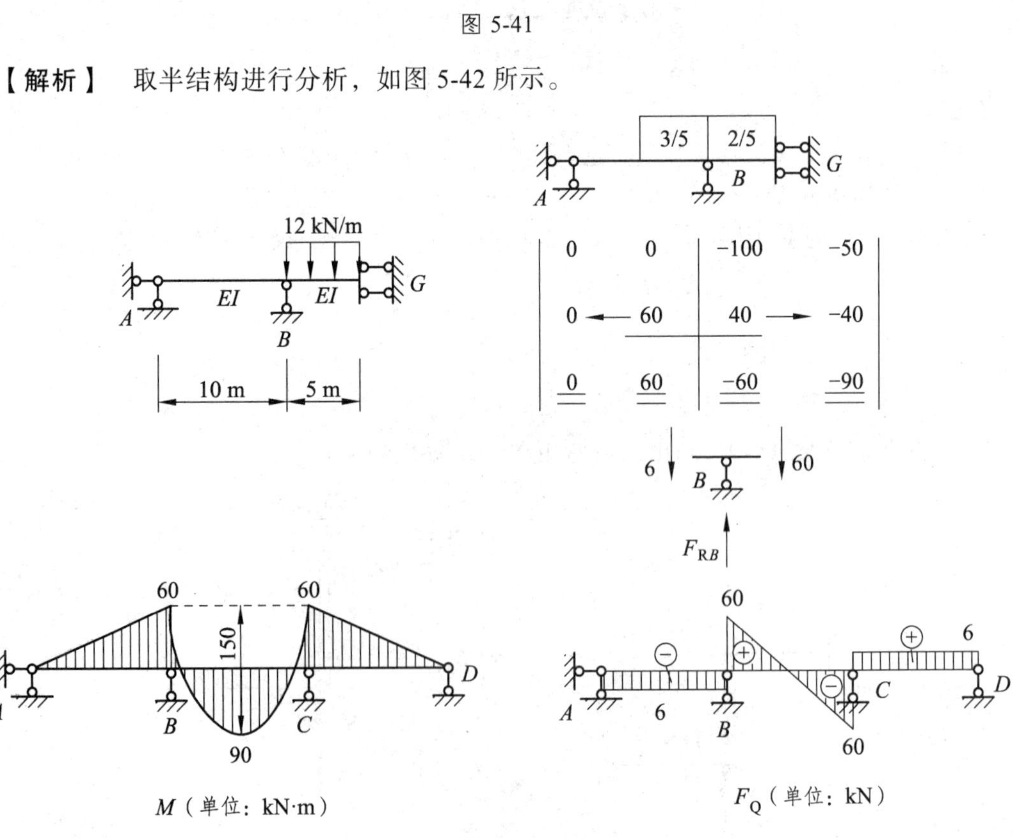

图 5-42

$$S_{BA}=\frac{3EI}{10},\quad S_{BG}=\frac{EI}{5},\quad \mu_{BA}=\frac{3}{5},\quad \mu_{BG}=\frac{2}{5}$$

$$M_{BA}^{\mathrm{F}}=M_{AB}^{\mathrm{F}}=0,\quad M_{BG}^{\mathrm{F}}=-\frac{12\times5^2}{3}=-100\ \mathrm{kN\cdot m},\quad M_{GB}^{\mathrm{F}}=-\frac{12\times5^2}{6}=-50\ \mathrm{kN\cdot m}$$

结点 B 的不平衡力矩　$M_B=M_{BA}^{\mathrm{F}}+M_{BG}^{F}=-100\ \mathrm{kN\cdot m}$

计算支座反力：　$F_{\mathrm{RB}}=6+60=66\ \mathrm{kN}$

【例 36】 试用力矩分配法计算图 5-43 所示连续梁，并作 M 图。已知 $EI=4\times10^4\mathrm{kN\cdot m^2}$。

【解】

设 $i=\dfrac{EI}{6}$，$\mu_{BA}=\dfrac{S_{BA}}{S_{BA}+S_{BC}}=\dfrac{4i}{4i+3i}=\dfrac{4}{7}$，$\mu_{BC}=\dfrac{S_{BC}}{S_{BA}+S_{BC}}=\dfrac{3i}{4i+3i}=\dfrac{3}{7}$

$$M_{BA}^{\mathrm{F}}=-6i_{AB}\frac{\Delta_{BA}}{l}=-6\times\frac{EI}{6}\times\frac{1.5\times10^{-2}}{6}=-100\ \mathrm{kN\cdot m}$$

$$M_{AB}^{\mathrm{F}}=-6i_{AB}\frac{\Delta_{BA}}{l}=-100\ \mathrm{kN\cdot m}$$

$$M_{BC}^{\mathrm{F}}=3i_{BC}\frac{\Delta_{BC}}{l}=3\times\frac{EI}{6}\times\frac{1.5\times10^{-2}}{6}=50\ \mathrm{kN\cdot m}$$

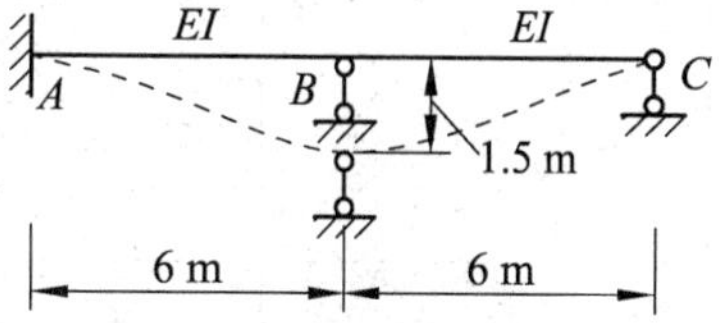

图 5-43

结点 B 的不平衡力矩：$M_B=M_{BA}^{\mathrm{F}}+M_{BC}^{\mathrm{F}}=-100+50=-50\ \mathrm{kN\cdot m}$

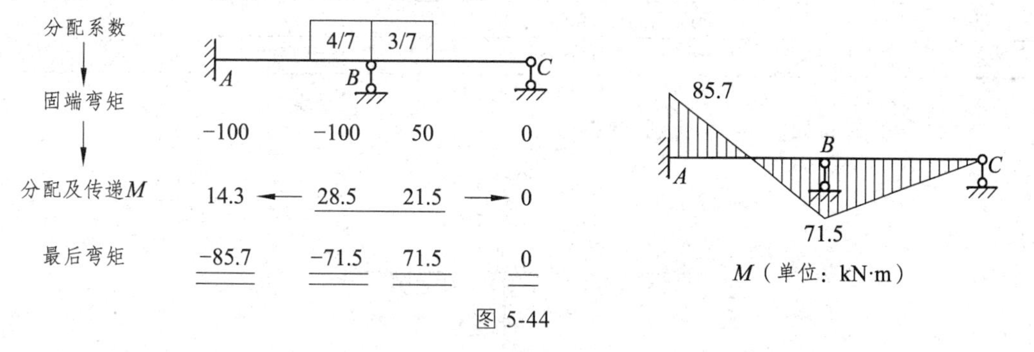

图 5-44

【例 37】 用力矩分配法计算图 5-45 所示刚架，并绘制弯矩图。

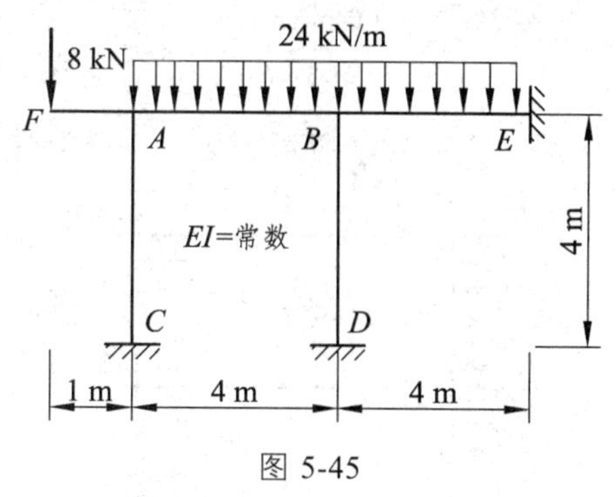

图 5-45

【解】 左端悬臂为静定部分，固端弯矩可由平衡条件直接求出。

（1）求各杆分配系数。

设 $i=\dfrac{EI}{4}$，则

$$\mu_{AB}=\mu_{AC}=\frac{S_{AB}}{S_{AB}+S_{AC}}=\frac{4i}{4i+4i}=0.5\,,\quad \mu_{BE}=\mu_{BD}=\frac{S_{BE}}{S_{BE}+S_{BD}}=\frac{4i}{4i+4i}=0.5$$

（2）求各杆固端弯矩和不平衡力矩。

$$M_{AB}^{\mathrm{F}}=M_{BE}^{\mathrm{F}}=-\frac{24\times4^2}{12}=-32\ \mathrm{kN\cdot m}\,,\quad M_{BA}^{\mathrm{F}}=M_{EB}^{\mathrm{F}}=\frac{24\times4^2}{12}=32\ \mathrm{kN\cdot m}\,,\quad M_{AF}^{\mathrm{F}}=8\ \mathrm{kN\cdot m}$$

结点 A 的不平衡力矩：$M_A=M_{AF}^{\mathrm{F}}+M_{AB}^{\mathrm{F}}=8-32=-24\ \mathrm{kN\cdot m}$

从结点 A 开始，进行不平衡力矩的分配与传递，如表 5-2 所示。

表 5-2　不平衡力矩的分配与传递

节点	A			B			E
杆端	AC	AF	AB	BA	BD	BE	EB
μ	0.5	0	0.5	1/3	1/3	1/3	
M^{F}	0	8	−32	32	0	−32	32
A 分传	12	0	12	6			
B 分传			−1	−2	−2	−2	−1
A 分传	0.5	0	0.5	0.25			
B 分传			−0.04	−0.08	−0.08	−0.09	−0.04
A 分传	0.02	0	0.02				
叠加 M	12.52	8	−20.52	36.17	−2.08	−34.09	−30.96

结构的弯矩图为如图 5-46 所示。

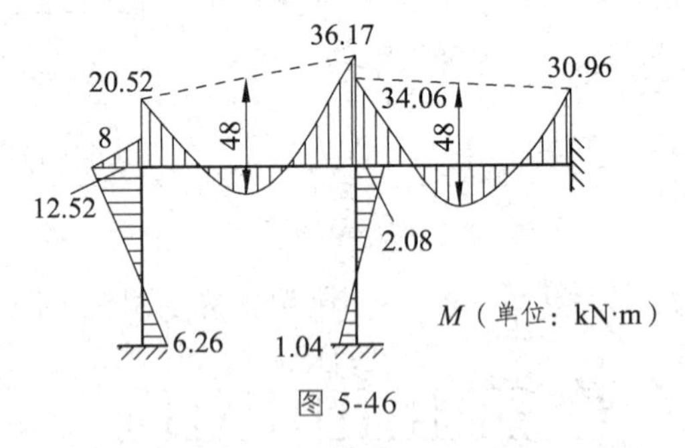

图 5-46

【例 38】 用无剪力分配法计算图 5-47 所示刚架，并绘制弯矩图。

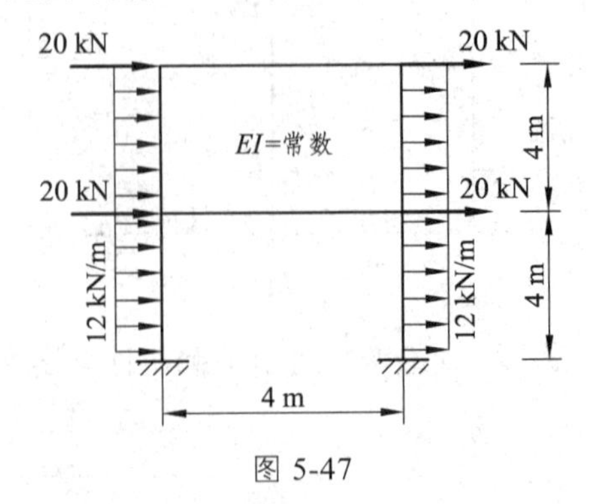

图 5-47

【解】 取半结构分析，如图 5-48 所示，半刚架为剪力静定柱结构，现采用无剪力分配法计算。

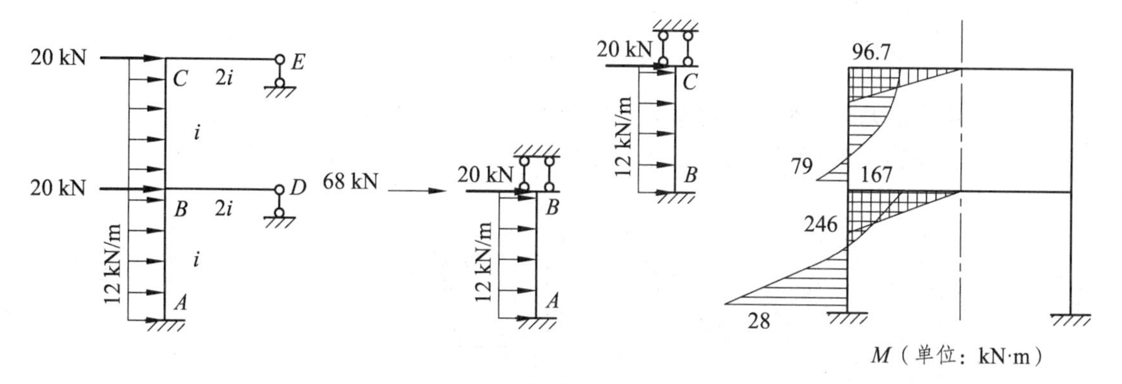

图 5-48

$$M_{CB}^{\mathrm{F}}=-\frac{20\times4}{2}-\frac{12\times4^2}{6}=-72\ \mathrm{kN\cdot m},\quad M_{BC}^{\mathrm{F}}=-\frac{20\times4}{2}-\frac{12\times4^2}{3}=-104\ \mathrm{kN\cdot m}$$

$$M_{BA}^{\mathrm{F}}=-\frac{88\times4}{2}-\frac{12\times4^2}{6}=-208\ \mathrm{kN\cdot m},\quad M_{AB}^{\mathrm{F}}=-\frac{88\times4}{2}-\frac{12\times4^2}{3}=-240\ \mathrm{kN\cdot m}$$

$$\mu_{CB}=\frac{s_{CB}}{s_{CB}+s_{CE}}=\frac{i}{i+3\times2i}=\frac{1}{7},\quad \mu_{CE}=\frac{s_{CE}}{s_{CB}+s_{CE}}=\frac{6i}{i+3\times2i}=\frac{6}{7}$$

$$\mu_{BC}=\frac{s_{BC}}{s_{BC}+s_{BD}+s_{BA}}=\frac{i}{i+3\times2i+i}=\frac{1}{8}=\mu_{BA},\quad \mu_{BD}=\frac{6i}{i+3\times2i+i}=\frac{6}{8}$$

结点 B 的不平衡力矩： $M_B=M_{BC}^{\mathrm{F}}+M_{BD}^{\mathrm{F}}+M_{BA}^{\mathrm{F}}=-104-208=-312\ \mathrm{kN\cdot m}$

从结点 B 开始，进行不平衡力矩的分配与传递，如表 5-3 所示。

表 5-3 不平衡力矩的分配与传递

节点	C		B			A
杆端	CE	CB	BC	BD	BA	AB
μ	6/7	1/7	1/8	6/8	1/8	
M^{F}	0	−72	−104	0	−208	−240
B 分传		−39	39	234	39	−39
C 分传	95	16	−16			
B 分传		−2	2	12	2	−2
C 分传	1.7	0.3				
叠加 M	96.7	−96.7	−79	246	−167	−281

§ 5-3 自测题

（一）位移法

5-1 位移法的基本结构可以是静定的，也可以是超静定的。(　　)

5-2 图示结构（EI 为常数）用位移法求解的基本未知量个数最少为 1。(　　)

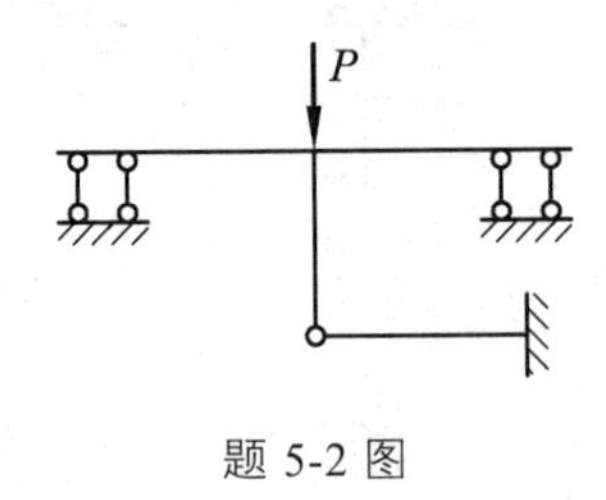

题 5-2 图

5-3 图示结构用位移法求解最少有 2 个未知数。(　　)

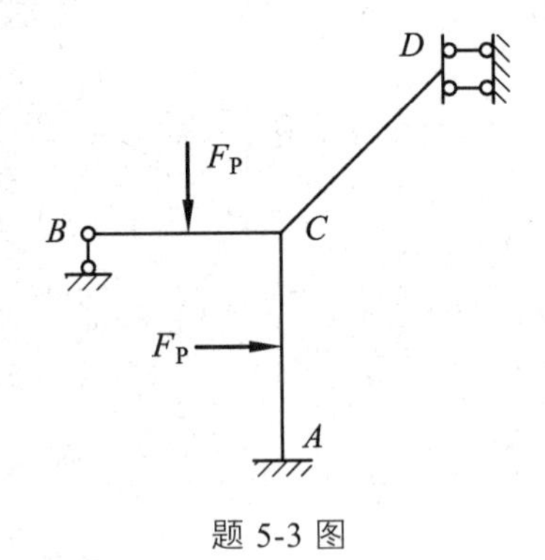

题 5-3 图

5-4 位移法典型方程的右端项一定为零。(　　)

5-5 用位移法求解结构内力时如果 M_P 图为零，则自由项 R_{1P} 一定为零。(　　)

5-6 位移法的基本结构（体系）可以是静定的，也可以是超静定的。(　　)

5-7 图示结构用位移法求解时，$Z_1 = Pl^3/30EI(\rightarrow)$。(　　)

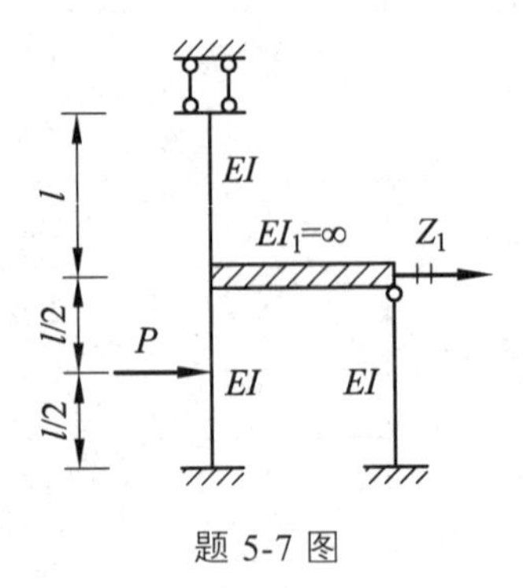

题 5-7 图

5-8 图示结构 B 点的竖向位移为 $Pl^3/(51EI)$。(　　)

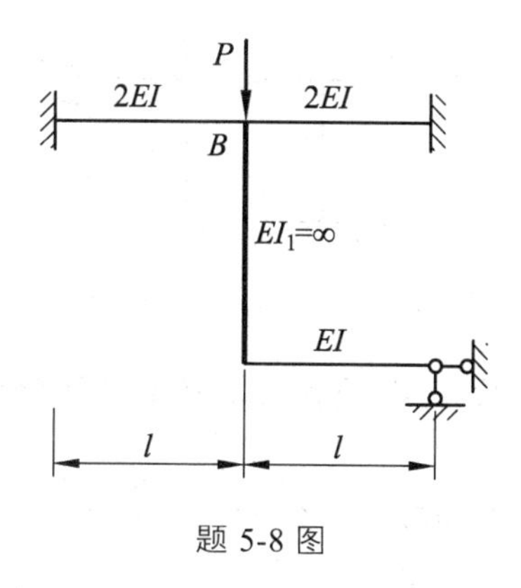

题 5-8 图

5-9　图示结构（EI 为常数）用位移法求解的基本未知量个数最少为 1。(　　)

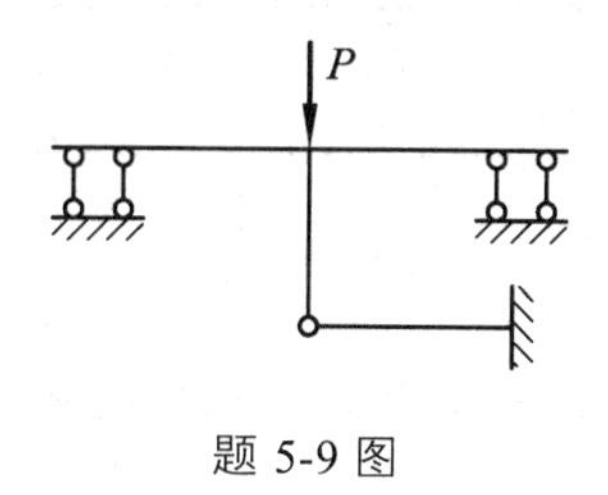

题 5-9 图

5-10　若图示梁的材料、截面形状、温度变化均未改变而欲减小其杆端弯矩，则应减小 I/h 的值。(　　)

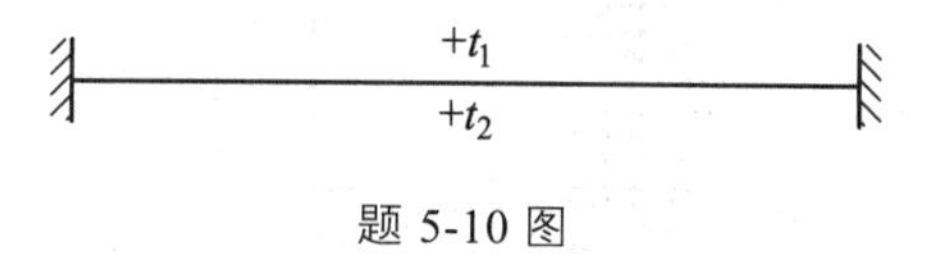

题 5-10 图

5-11　图（b）是图（a）所示结构位移法所作图的条件是（　　）。

A. $i_1=i_2=i_3$，为有限值　　B. $i_1 \neq i_2$，$i_1=i_3$，为有限值

C. $i_1 \neq i_2 \neq i_3$，为有限值　　D. $i_1=i_3$，$i_2=\infty$，为有限值

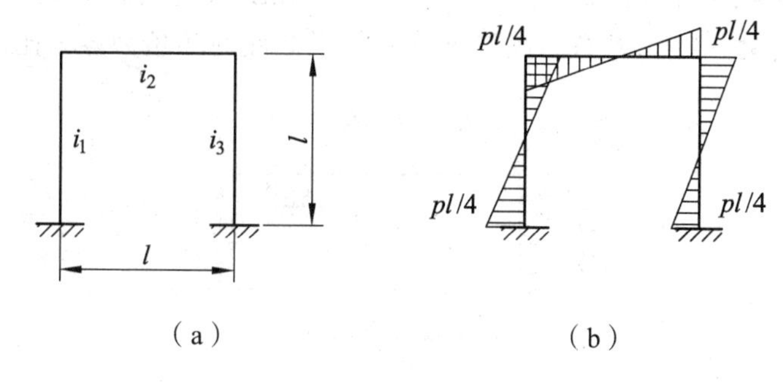

题 5-11 图

5-12　用位移法计算图示结构内力时，基本未知量数目为（　　）。

A. 3　　B. 2　　C. 5　　D. 6

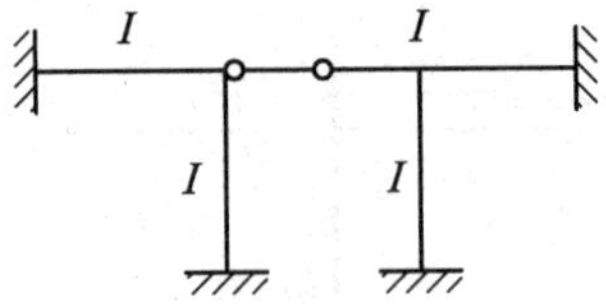

题 5-12 图

5-13　图示连续梁，EI 为常数，已知支承 B 处梁截面转角为 $-7Pl^2/240EI$（逆时针方向），则支承 C 处梁截面转角 φ_C 应为（　　）。

A. $Pl^2/60EI$　　B. $Pl^2/120EI$　　C. $Pl^2/180EI$　　D. $Pl^2/240EI$

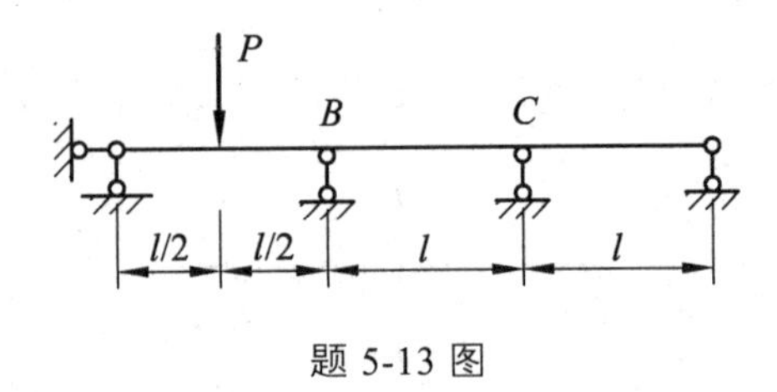

题 5-13 图

5-14　图示结构，EI 为常数，已知结点 C 的水平位移为 $\Delta_{CH}=7ql^4/184EI$（→），则结点 C 的角位移 φ_C 应为（　　）。

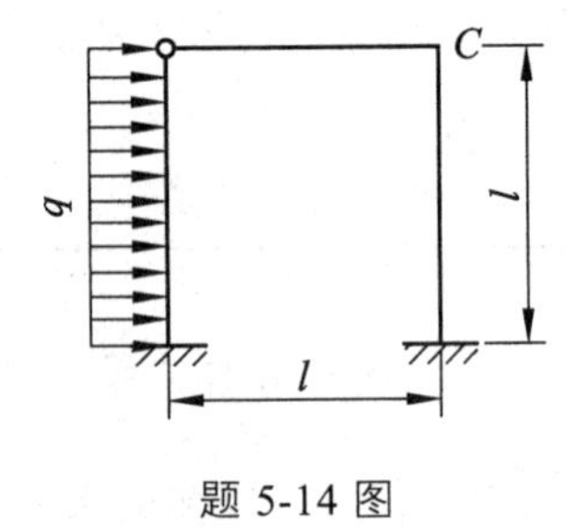

题 5-14 图

A. $ql^3/46EI$（顺时针方向）　　B. $-ql^3/46EI$（逆时针方向）

C. $3ql^3/92EI$（顺时针方向）　　D. $-3ql^3/92EI$（逆时针方向）

5-15　图示连续梁，EI 为常数，欲使支撑 B 处梁截面的转角为零，比值 a 应为（　　）。

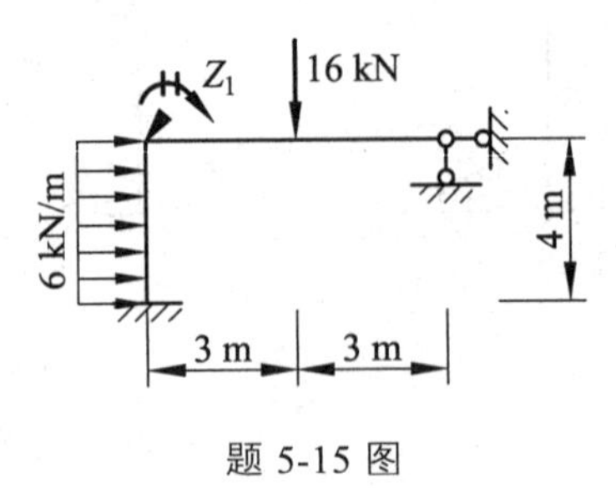

题 5-15 图

A. 1/2　　B. 2　　C. 1/4　　D. 4

5-16　图示刚架用位移法计算时，自由项 R_{1P} 的值是（　　）。

A. $ql^2/2$　　B. $ql^2/4$　　C. $-ql^2/4$　　D. $ql^2/3$

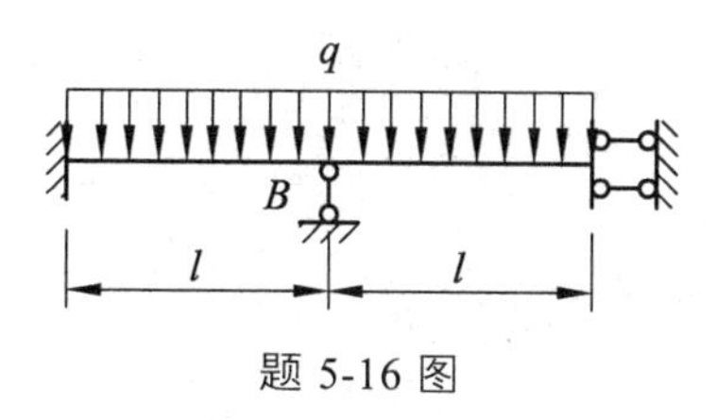

题 5-16 图

5-17　图示刚架 $i_1=2$、$i_2=1.5$，用位移法计算时，r_{11} 的值是（　　）。

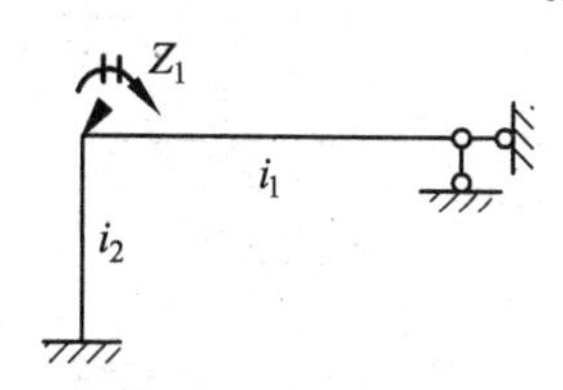

题 5-17 图

A. 7　　　　B. 9　　　　C. 12　　　　D. 1

5-18　用位移法计算图示结构时，有______个未知量。

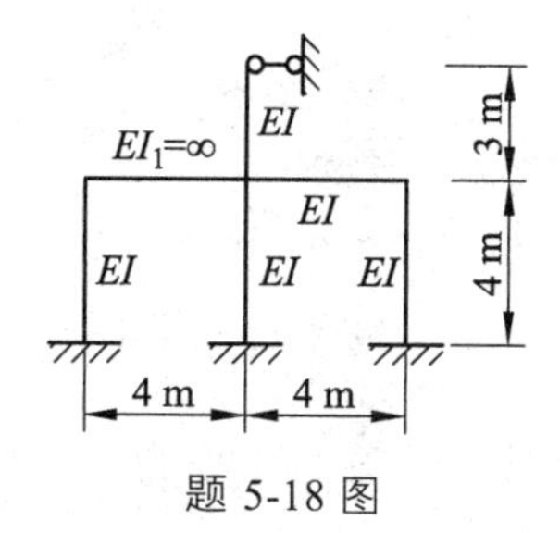

题 5-18 图

5-19　图示结构用位移法求解时典型方程的系数 r_{22} 为__________。

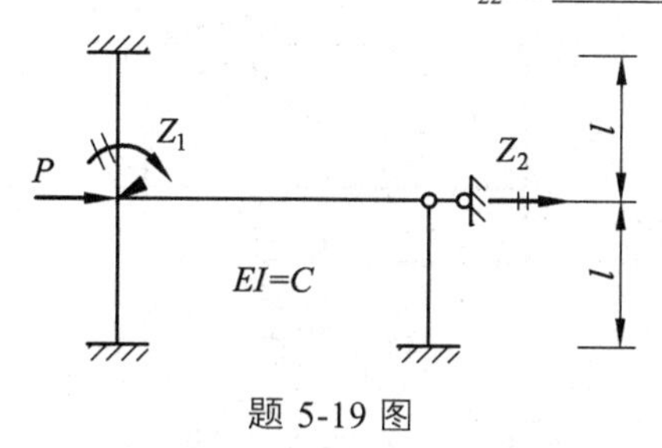

题 5-19 图

5-20　位移法可解超静定结构，____________解静定结构，位移法的典型方程体现了______________条件。

5-21　图示结构位移法典型方程中自由项 $R_{1P}=$____________。

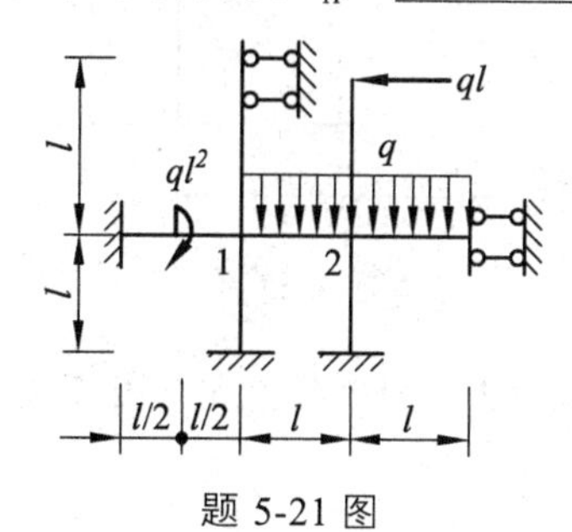

题 5-21 图

5-22 用位移法计算图示结构时，若取结点 1 的转角为 Z_1（顺时针），取结点 1 的竖向位移为 Z_2（↓），则 $r_{11}=$__________，$r_{12}=r_{21}=$__________，$r_{22}=$__________。

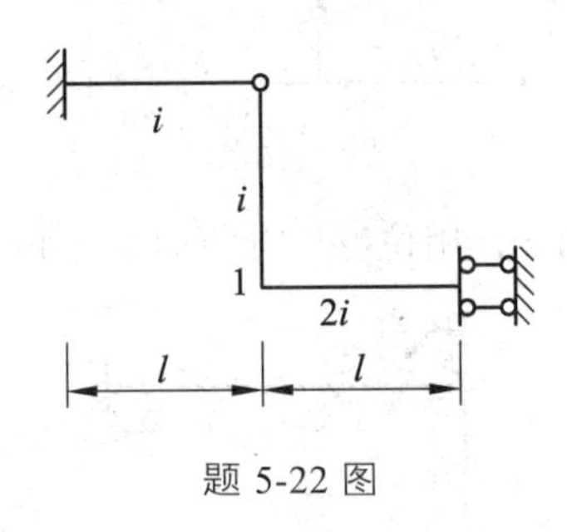

题 5-22 图

5-23 用位移法计算图示结构，并作 M 图。已知 EI 为常数。

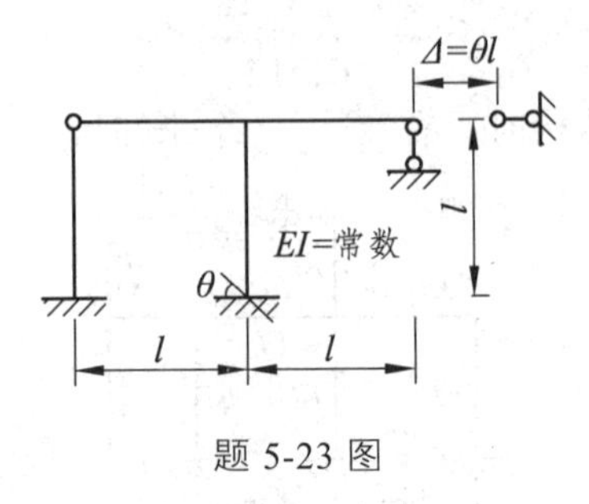

题 5-23 图

5-24 用位移法作图示结构 M 图。已知自由项为：$r_{11}=18EI/l^3$，$R_{1P}=-ql$，EI 为常数。

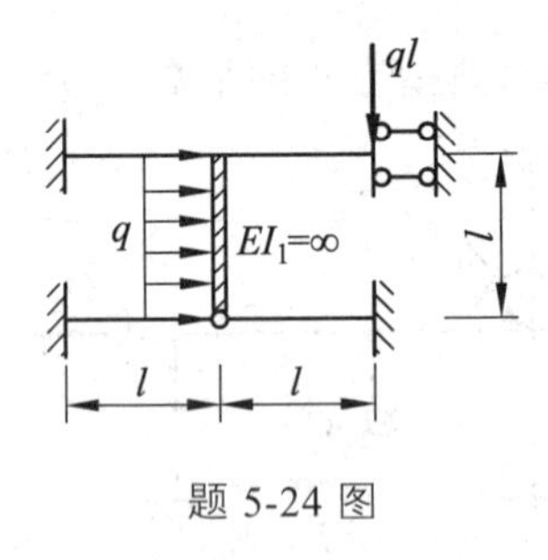

题 5-24 图

5-25 用位移法作图示结构 M 图。已知 EI 为常数。

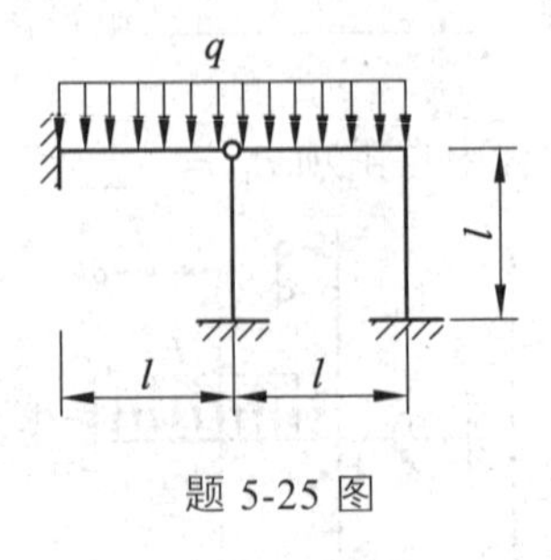

题 5-25 图

5-26 用位移法作图示结构 M 图，已知系数和自由项为：$r_{11}=11EI/l$，$R_{1P}=-pl/8$，EI 为常数。

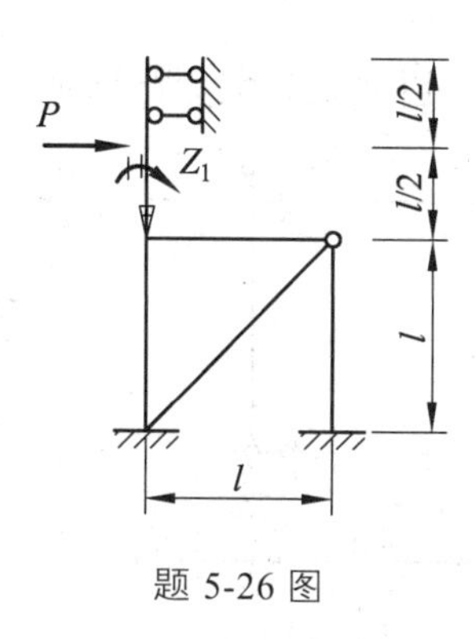

题 5-26 图

5-27 用位移法作图示结构 M 图。

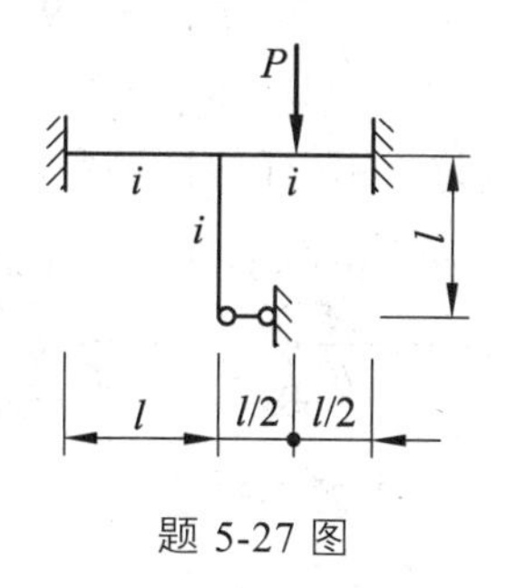

题 5-27 图

（二）力矩分配法

5-28 在力矩分配法中，规定杆端弯矩绕杆端顺时针为正，外力偶绕结点顺时针为正。(　　)

5-29 图示结构，用力矩分配法计算时分配系数 μ_{BC} 为 1/8。(　　)

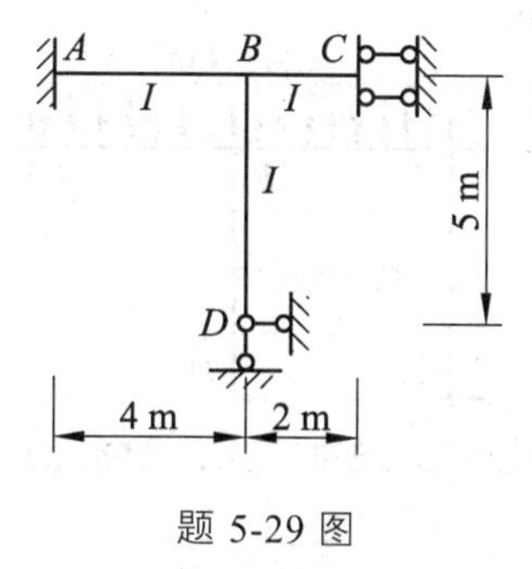

题 5-29 图

5-30 力矩分配法的计算对象是 (　　)。

A. 多余未知力　　　　B. 支座反力

C. 结点位移　　　　D. 杆端弯矩

5-31 在力矩分配法中，刚结点处各杆端力矩分配系数与该杆端转动刚度（或劲度系数）的关系为 (　　)。

A. 前者与后者的绝对值有关　　　　B. 二者无关

C. 成反比　　　　D. 成正比

5-32　图示结构（EI 为常数），用力矩分配法计算时（　　）。

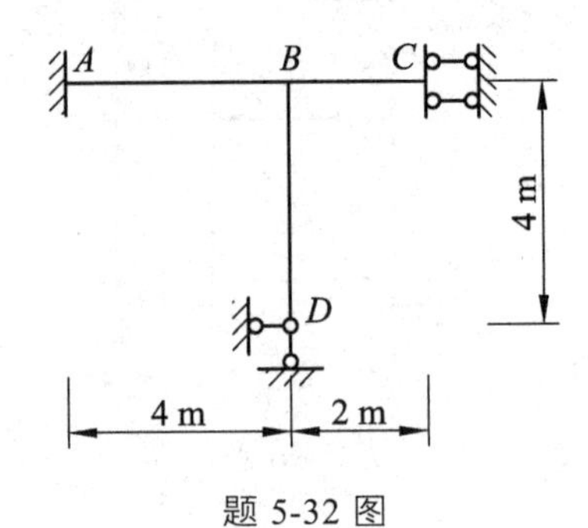

题 5-32 图

A. $\mu_{BC}=1/8$，$C_{BC}=-1$　　B. $\mu_{BC}=2/9$，$C_{BC}=1$

C. $\mu_{BC}=1/8$，$C_{BC}=1$　　D. $\mu_{BC}=2/9$，$C_{BC}=-1$

5-33　图示连续梁，各杆 i 为常数，AB 杆的杆端弯矩 M_{BA}（以顺时针为正）为（　　）。

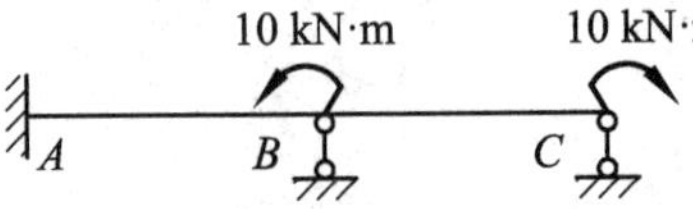

题 5-33 图

A. $-\dfrac{20}{7}$ kN·m　　B. $-\dfrac{60}{7}$ kN·m

C. $\dfrac{20}{7}$ kN·m　　D. $\dfrac{60}{7}$ kN·m

5-34　用力矩分配法计算图示刚架，并绘制弯矩图。

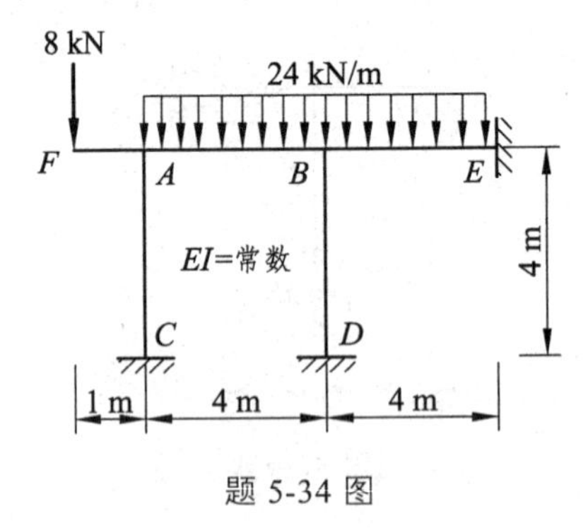

题 5-34 图

5-35　用力矩分配法作图示结构的 M 图。已知：$F_P=24$ kN，$M_0=15$ kN·m，$\mu_{BA}=3/7$，$\mu_{BC}=4/7$。

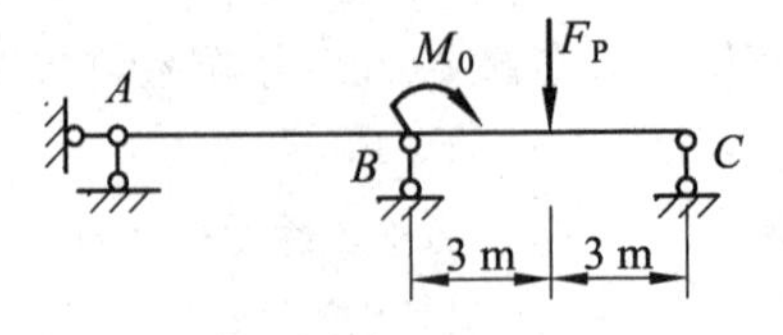

题 5-35 图

5-36　用力矩分配法作图示对称结构的 M 图。已知：$F_P = 8$ kN，$q = 2$ kN/m，边梁抗弯刚度为 3EI，中间横梁抗弯刚度为 9EI，立柱抗弯刚度为 4EI。

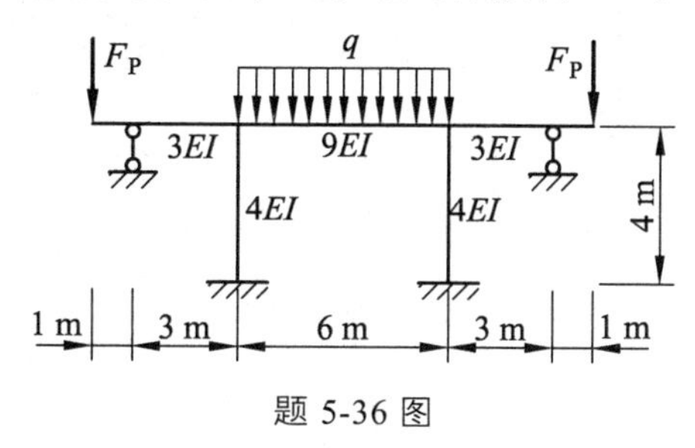

题 5-36 图

自测题答案

5-1 （×）	5-2 （√）	5-3 （√）	5-4 （√）	5-5 （×）	5-6 （×）
5-7 （√）	5-8 （×）	5-9 （√）	5-10 （√）	5-11 （D）	5-12 （B）
5-13 （B）	5-14 （C）	5-15 （B）	5-16 （C）	5-17 （C）	5-18　2

5-19　$27EI/l^3$　　5-20　也可；平衡　　5-21　$ql^2/6$　　5-22　$5i$；0；$3i/l^2$

5-23　$Z_1 = \frac{2}{5}\theta$

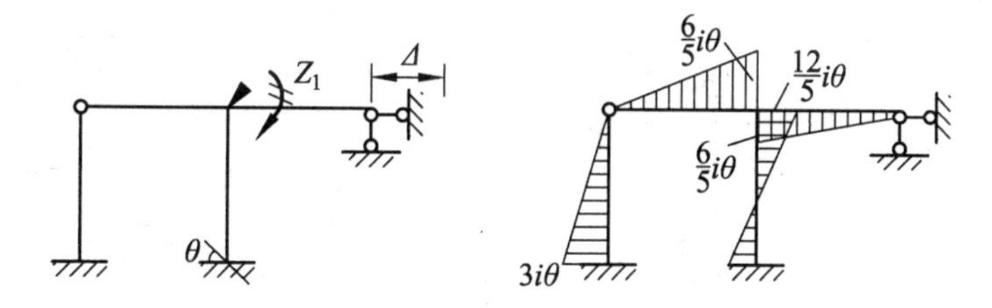

题 5-23 答案

5-24　$Z_1 = Pl^3/(18i)$

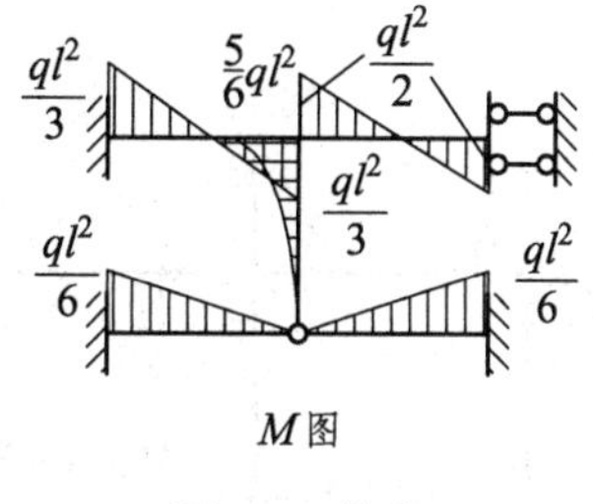

题 5-24 答案

5-25　$Z_1 = -ql^2/56i$

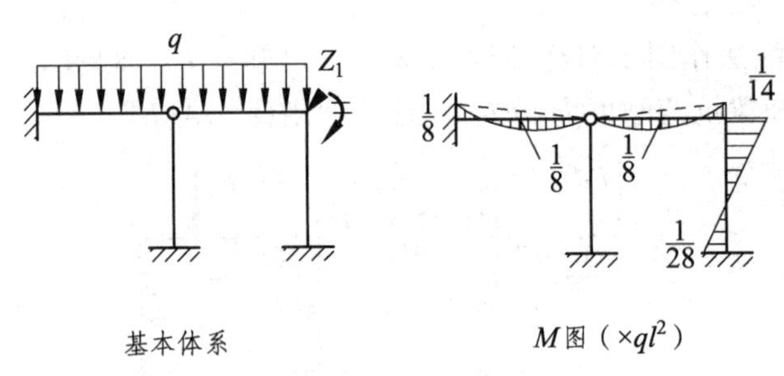

题 5-25 答案

5-26 $Z_1 = Pl/(88i)$

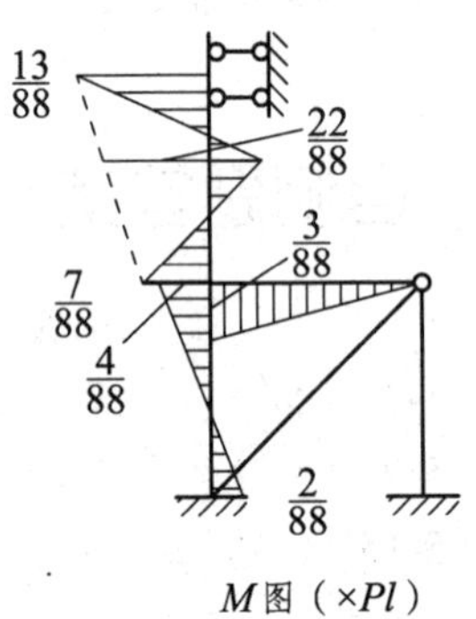

题 5-26 答案

5-27 $Z_1 = \dfrac{Pl}{88i}$，$Z_2 = \dfrac{Pl^2}{48i}$

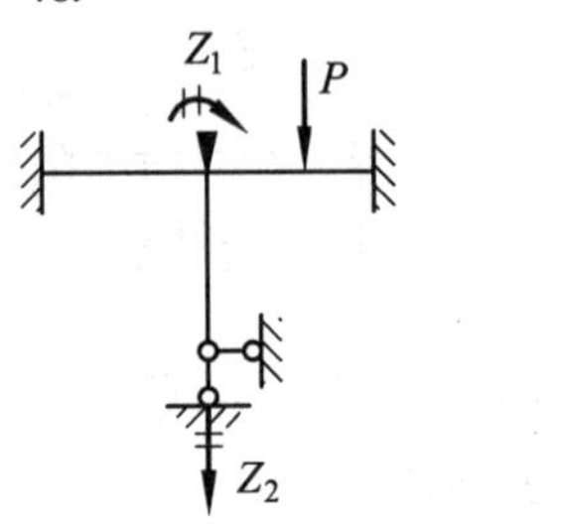

题 5-27 答案

5-28 （√） 5-29 （×） 5-30 （D） 5-31 （D） 5-32 （D）
5-33 （B）

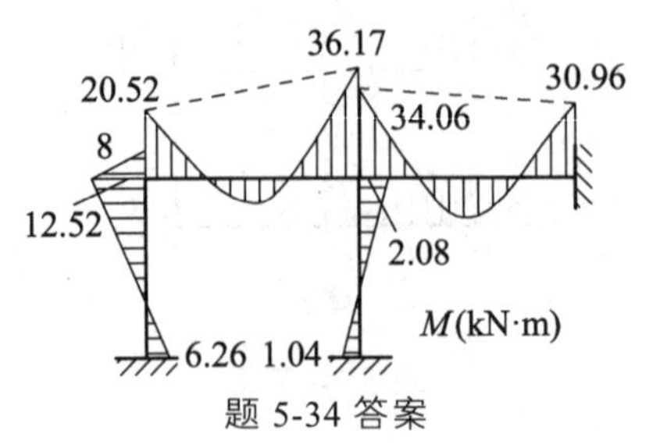

题 5-34 答案

5-35 $M_{BA} = 18\text{kN·m}$ （上侧受拉），$M_{BC} = 3\text{kN·m}$ （上侧受拉）

5-36 取半边结构计算，左柱底处的弯矩为 2 kN · m（右侧受拉），左柱顶处的弯矩为 4 km · m（左侧受拉）

第6章　矩阵位移法

§6-1　知识要点

1. 矩阵位移法基本原理

矩阵位移法以传统结构力学的位移法为理论基础，以矩阵作为数学表达形式，以计算机作为计算工具三位一体的分析方法。矩阵位移法是取结点位移作为基本未知量，通过对结构离散化，进行单元分析和整体分析，建立结构的总刚度方程，进而求得结点位移和单元杆端力。

矩阵位移法的特点是，在单元分析和整体分析的过程中，全部采用矩阵运算。

2. 矩阵位移法基本概念

（1）结构的离散化

结构的离散化是指把结构分离成有限个单独的杆件，使一个连续的杆件结构变换为若干个独立的单元，由单元的集合体代替原结构。离散化的目的是进行单元分析。

（2）单元和结点

单元为等截面直杆，杆件结构中的每根杆件可以作为一个或几个单元。单元之间的连接点称为结点，结点可由结构本身的构造特征确定，如杆件的转折点、汇交点、支承点、截面突变点可取为结点，也可能为非构造结点，如集中力作用点处。

（3）单元的分类

按照单元的受力性质，可将单元划分为刚架单元和桁架单元。刚架单元承担弯矩、剪力和轴力，以弯曲变形为主，桁架单元承担轴力，只发生轴向变形。

按照单元端部的约束情况，可将单元划分为自由式单元和约束单元。自由式单元在平面内不受任何约束，可作自由运动，约束单元则在端部施加了某些约束，在约束方向不产生任何刚体位移和弹性位移。

（4）结点荷载、非结点荷载、等效结点荷载

结构上的荷载按其作用位置不同区分为结点荷载与非结点荷载。结点荷载作用于结点上，可以直接形成结点力列矩阵进行计算，而非结点荷载作用于杆件上，需经处理变换为等效结点荷载作用于结点后，才能形成结点力列矩阵。“等效”是指经变换得到的等效结点荷载与变换前的非结点荷载产生的结点位移是相等的。

（5）单元坐标系、结构坐标系

单元坐标系是单独考察某一单元时建立的坐标系。各单元均以其轴线作为$\bar{x}$轴，以垂直于轴线的方向作为$\bar{y}$轴。通常，结构中的各单元坐标系不全相同。

结构坐标系是为研究结构的平衡条件和变形协调条件而选定的统一坐标系。通常取 x 轴为水平方向，取 y 轴为竖直方向。

3. 单元分析

单元分析的任务是建立单元杆端力与杆端位移之间的关系式——单元刚度方程，相当于将位移法中转角位移方程用矩阵形式表示。

（1）单元坐标系的单元刚度方程和单元刚度矩阵

对于等截面单元 e，按单元坐标系的单元刚度方程为

$$\overline{\boldsymbol{F}}^{(e)}=\overline{\boldsymbol{k}}^{(e)}\overline{\boldsymbol{\delta}}^{(e)} \tag{6-1}$$

式中：$\overline{\boldsymbol{F}}^{(e)}$ 为单元坐标系中的单元杆端力；$\overline{\boldsymbol{\delta}}^{(e)}$ 为单元坐标系中杆端位移；$\overline{\boldsymbol{k}}^{(e)}$ 为单元坐标系中的单元刚度矩阵。

单元刚度矩阵 $\overline{\boldsymbol{k}}^{(e)}$ 是描述杆端力与杆端位移之间关系的系数矩阵，它的行数为杆端力列阵的分量数，列数为杆端位移列阵的分量数。每个元素的物理意义是其所在列对应的单位杆端位移（其余杆端位移分量均为零）引起的其所在行对应的杆端力分量的数值。由于单元杆端力和相应的杆端位移数目相等，所以，$\overline{\boldsymbol{k}}^{(e)}$ 为方阵。

①自由式平面刚架单元

$$\overline{\boldsymbol{k}}^{(e)}=\begin{array}{c} \begin{array}{cccccc} \bar{\delta}_1 & \bar{\delta}_2 & \bar{\delta}_3 & \bar{\delta}_4 & \bar{\delta}_5 & \bar{\delta}_6 \end{array} \\ \left[\begin{array}{ccc:ccc} \frac{EA}{l} & 0 & 0 & -\frac{EA}{l} & 0 & 0 \\ 0 & \frac{12EI}{l^3} & \frac{6EI}{l^2} & 0 & -\frac{12EI}{l^3} & \frac{6EI}{l^2} \\ 0 & \frac{6EI}{l^2} & \frac{4EI}{l} & 0 & -\frac{6EI}{l^2} & \frac{2EI}{l} \\ \hdashline -\frac{EA}{l} & 0 & 0 & \frac{EA}{l} & 0 & 0 \\ 0 & -\frac{12EI}{l^3} & -\frac{6EI}{l^2} & 0 & \frac{12EI}{l^3} & -\frac{6EI}{l^2} \\ 0 & \frac{6EI}{l^2} & \frac{2EI}{l} & 0 & -\frac{6EI}{l^2} & \frac{4EI}{l} \end{array}\right] \end{array} \begin{array}{c} \\ \bar{F}_1 \\ \bar{F}_2 \\ \bar{F}_3 \\ \bar{F}_4 \\ \bar{F}_5 \\ \bar{F}_6 \end{array} \tag{6-2}$$

② 自由式平面桁架单元

$$\overline{\boldsymbol{k}}^{(e)}=\begin{array}{c} \begin{array}{cccc} \bar{\delta}_1 & \bar{\delta}_2 & \bar{\delta}_3 & \bar{\delta}_4 \end{array} \\ \left[\begin{array}{cc:cc} \frac{EA}{l} & 0 & -\frac{EA}{l} & 0 \\ 0 & 0 & 0 & 0 \\ \hdashline -\frac{EA}{l} & 0 & \frac{EA}{l} & 0 \\ 0 & 0 & 0 & 0 \end{array}\right]^{(e)} \end{array} \begin{array}{c} \\ \bar{F}_1 \\ \bar{F}_2 \\ \bar{F}_3 \\ \bar{F}_4 \end{array} \tag{6-3}$$

③ 有约束的连续梁弯曲单元（没有线位移）

$$
\boldsymbol{k}^{(e)}=\begin{bmatrix}\dfrac{4EI}{l} & \dfrac{2EI}{l}\\ \dfrac{2EI}{l} & \dfrac{4EI}{l}\end{bmatrix}^{(e)}\begin{matrix}\bar{F}_1\\ \\ \bar{F}_2\end{matrix}\quad(\text{列对应 }\bar{\delta}_1,\ \bar{\delta}_2)\tag{6-4}
$$

（2）单元刚度矩阵的性质

① 单元刚度矩阵是对称方阵

由反力互等定理可得位于主对角线两边对称位置的两个元素是相等的。即

$$k_{ij}^{(e)}=k_{ji}^{(e)}$$

② 单元刚度矩阵的奇异性

自由式单元刚度矩阵是奇异矩阵，即矩阵 $\bar{\boldsymbol{k}}^{(e)}$ 相应的行列式为零，不存在逆矩阵。若已知杆端位移 $\bar{\boldsymbol{\delta}}^{(e)}$，可由单元刚度方程式（6-1）确定杆端力 $\bar{\boldsymbol{F}}^{(e)}$；若给定杆端力、则不能由式（6-1）反求杆端位移。

当有约束单元的约束不足以使该单元为几何不变时，其单元刚度矩阵也为奇异矩阵。

③可按杆端将单元刚度矩阵写成分块形式

单元刚度矩阵可以分块为

单元坐标系　$\bar{\boldsymbol{k}}^{(e)}=\begin{bmatrix}\bar{\boldsymbol{k}}_{ii} & \bar{\boldsymbol{k}}_{ij}\\ \bar{\boldsymbol{k}}_{ji} & \bar{\boldsymbol{k}}_{jj}\end{bmatrix}^{(e)}$

结构坐标系　$\boldsymbol{k}^{(e)}=\begin{bmatrix}\boldsymbol{k}_{ii} & \boldsymbol{k}_{ij}\\ \boldsymbol{k}_{ji} & \boldsymbol{k}_{jj}\end{bmatrix}^{(e)}$

式中：$\bar{\boldsymbol{k}}_{lm}$ 为 $\bar{\boldsymbol{k}}^{(e)}$ 中任一子块（l，$m=i$，j），表示杆端位移 $\bar{\boldsymbol{\delta}}^{(e)}$ 与杆端力 $\bar{\boldsymbol{F}}_l^{(e)}$ 之间的刚度关系。即单元 e 的 m 端的一组单位位移引起的 l 端的一组杆端力。

以上性质对于结构坐标系中的单元刚度矩阵 $\boldsymbol{k}^{(e)}$ 也是存在的。

（3）坐标变换

坐标变换是研究单元杆端力、单元杆端位移及单元刚度矩阵等在单元坐标系和结构坐标系之间的转换关系。通过坐标变换矩阵，得到它们在两种坐标系中的变换式。

两种坐标系中单元杆端力、杆端位移的变换式为

$$\bar{\boldsymbol{F}}^{(e)}=\boldsymbol{T}^{(e)}\boldsymbol{F}^{(e)}\tag{6-5}$$

$$\bar{\boldsymbol{\delta}}^{(e)}=\boldsymbol{T}^{(e)}\boldsymbol{\delta}^{(e)}\tag{6-6}$$

两种坐标系中单元刚度矩阵的变换式为

$$\boldsymbol{k}^{(e)}=\boldsymbol{T}^{(e)\mathrm{T}}\bar{\boldsymbol{k}}^{(e)}\boldsymbol{T}^{(e)}\tag{6-7}$$

坐标变换矩阵 $\boldsymbol{T}^{(e)}$ 为正交矩阵，因此 $\boldsymbol{T}^{-1}=\boldsymbol{T}^{\mathrm{T}}$。

① 自由式平面刚架单元

$$T^{(e)} = \left[\begin{array}{c|c} t & 0 \\ \hline 0 & t \end{array}\right]^{(e)} = \left[\begin{array}{ccc|ccc} \cos\theta & \sin\theta & 0 & & & \\ -\sin\theta & \cos\theta & 0 & & 0 & \\ 0 & 0 & 1 & & & \\ \hline & & & \cos\theta & \sin\theta & 0 \\ & 0 & & -\sin\theta & \cos\theta & 0 \\ & & & 0 & 0 & 1 \end{array}\right]^{(e)} \tag{6-8}$$

② 自由式平面对于平面桁架

$$T^{(e)} = \left[\begin{array}{c|c} t & 0 \\ \hline 0 & t \end{array}\right]^{(e)} = \left[\begin{array}{cc|cc} \cos\theta & \sin\theta & & \\ -\sin\theta & \cos\theta & & \\ \hline & & \cos\theta & \sin\theta \\ & & -\sin\theta & \cos\theta \end{array}\right]^{(e)} \tag{6-9}$$

等截面梁单元的结构坐标系与单元坐标系一致，故无坐标变换问题。

4. 结构的整体分析

整体分析是在单元分析的基础上，考虑结构的变形条件和平衡条件，建立结构的整体刚度方程，$\boldsymbol{K\Delta}=\boldsymbol{F}$，形成结构的整体刚度矩阵 $\boldsymbol{K}$。

（1）结构的整体刚度矩阵 $\boldsymbol{K}$

结构的整体刚度方程是用结点位移表示的结点平衡方程，表明结点力与结点位移的关系，相当于位移法中的典型方程。整体刚度矩阵 $\boldsymbol{K}$ 反映了整个结构的刚度，是描述结点力与结点位移之间关系的系数矩阵，整体刚度矩阵中的元素是由对应的单元刚度矩阵中的元素叠加而成。整体分析中的主要工作之一是形成结构整体刚度矩阵。根据引入边界条件的先后，形成整体刚度矩阵的方法区分为后处理法和先处理法。

① 后处理法

在形成结构原始刚度矩阵之后引入位移边界条件称为后处理法。

后处理法对所有单元均采用自由式单元的单元刚度矩阵，按照单元连接结点的编号 i、j，将单元刚度矩阵 $\boldsymbol{k}^{(e)}$ 划分成四个子块 $\boldsymbol{k}_{ii}^{(e)}$ 、$\boldsymbol{k}_{ij}^{(e)}$ 、$\boldsymbol{k}_{ji}^{(e)}$ 、$\boldsymbol{k}_{jj}^{(e)}$，把每个单元刚度矩阵的四个子块（阶数相同）按其两个下标号码逐一送入结构原始刚度矩阵中相应的位置上去，得到结构的原始刚度矩阵 $\boldsymbol{K}$。$\boldsymbol{K}$ 的阶数由结点总数乘以一个结点的位移分量数确定。引入边界条件后，形成结构整体刚度矩阵。

结构整体刚度矩阵 $\boldsymbol{K}$ 中的主子块 $\boldsymbol{K}_{ii}$ 由结点 i 的相关单元（同交于一个结点的各杆件为该结点的相关单元）中与结点 i 相应的主子块叠加而得。当 i、j 为相关结点（两个结点之间有杆件直接相连者为相关结点）时，$\boldsymbol{K}$ 中的副子块 $\boldsymbol{K}_{ij}$ 不为零，当 i、j 不相关时，$\boldsymbol{K}_{ij}$ 为零。

结构整体刚度矩阵 $\boldsymbol{K}$ 是对称矩阵，也是稀疏带状矩阵。

在引入支承条件之前的原始刚度矩阵是奇异矩阵，引入支承条件之后是非奇异矩阵，逆阵存在。

② 先处理法

先处理法在形成结构整体刚度方程之前，引入位移边界条件和特定的位移关系。由于先处理法需先考虑支承条件，因而在编码时将已知为零的结点位移分量编号均用零表示，在确定了独立的结点未知位移分量之后，将各单元刚度矩阵元素按照对应的结点位移编号（单元的定位向量）送入结构整体刚度矩阵中相应位置，直接形成结构整体刚度矩阵。

形成结构整体刚度矩阵的关键，是确定单元刚度矩阵中的元素在整体刚度矩阵中的位置。这首先要知道单元的结点位移分量的局部码与总码之间的对应关系（即单元定位向量）；其次，要注意在单元刚度矩阵中，元素按局部码排列，在整体刚度矩阵中，元素按总码排列。

结构整体刚度矩阵 $\boldsymbol{K}$ 中的元素 K_{ij} 称为整体刚度系数，它表示当第 j 个结点位移分量 $\Delta_j=1$（其他结点位移分量为零）时所产生的第 i 个结点力。

（2）结点位移和结点力

当结构受外因作用发生变形后，各结点发生位移。平面刚架的每个结点可能有两个线位移和一个角位移，平面桁架的每个结点可能有两个线位移，等截面连续梁的每个结点可能有一个角位移。把所有结点的位移按一定顺序排成一个列阵即为结点位移列阵 $\boldsymbol{\Delta}$。

作用于结点上的荷载（结点荷载与等效结点荷载）与结点位移相对应，按照和结点位移列阵排序一一对应的原则，形成结点力列阵 $\boldsymbol{F}$。

在后处理法中，结点位移列矩阵包括自由结点的未知位移和支座结点的可能位移（零或已知值），各结点的位移个数相同。结点力列阵包括自由结点的已知外力和支座结点的未知反力。

在先处理法中，结点位移列阵只包含独立的未知位移，结点力列阵不包括支座反力。

（3）等效结点荷载列阵和综合结点荷载列阵

当结构上同时作用结点荷载和非结点荷载时，应先作等效变换，形成两类荷载：直接作用于结点的结点荷载 $\boldsymbol{F}_{\mathrm{D}}$，为结点外力或支座反力；对非结点荷载作等效变换后得到的等效结点荷载 $\boldsymbol{F}_{\mathrm{E}}$。这里等效的原则是原荷载与等效结点荷载产生相同的结点位移。将非结点荷载化为等效结点荷载 $\boldsymbol{F}_{\mathrm{E}}$ 的具体作法如下：

① 求实际荷载作用下，各单元的在单元（局部）坐标系中的固端力向量 $\overline{\boldsymbol{F}}_{\mathrm{F}}^{(e)}$。

② 将上述固端力变号并进行坐标转换，得到结构坐标系中的单元等效结点荷载列阵，即 $\boldsymbol{F}_{\mathrm{E}}^{(e)}=-\boldsymbol{T}^{\mathrm{T}}\overline{\boldsymbol{F}}_{\mathrm{F}}^{(e)}$。

③ 依次将各单元的等效结点荷载 $\boldsymbol{F}_{\mathrm{E}}^{(e)}$ 中的元素，按单元定位向量在结构的等效结点荷载 $\boldsymbol{F}_{\mathrm{E}}$ 中进行定位累加。

综合结点荷载列阵应为直接作用于结点的结点荷载 $\boldsymbol{F}_{\mathrm{D}}$ 和非结点荷载作等效变换后得到的等效结点荷载 $\boldsymbol{F}_{\mathrm{E}}$ 两类荷载的累加，综合结点荷载列阵常称为结点荷载列阵，即 $\boldsymbol{F}=\boldsymbol{F}_{\mathrm{D}}+\boldsymbol{F}_{\mathrm{E}}$。

5. 单元最后杆端力计算

各单元的最后杆端力是综合结点荷载作用下的杆端力与固端力之和。按单元（局部）坐标系

$$\overline{\boldsymbol{F}}^{(e)}=\boldsymbol{T}^{(e)}\boldsymbol{F}^{(e)}+\overline{\boldsymbol{F}}_{\mathrm{F}}^{(e)}=\boldsymbol{T}^{(e)}\boldsymbol{k}^{(e)}\boldsymbol{\delta}^{(e)}+\overline{\boldsymbol{F}}_{\mathrm{F}}^{(e)} \tag{6-10}$$

或

$$\overline{\boldsymbol{F}}^{(e)}=\overline{\boldsymbol{k}}^{(e)}\overline{\boldsymbol{\delta}}^{(e)}+\overline{\boldsymbol{F}}_{\mathrm{F}}^{(e)}=\overline{\boldsymbol{k}}^{(e)}\boldsymbol{T}^{(e)}\boldsymbol{\delta}^{(e)}+\overline{\boldsymbol{F}}_{\mathrm{F}}^{(e)} \tag{6-11}$$

§6-2　典型例题

1. 判断题

【例 1】　图 6-1 所示梁用矩阵位移法求解时有一个基本未知量。(　　)

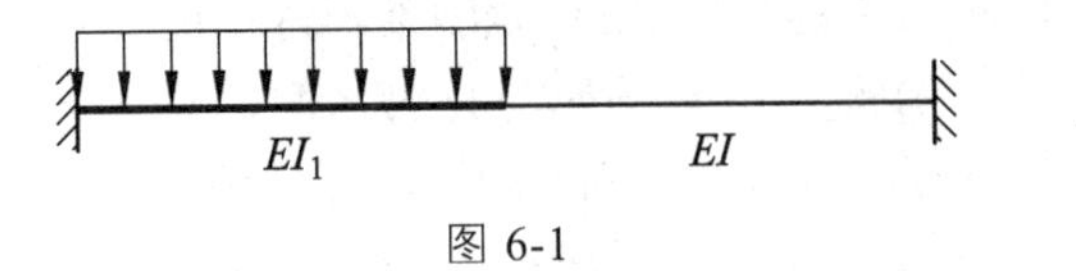

图 6-1

【答案】　×

【分析】　将此梁的截面突变点取为结点，故结点处有竖向位移和转角，共 2 个基本未知量。

【例 2】　等效结点荷载的数值等于汇交于该结点的所有固端力的代数和。(　　)

【答案】　×

【分析】　等效结点荷载的数值等于汇交于该结点的所有固端力反号，并进行坐标转换得到结构坐标系中的单元等效结点荷载列阵，再按单元定位向量在结构的等效结点荷载 $\boldsymbol{F}_{\mathrm{E}}$ 中进行定位累加。

【例 3】　如单元定位向量 $\boldsymbol{\lambda}^{(e)}$ 中的元素 $\lambda_i^{(e)}=0$，说明第 i 个杆端位移分量对应刚性支座。(　　)

【答案】　√

【分析】　由于在矩阵位移法中均考虑轴向变形，因而单元定位向量 $\boldsymbol{\lambda}^{(e)}$ 中的元素 $\lambda_i^{(e)}=0$，对应着刚性支座处的第 i 个杆端位移分量 $\varDelta_i=0$。

【例 4】　矩阵位移法基本未知量与位移法基本未知量数目一定是相等的。(　　)

【答案】　×

【分析】　确定位移法基本未知量是只考虑杆件的弯曲变形，而确定矩阵位移法基本未知量时没有这个前提条件，故通常情况下，矩阵位移法基本未知量的数目是多于位移法基本未知量的数目的。

【例 5】　结构整体刚度矩阵可直接由局部坐标系下单元刚度矩阵中元素“对号入座”得到。(　　)

【答案】　×

【分析】　结构整体刚度矩阵不能直接由局部坐标系下单元刚度矩阵中元素“对号入座”得到，需要先将局部坐标系下单元刚度矩阵进行坐标变换，再进行“对号入座”。

【例 6】　对于自由式单元，在已知单元杆端力 $\overline{\boldsymbol{F}}^{(e)}$ 时，应用单元刚度方程 $\overline{\boldsymbol{F}}^{(e)}=\overline{\boldsymbol{k}}^{(e)}\overline{\boldsymbol{\delta}}^{(e)}$，求杆端位移 $\overline{\boldsymbol{\delta}}^{(e)}$。(　　)

【答案】　×

【分析】　对于自由式单元，$\overline{\boldsymbol{k}}^{(e)}$ 为奇异矩阵，其逆阵不存在，因而无法由单元刚度方程求杆端位移 $\overline{\boldsymbol{\delta}}^{(e)}$，即单元的刚体位移无法确定。

【例 7】　矩阵位移法中，单元的刚度方程是表示结点力与杆端位移的转换关系。(　　)

【答案】 ×

【分析】 单元刚度方程表示的是单元杆端力与单元杆端位移间的关系。

【例 8】 在矩阵位移法中，结构在等效结点荷载作用下的内力，与结构在原有荷载作用下的内力相同。(　　)

【答案】 ×

【分析】 原荷载与对应的等效结点荷载产生相同的结点位移，但两者的内力和变形不同。

2. 选择题

【例 9】 考虑各杆件轴向变形，图 6-2 所示结构若用先处理法，结构刚度矩阵的容量为(　　)。

A. 15×15　　B. 12×12　　C. 10×10　　D. 9×9

【答案】 C

【分析】 先处理法是在形成结构整体刚度方程之前，引入位移边界条件和特定的位移关系。因而在确定结点位移时只确定独立的（未知的）结点位移分量，图示结构独立的结点位移分量为 10，如图 6-3 所示，相应的结构刚度矩阵的容量为 10×10 的方阵。

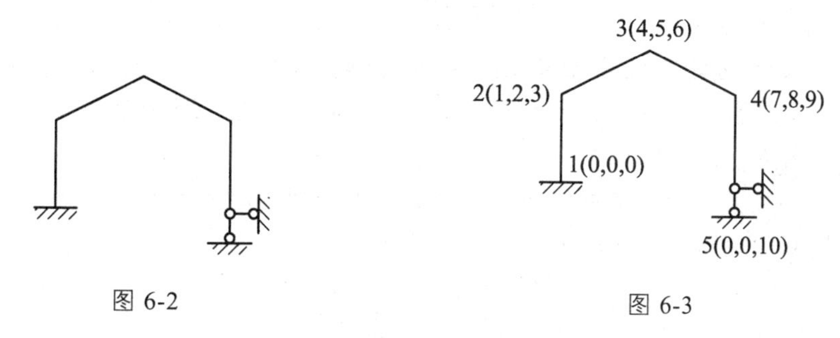

图 6-2　　图 6-3

【例 10】 已知某单元的杆端位移向量为 $\boldsymbol{\delta}^{(e)}=(u_i\quad v_i\quad u_j\quad v_j)^{\mathrm{T}}$，则单元类型为(　　)。

A. 梁单元　　B. 桁架单元

C. 一般杆单元　　D. 其他单元

【答案】 B

【分析】 桁架单元只有杆端线位移而无转角未知量。

【例 11】 单元刚度矩阵中元素 $k_{ij}^{(e)}$ 的物理意义是(　　)。

A. 当且仅当 $\delta_i=1$ 时引起的与 δ_j 相应的杆端力

B. 当且仅当 $\delta_i=1$ 时引起的与 δ_i 相应的杆端力

C. 当且仅当 $\delta_j=1$ 时引起的与 δ_i 相应的杆端力

D. 当且仅当 $\delta_i=1$ 时引起的与 δ_j 相应的杆端力

【答案】 C

【分析】 因为单元刚度矩阵中元素 $k_{ij}^{(e)}$ 中第二下标 j 代表引起的原因，第一下标 i 代表相应杆端力对应的位置。

【例 12】 将单元刚度矩阵分块为 $\boldsymbol{k}^{(e)}=\left[\begin{array}{c|c}\boldsymbol{k}_{ii} & \boldsymbol{k}_{ij} \\ \hline \boldsymbol{k}_{ji} & \boldsymbol{k}_{jj}\end{array}\right]^{(e)}$ ，下列论述错误的是（　　）。

A. $\boldsymbol{k}_{ii}^{(e)}$ 和 $\boldsymbol{k}_{jj}^{(e)}$ 是对称矩阵　　B. $\boldsymbol{k}_{ij}^{(e)}$ 和 $\boldsymbol{k}_{ji}^{(e)}$ 不是对称矩阵

C. $\boldsymbol{k}_{ii}^{(e)}=\boldsymbol{k}_{jj}^{(e)}$　　D. $\boldsymbol{k}_{ij}^{(e)\mathrm{T}}=\boldsymbol{k}_{ji}^{(e)}$

【答案】 C

【分析】 单元刚度矩阵是对称矩阵，子矩阵间存在关系 $\boldsymbol{k}_{ii}^{(e)}\neq\boldsymbol{k}_{jj}^{(e)}$， $\boldsymbol{k}_{ij}^{(e)\mathrm{T}}=\boldsymbol{k}_{ji}^{(e)}$。

【例 13】 平面杆件结构用后处理法建立的原始刚度方程组（　　）。

A. 可求得全部结点位移　　B. 可求得可动结点的位移

C. 可求得支座结点位移　　D. 无法求得结点位移

【答案】 D

【分析】 用后处理法建立的原始刚度方程，所有单元均采为自由式单元，此时的平面杆件结构相当于一个大的刚体，由此而形成的原始刚度矩阵 $\boldsymbol{K}$ 为奇异矩阵，其逆阵不存在，刚体位移无法确定，因而无法求得结点位移。

【例 14】 结构的原始刚度矩阵名称中，“原始”两字是强调（　　）。

A. 已进行位移边界条件的处理　　B. 尚未进行位移边界条件的处理

C. 已进行力的边界条件的处理　　D. 尚未进行力的边界条件的处理

【答案】 B

【分析】 原始刚度矩阵 $\boldsymbol{K}$ 是由自由式单元的单元刚度矩阵组集而成的，尚未进行位移边界条件的处理，原始刚度矩阵 $\boldsymbol{K}$ 为奇异矩阵，其逆阵不存在，因而无法求得结点位移。要求得结点位移，需进行位移边界条件的处理，消除刚体位移，$\boldsymbol{K}$ 矩阵转化为非奇异矩阵。

【例 15】 图 6-4 所示刚架各单元在整体坐标系中的刚度矩阵以子块形式可表示为式(a)，则可得结构原始刚度矩阵中的子块 $\boldsymbol{K}_{33}$ 是（　　）。

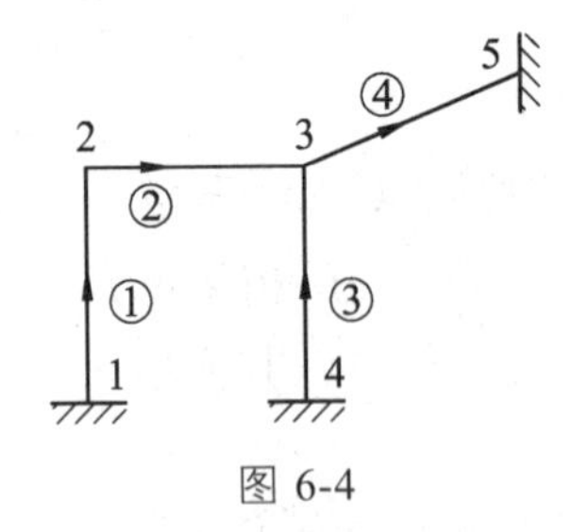

图 6-4

$$\boldsymbol{k}^{(e)}=\left[\begin{array}{c|c}\boldsymbol{k}_{ii} & \boldsymbol{k}_{ij} \\ \hline \boldsymbol{k}_{ji} & \boldsymbol{k}_{jj}\end{array}\right]^{(e)} \quad (i、j\text{ 为单元两端结点号}) \tag{a}$$

A. $k_{22}^{①}+k_{33}^{②}+k_{34}^{③}$　　B. $k_{11}^{①}+k_{22}^{②}+k_{33}^{③}$

C. $k_{22}^{②}+k_{23}^{③}+k_{33}^{③}$　　D. $k_{33}^{②}+k_{33}^{③}+k_{33}^{④}$

【答案】 D

【分析】 结构原始刚度矩阵中的子块 $\boldsymbol{K}_{33}$ 由与结点 3 相连的各单元相应的主子块所组成。

【例 16】 图 6-5 所示结构，单元①、②的固端弯矩为 $\boldsymbol{F}_{\mathrm{F}}^{(1)}=(-4\quad 4)^{\mathrm{T}}$， $\boldsymbol{F}_{\mathrm{F}}^{(2)}=(-9\quad 9)^{\mathrm{T}}$，则等效结点荷载列阵为（　　）。

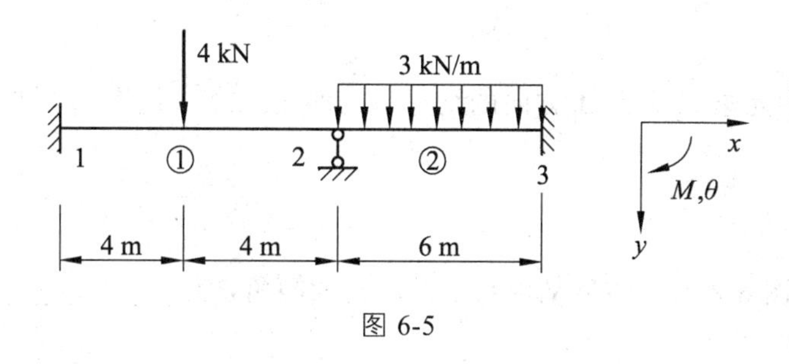

图 6-5

A. $\boldsymbol{F}_{\mathrm{E}}=\{4 \quad 13 \quad 9\}^{\mathrm{T}}$　　B. $\boldsymbol{F}_{\mathrm{E}}=\{-4 \quad 5 \quad 9\}^{\mathrm{T}}$

C. $\boldsymbol{F}_{\mathrm{E}}=\{4 \quad 5 \quad -9\}^{\mathrm{T}}$　　D. $\boldsymbol{F}_{\mathrm{E}}=\{4 \quad -5 \quad 9\}^{\mathrm{T}}$

【答案】　C

【分析】　单元①、②的定位向量分别为

$$\boldsymbol{\lambda}^{(1)}=\begin{Bmatrix}1\\2\end{Bmatrix},\qquad \boldsymbol{\lambda}^{(2)}=\begin{Bmatrix}2\\3\end{Bmatrix}$$

由此可得单元①、②的等效结点荷载列阵为

$$\boldsymbol{F}_{\mathrm{E}}^{(1)}=-\boldsymbol{F}_{\mathrm{F}}^{(1)}=\begin{Bmatrix}4\\-4\end{Bmatrix}\begin{matrix}1\\2\end{matrix},\quad \boldsymbol{F}_{\mathrm{E}}^{(2)}=-\boldsymbol{F}_{\mathrm{F}}^{(2)}=\begin{Bmatrix}9\\-9\end{Bmatrix}\begin{matrix}2\\3\end{matrix}$$

则等效结点荷载列阵为

$$\boldsymbol{F}_{\mathrm{E}}=\{4 \quad -5 \quad 9\}^{\mathrm{T}}$$

【例 17】　用矩阵位移法求图 6-6 所示刚架时，应引入的支承条件（u、v 和 φ 分别表示水平、竖向位移和转角）是（　　）。

A. $u_3=v_3=\varphi_3=0$　　B. $v_2=v_4=u_3=0$

C. $u_1=u_2=u_3=0$　　D. $v_4=u_3=\varphi_3=0$

【答案】　D

【分析】　在结点 3 处支承条件是 $u_3=\varphi_3=0$，结点 4 处支承条件是 $v_4=0$。

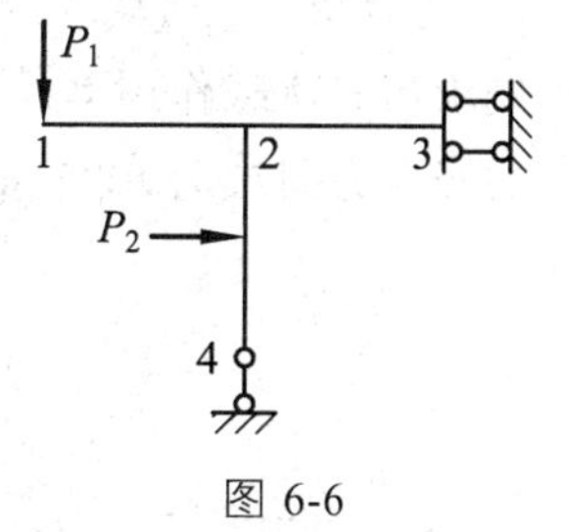

图 6-6

【例 18】　图 6-7 所示结构在水平力 F_{1x} 和 F_{3x} 作用下，只考虑弯曲变形，其结构的结点荷载列阵 $\boldsymbol{F}$ 中元素 F_1 的值应为（　　）。

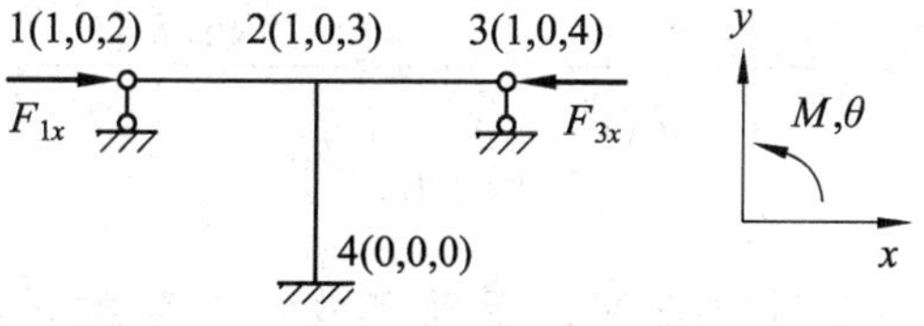

1(1,0,2)　2(1,0,3)　3(1,0,4)　F_{1x}　F_{3x}　4(0,0,0)　y　M,θ　x

图 6-7

A. F_{1x}　　B. $F_{1x}-F_{3x}$　　C. $F_{1x}+F_{3x}$　　D. $-F_{3x}$

【答案】 B

【分析】 $\boldsymbol{F}$ 中元素 F_1 应为 Δ_1 方向的结点力，即 1、2、3 结点的水平力之和。按图示坐标 $F_1 = F_{1x} - F_{3x}$。

3. 填空题

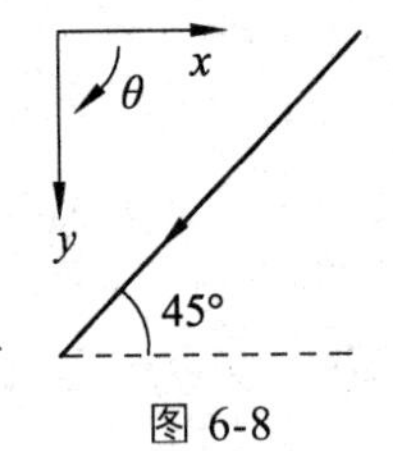

图 6-8

【例 19】 在图 6-8 所示整体坐标系中，单元的倾角 θ 为____________。

【答案】 135°

【分析】 单元的倾角 θ 应是从整体坐标系的 x 轴按图示的左手系顺时针旋转至局部坐标系的 $\bar{x}$ 轴的角度。此角度为 135°。

【例 20】 图 6-9 所示结构，荷载及结点位移编号如图所示。考虑杆件轴向变形的影响时，等效结点荷载列阵 $\boldsymbol{F}_{\mathrm{E}}$ 中的第二个元素应为______________。

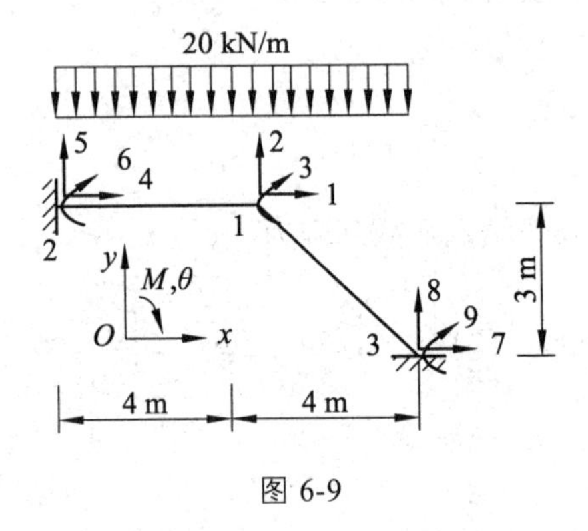

图 6-9

【答案】 – 80 kN

【分析】 荷载列阵 $\boldsymbol{F}$ 中的第二个元素为 1 结点的 Δ_2 方向的结点力，即 1 结点的竖向力。先求出非荷载作用下，各单元结构坐标系中的固端力，如图 6-10 所示。取①、②单元 1 结点的竖向力固端力 $\bar{F}_{\mathrm{F1}y}^{(1)} = 40\ \mathrm{kN}$，$\bar{F}_{\mathrm{F1}y}^{(2)} = 40\ \mathrm{kN}$。

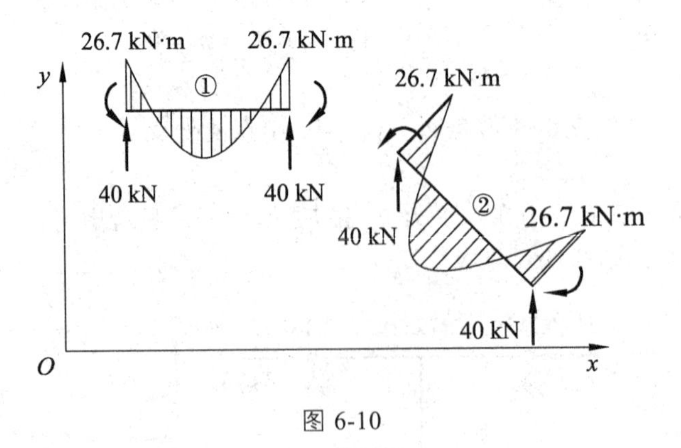

图 6-10

将上述竖向力固端力变号并累加，得到等效结点荷载列阵 $\boldsymbol{F}_{\mathrm{E}}$ 中的第二个元素，$F_2 = -80\ \mathrm{kN}$。

【例 21】 用矩阵位移法解图 6-11 所示连续梁时，结点 3 的综合结点荷载是__________。

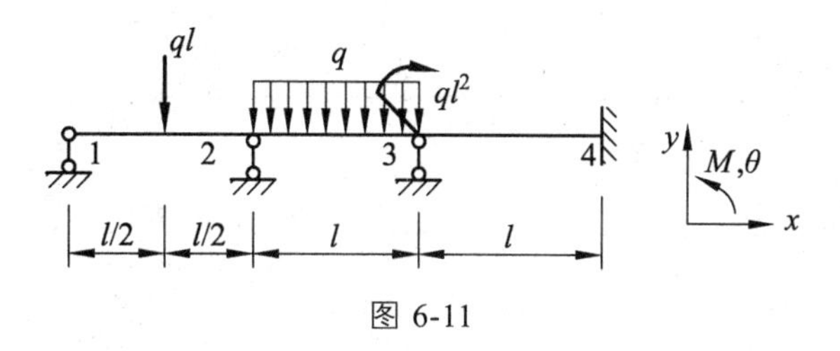

图 6-11

【答案】　$[-ql/2 \quad -11ql^2/12]^{\mathrm{T}}$

【分析】　综合结点荷载由两部分组成：① 等效结点荷载$[-ql/2 \quad ql^2/12]$；② 直接荷载作用$[0 \quad -ql^2]$。

【例 22】　图6-12所示结构，已知结点2的位移列阵为$\boldsymbol{\Delta}_2=(1/10)^6[3.7002 \quad -2.7101 \quad -5.1485]^{\mathrm{T}}$，则单元②在局部坐标系中的杆端位移$\bar{\boldsymbol{\delta}}^{(2)}$为__________________。

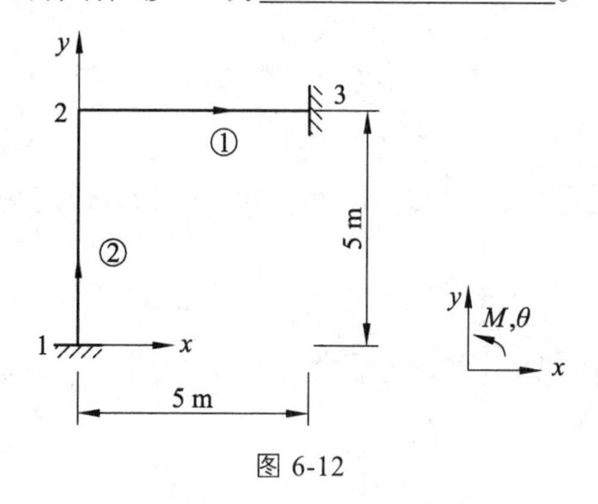

图 6-12

【答案】　$10^{-6}\times\begin{bmatrix}0\\0\\0\\-2.7101\\-3.7002\\-5.1485\end{bmatrix}$

【分析】　2 号单元的起点为固定端，故$\bar{\boldsymbol{\delta}}^{(2)}$的前三个元素为零，后三个元素可由$\boldsymbol{\Delta}_2=(1/10)^6[3.7002 \quad -2.7101 \quad -5.1485]^{\mathrm{T}}$直接进行换码得到，换码关系如图 6-13 所示。

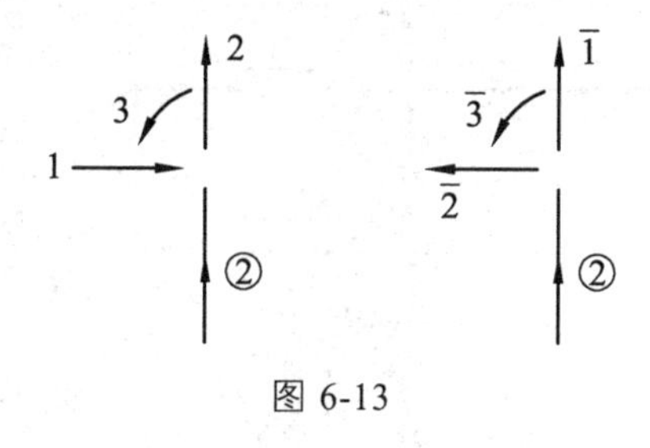

图 6-13

4. 计算题

【例 23】　试用先处理法建立图 6-14 所示连续梁的结构刚度矩阵 $\boldsymbol{K}$。

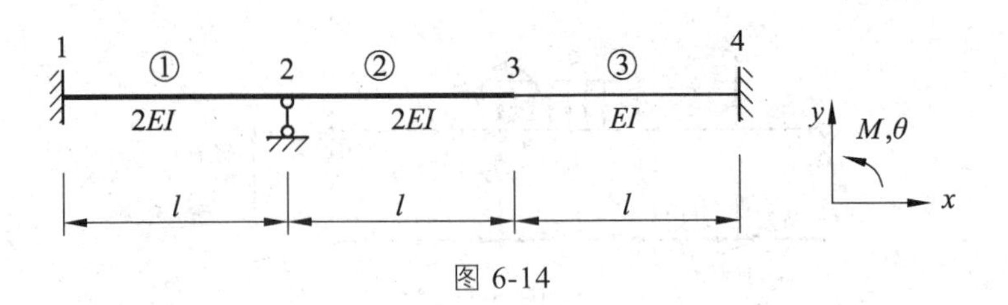

图 6-14

【解】

（1）采用先处理法，对结点位移进行编码。结点 3 具有两个非零的结点位移，即一个角位移，一个竖向线位移。

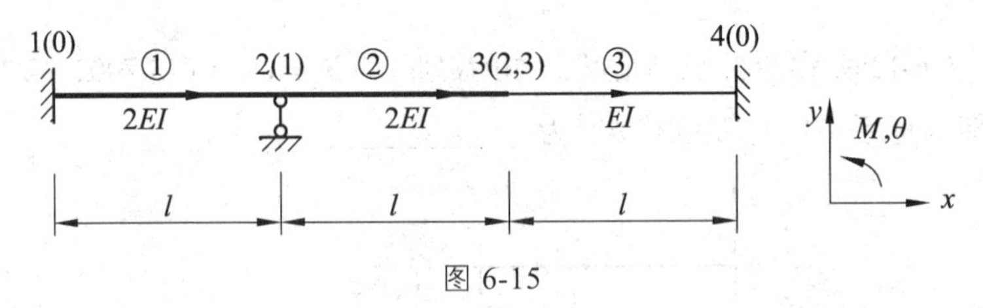

图 6-15

（2）$\boldsymbol{K}$ 为 3 阶对称方阵，设 $i=\dfrac{EI}{l}$，根据结构刚度系数的物理意义求解各系数。

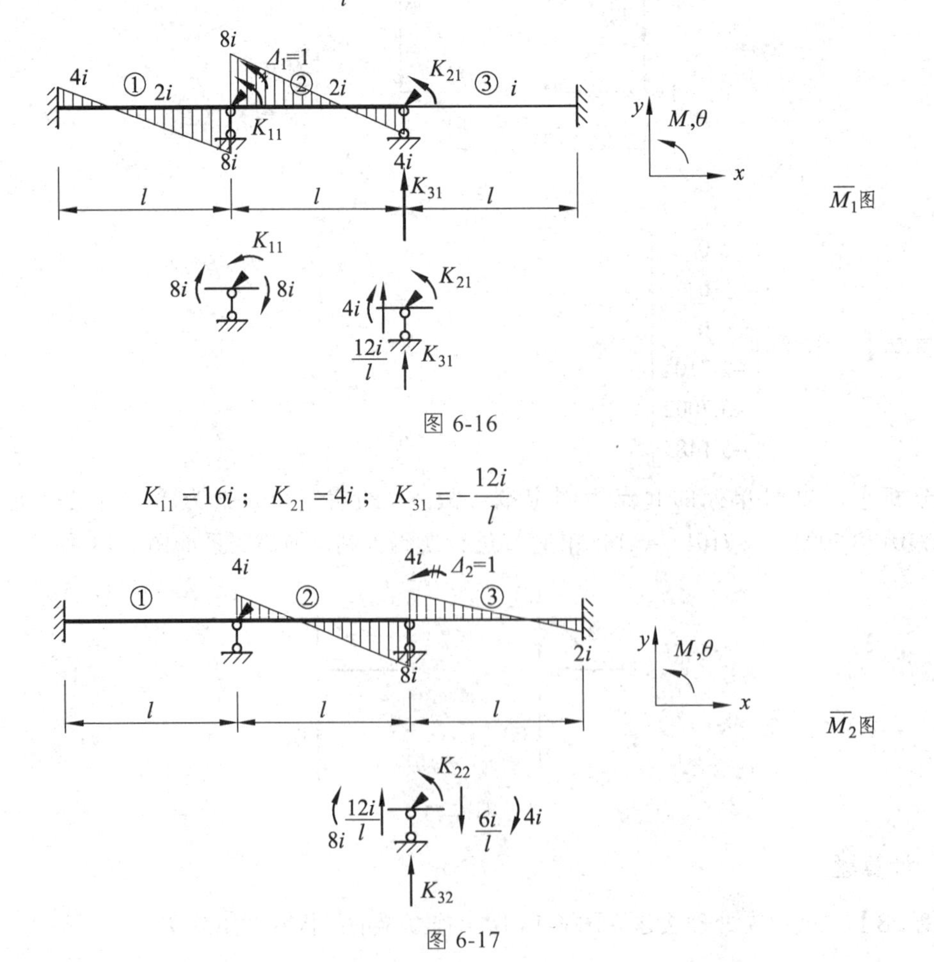

图 6-16

$$K_{11}=16i\ ;\quad K_{21}=4i\ ;\quad K_{31}=-\frac{12i}{l}$$

图 6-17

$$K_{22}=12i\text{；}\quad K_{32}=-\frac{6i}{l}$$

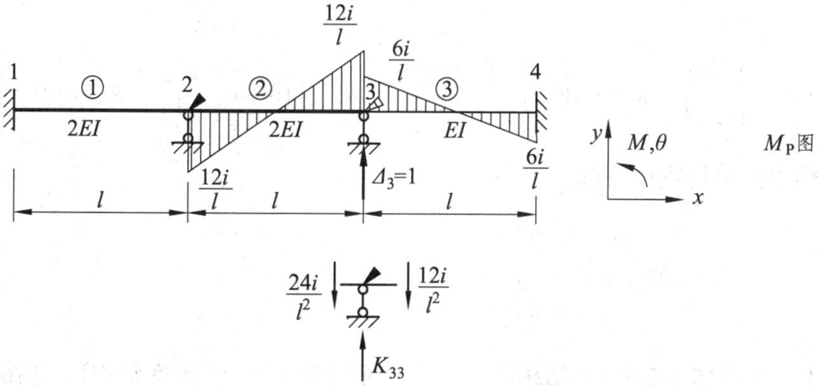

图 6-18

$$K_{33}=\frac{36i}{l^2}$$

（3）结构刚度矩阵为 $\boldsymbol{K}=\begin{bmatrix}\dfrac{16EI}{l} & \dfrac{4EI}{l} & -\dfrac{12EI}{l^2}\\ \dfrac{4EI}{l} & \dfrac{12EI}{l} & -\dfrac{6EI}{l^2}\\ -\dfrac{12EI}{l^2} & -\dfrac{6EI}{l^2} & \dfrac{36EI}{l^3}\end{bmatrix}$

【例 24】 用先处理法求图 6-19 所示结构刚度矩阵。忽略杆件的轴向变形，各杆 $EI=3\times10^5\ \text{kN}\cdot\text{m}^2$。

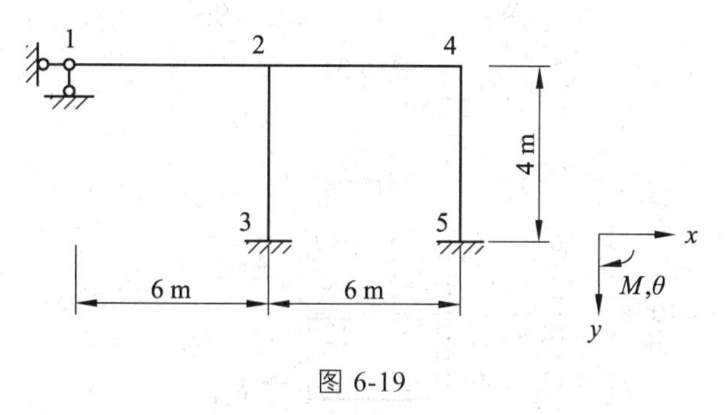

图 6-19

【解】

（1）结构离散化（图 6-20）

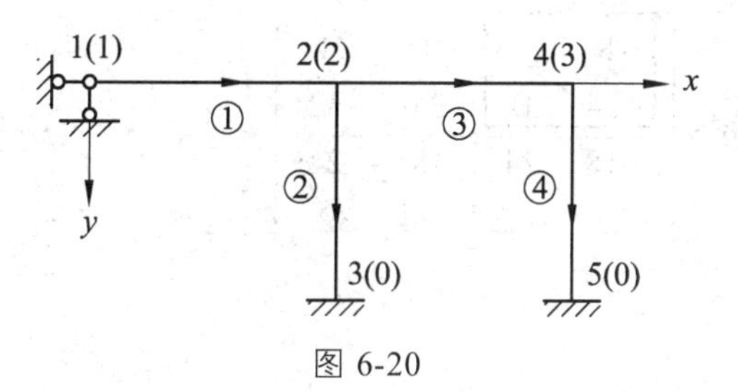

图 6-20

（2）各单元的刚度矩阵

因为不计各杆轴向变形，所以本题只涉及转角位移未知量，无需坐标转换。

$$\boldsymbol{k}^{(1)}=10^5\times\begin{bmatrix}2&1\\1&2\end{bmatrix}\begin{matrix}1\\2\end{matrix}\quad(\text{列}:1\ 2)\qquad \boldsymbol{k}^{(2)}=10^5\times\begin{bmatrix}3&3/2\\3/2&3\end{bmatrix}\begin{matrix}2\\0\end{matrix}\quad(\text{列}:2\ 0)$$

$$\boldsymbol{k}^{(3)}=10^5\times\begin{bmatrix}2&1\\1&2\end{bmatrix}\begin{matrix}2\\3\end{matrix}\quad(\text{列}:2\ 3)\qquad \boldsymbol{k}^{(4)}=10^5\times\begin{bmatrix}3&3/2\\3/2&3\end{bmatrix}\begin{matrix}3\\0\end{matrix}\quad(\text{列}:3\ 0)$$

（3）组集得到结构刚度矩阵

$$\boldsymbol{K}=10^5\times\begin{bmatrix}2&1&0\\1&7&1\\0&1&5\end{bmatrix}$$

【例 25】 试求图 6-21 所示结构刚度矩阵（先处理法）。已知单元 ①、②在整体坐标系中的单元刚度矩阵为

$$\boldsymbol{k}^{①}=10^5\times\left[\begin{array}{cc:cc}16&12&-16&-12\\12&9&-12&-9\\\hdashline-16&-12&16&12\\-12&-9&12&9\end{array}\right],\quad \boldsymbol{k}^{②}=10^5\times\left[\begin{array}{cc:cc}18&-24&-18&24\\-24&32&24&-32\\\hdashline-18&24&18&-24\\24&-32&-24&32\end{array}\right]$$

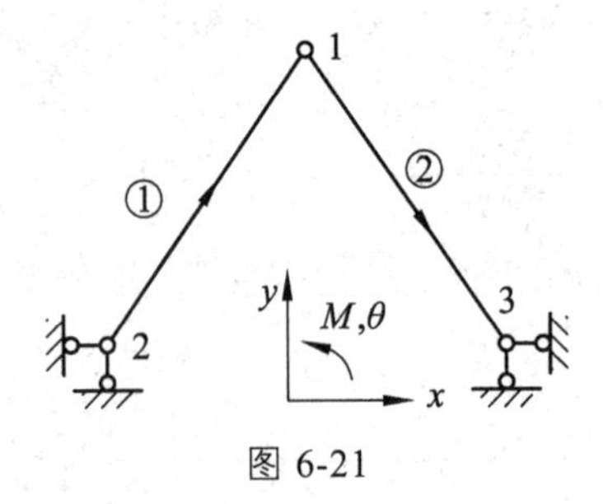

图 6-21

【解】

$$\boldsymbol{k}^{①}=10^5\times\left[\begin{array}{cc:cc}16&12&-16&-12\\12&9&-12&-9\\\hdashline-16&-12&16&12\\-12&-9&12&9\end{array}\right]\begin{matrix}2\\\\1\\\end{matrix}\quad(\text{列}:2\ \ 1),\quad \boldsymbol{k}_{11}^{①}=\begin{bmatrix}16&12\\12&9\end{bmatrix}$$

$$\boldsymbol{k}^{②}=10^5\times\left[\begin{array}{cc:cc}18&-24&-18&24\\-24&32&24&-32\\\hdashline-18&24&18&-24\\24&-32&-24&32\end{array}\right]\begin{matrix}1\\\\3\\\end{matrix}\quad(\text{列}:1\ \ 3),\quad \boldsymbol{k}_{11}^{②}=\begin{bmatrix}18&-24\\-24&32\end{bmatrix}$$

$$K = k_{11}^{①} + k_{11}^{②} = 10^5 \times \begin{bmatrix} 34 & -12 \\ -12 & 41 \end{bmatrix}$$

【例 26】 用先处理法求图 6-22 所示结构综合结点荷载列阵 $\boldsymbol{F}$ 。

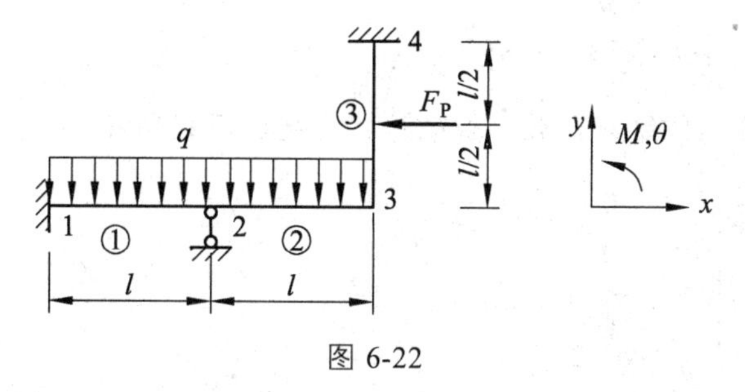

图 6-22

【解】

（1）结构离散化

位移编号、单元坐标系如图 6-23 所示。

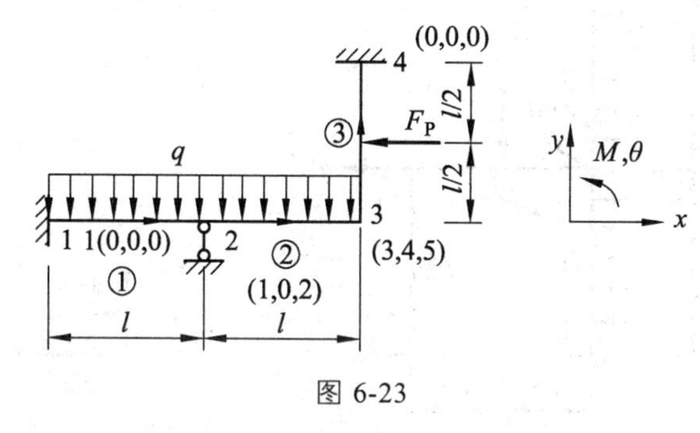

图 6-23

（2）计算结构等效结点荷载列阵（图 6-24）

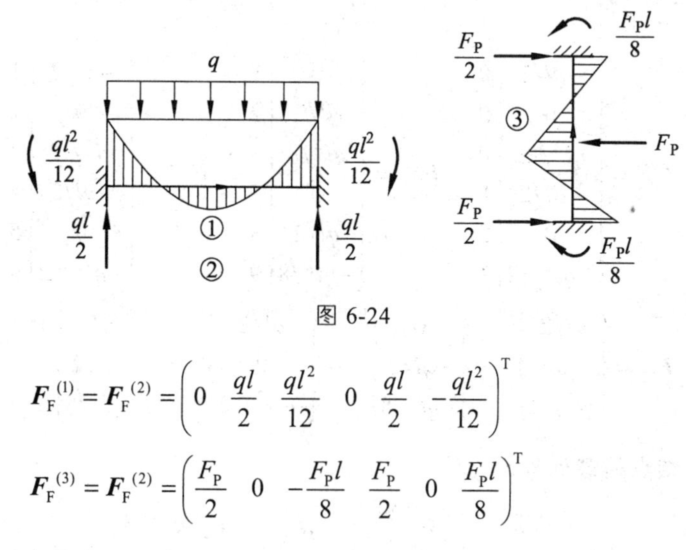

图 6-24

$$\boldsymbol{F}_F^{(1)} = \boldsymbol{F}_F^{(2)} = \begin{pmatrix} 0 & \frac{ql}{2} & \frac{ql^2}{12} & 0 & \frac{ql}{2} & -\frac{ql^2}{12} \end{pmatrix}^T$$

$$\boldsymbol{F}_F^{(3)} = \boldsymbol{F}_F^{(2)} = \begin{pmatrix} \frac{F_P}{2} & 0 & -\frac{F_P l}{8} & \frac{F_P}{2} & 0 & \frac{F_P l}{8} \end{pmatrix}^T$$

反号，按单元定位向量对号入座，得结构等效结点荷载列阵

$$F_E = \begin{Bmatrix} 0 \\ 0 \\ -F_P/2 \\ -ql/2 \\ ql^2/12 + F_P l/8 \end{Bmatrix}$$

（3）结构无直接作用的结点荷载，故结构综合结点荷载列阵

$$F = \begin{Bmatrix} 0 \\ 0 \\ -F_P/2 \\ -ql/2 \\ ql^2/12 + F_P l/8 \end{Bmatrix}$$

【例 27】　用矩阵位移法求解图 6-25 所示结构结点 2 的综合结点荷载列阵。

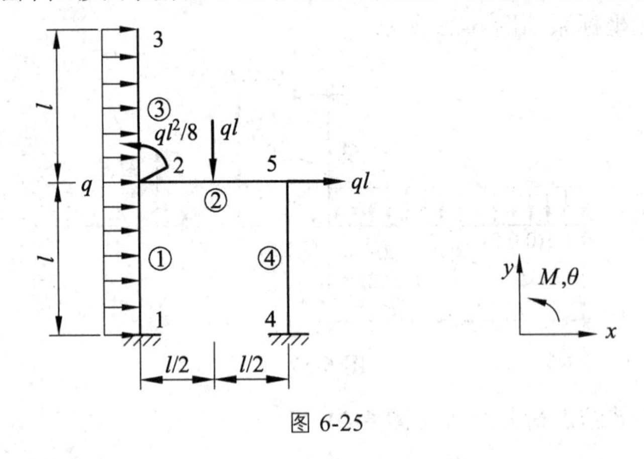

图 6-25

【解】

$$F_F^{(1)} = \begin{Bmatrix} -ql/2 \\ 0 \\ ql^2/12 \\ -ql/2 \\ 0 \\ -ql^2/12 \end{Bmatrix}\begin{matrix} 0 \\ 0 \\ 0 \\ 1 \\ 2 \\ 3 \end{matrix}, \quad F_F^{(2)} = \begin{Bmatrix} 0 \\ ql/2 \\ ql^2/8 \\ 0 \\ ql/2 \\ -ql^2/8 \end{Bmatrix}\begin{matrix} 1 \\ 2 \\ 3 \\ 7 \\ 8 \\ 9 \end{matrix}, \quad F_F^{(3)} = \begin{Bmatrix} -ql/2 \\ 0 \\ ql^2/12 \\ -ql/2 \\ 0 \\ -ql^2/12 \end{Bmatrix}\begin{matrix} 1 \\ 2 \\ 3 \\ 4 \\ 5 \\ 6 \end{matrix}$$

$$F_{2E} = \begin{Bmatrix} ql/2 \\ 0 \\ ql^2/12 \end{Bmatrix}^{(1)} + \begin{Bmatrix} 0 \\ -ql/2 \\ -ql^2/8 \end{Bmatrix}^{(2)} + \begin{Bmatrix} ql/2 \\ 0 \\ -ql^2/12 \end{Bmatrix}^{(3)} = \begin{Bmatrix} ql \\ -ql/2 \\ -ql^2/8 \end{Bmatrix}\begin{matrix} 1 \\ 2 \\ 3 \end{matrix}$$

结点 2 的综合结点荷载列阵为

$$F_2 = F_{2D} + F_{2E} = \begin{Bmatrix} 0 \\ 0 \\ ql^2/8 \end{Bmatrix} + \begin{Bmatrix} ql \\ -ql/2 \\ -ql^2/8 \end{Bmatrix} = \begin{Bmatrix} ql \\ -ql/2 \\ 0 \end{Bmatrix}\begin{matrix} 1 \\ 2 \\ 3 \end{matrix}$$

【例 28】　求图 6-26 所示连续梁对应于自由结点位移的荷载列阵 $\boldsymbol{F}$。

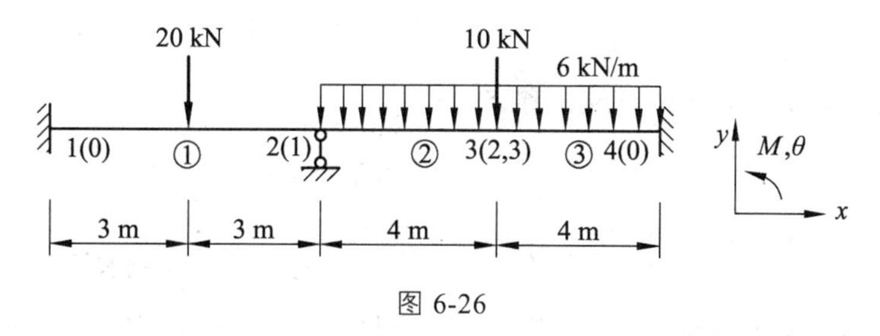

图 6-26

【解】

按先处理法分析：

（1）结构离散化，如图 6-27 所示，非零的结点位移 $\boldsymbol{\Delta}=[\varphi_2 \quad \Delta_{3y} \quad \varphi_3]^{\mathrm{T}}$。

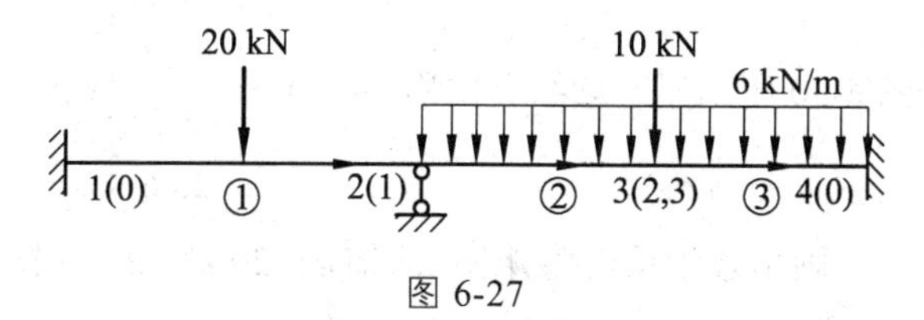

图 6-27

（2）直接作用的结点荷载 $\boldsymbol{F}_{\mathrm{D}}=\{0 \quad -10 \quad 0\}^{\mathrm{T}}$。

（3）先求固端弯矩，如图 6-28 所示，再求等效结点荷载 $\boldsymbol{F}_{\mathrm{E}}=\{7 \quad -24 \quad 0\}^{\mathrm{T}}$。

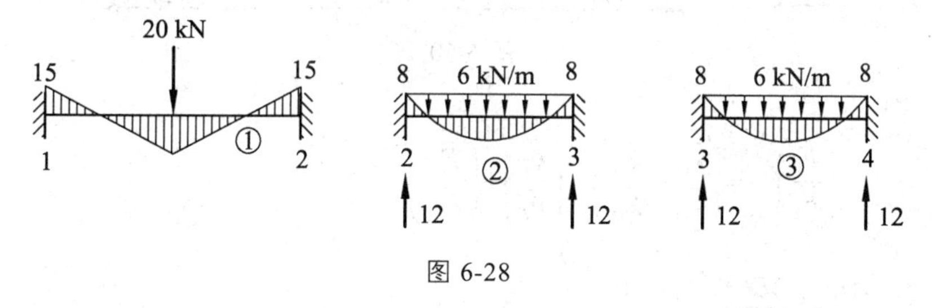

图 6-28

（4）综合结点荷载列阵 $\boldsymbol{F}=\{7 \quad -34 \quad 0\}^{\mathrm{T}}$。

【例 29】　已知图 6-29 所示桁架各杆 $E=2.1\times10^{4}\ \mathrm{kN/m^2}$，$A=10^{-2}\ \mathrm{m^2}$，$\boldsymbol{\Delta}=\{0.09524 \quad -0.25689\}^{\mathrm{T}}$，求单元①的杆端力列阵。

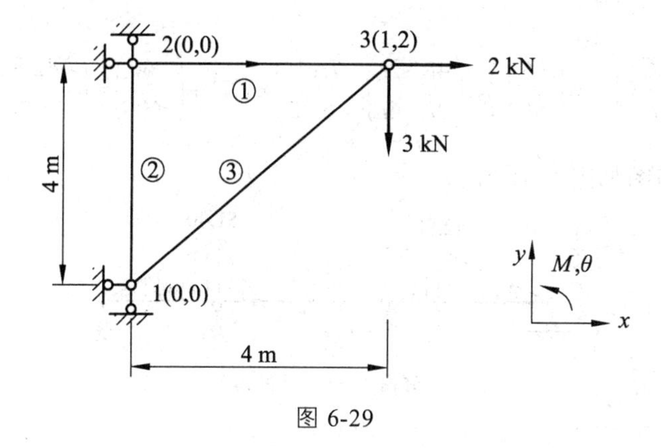

图 6-29

【解】

从结点位移中取出单元 1 的杆端位移 $\overline{\boldsymbol{\delta}}^{(1)}=\begin{Bmatrix}0\\0\\0.09524\ \text{m}\\-0.25689\ \text{m}\end{Bmatrix}$

计算单元 1 的杆端力 $\overline{\boldsymbol{F}}^{(1)}=\begin{bmatrix}\frac{EA}{l} & 0 & -\frac{EA}{l} & 0\\0&0&0&0\\-\frac{EA}{l} & 0 & \frac{EA}{l} & 0\\0&0&0&0\end{bmatrix}\begin{Bmatrix}0\\0\\0.09524\\-0.25689\end{Bmatrix}=\begin{Bmatrix}-5\ \text{kN}\\0\\5\ \text{kN}\\0\end{Bmatrix}$

【例 30】　已求得图 6-30 所示连续梁结点位移列阵 $\boldsymbol{\Delta}=\begin{pmatrix}-3.65\\7.14\\-5.72\\2.86\end{pmatrix}\times10^{-4}\ \text{rad}$，试用矩阵位移法求出杆件 23 的杆端弯矩，并画出连续梁的弯矩图。已知 $q=20\ \text{kN/m}$，23 杆的 $i=1.0\times10^{6}\ \text{kN}\cdot\text{cm}$。

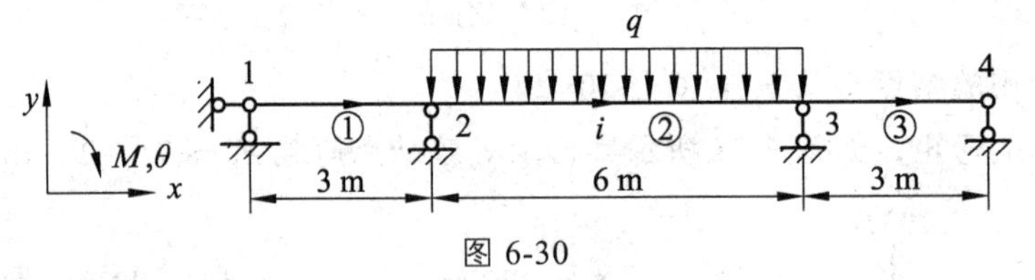

图 6-30

【解】

$$\begin{pmatrix}\overline{F}_1\\\overline{F}_2\end{pmatrix}^{(2)}=\begin{pmatrix}\overline{k}_{11} & \overline{k}_{12}\\\overline{k}_{21} & \overline{k}_{22}\end{pmatrix}^{(2)}\begin{pmatrix}\overline{\delta}_1\\\overline{\delta}_2\end{pmatrix}+\begin{pmatrix}\overline{F}_{F1}\\\overline{F}_{F2}\end{pmatrix}^{(2)}$$

其中 $\overline{\boldsymbol{k}}^{(2)}=\begin{pmatrix}\frac{4EI}{l} & \frac{2EI}{l}\\\frac{2EI}{l} & \frac{4EI}{l}\end{pmatrix}^{(2)}$，$\overline{\boldsymbol{\delta}}^{(2)}=\begin{pmatrix}7.14\\-5.72\end{pmatrix}\times10^{-4}\text{rad}$，$\overline{\boldsymbol{F}}_{\text{F}}^{(2)}=\begin{pmatrix}-60\\60\end{pmatrix}\text{kN}\cdot\text{m}$

故杆件 23 的杆端弯矩为

$$\begin{pmatrix}\overline{F}_1\\\overline{F}_2\end{pmatrix}^{(2)}=\begin{pmatrix}M_{23}\\M_{32}\end{pmatrix}=\begin{pmatrix}4i & 2i\\2i & 4i\end{pmatrix}\begin{pmatrix}7.14\\-5.72\end{pmatrix}\times10^{-4}+\begin{pmatrix}-60\\60\end{pmatrix}=\begin{pmatrix}-42.88\\51.40\end{pmatrix}\text{kN}\cdot\text{m}$$

此连续梁的弯矩图如图 6-31 所示。

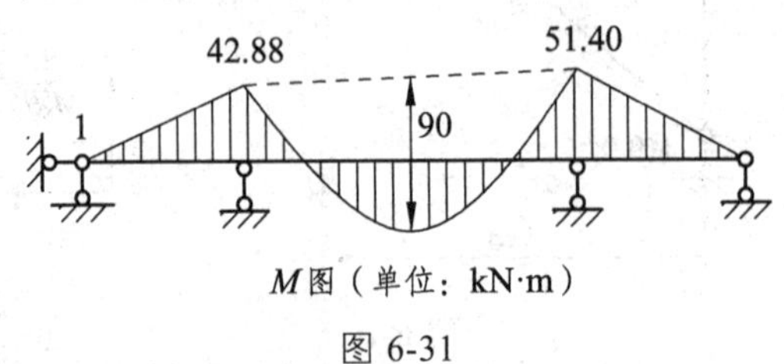

M 图（单位：kN·m）

图 6-31

§6-3　自测题

6-1　矩阵位移法既能算静定结构，也能算超静定结构。(　　)

6-2　矩阵位移法中，等效结点荷载的“等效原则”是指与非结点荷载的结点位移相等。(　　)

6-3　图示单元（方向从 i 结点到 j 结点）在两种局部坐标系下的刚度矩阵不相同。(　　)

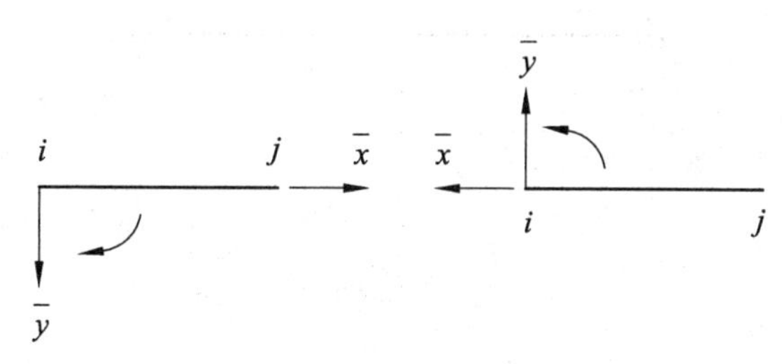

题 6-3 图

6-4　等效结点荷载的数值等于汇交于该结点的所有固端力的代数和。(　　)

6-5　单元刚度矩阵元素 k_{ij} 物理意义是当且仅当 $\delta_j=1$ 时引起的 δ_i 相应的杆端力。(　　)

6-6　用矩阵位移法计算连续梁时无须对单元刚度矩阵作坐标变换。(　　)

6-7　局部坐标系下的单元杆端力矩阵与整体坐标系下的单元杆端力矩阵之间的关系为 $\boldsymbol{F}^e=\boldsymbol{T}^{\mathrm{T}}\boldsymbol{F}^e$。(　　)

6-8　结构刚度矩阵主对角线上的元素恒大于零。(　　)

6-9　图示梁结构刚度矩阵的元素 $k=24EI/l^3$。(　　)

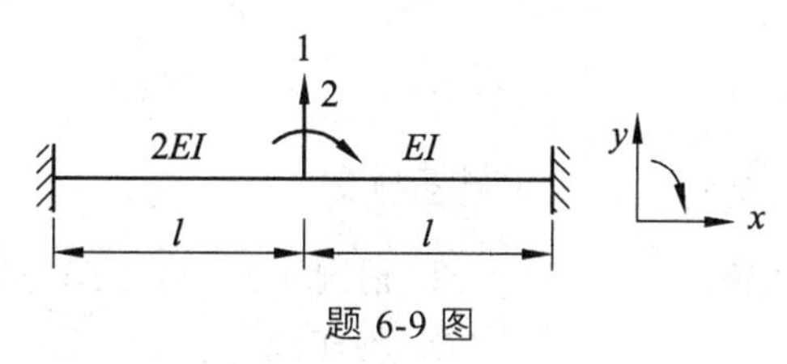

题 6-9 图

6-10　已知图示刚架各杆 EI 为常数，当只考虑弯曲变形，且各杆单元类型相同时，采用先处理法进行结点位移编号，其正确编号是(　　)。

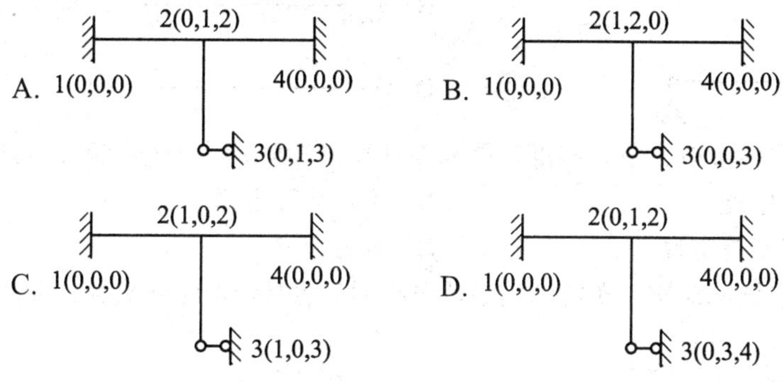

题 6-10 图

6-11　矩阵位移法中，结构的原始刚度方程是表示下列哪两组量值之间的相互关系？(　　)

A. 杆端力与结点位移　　　　B. 杆端力与结点力

C. 结点力与结点位移　　　　D. 结点位移与杆端力

6-12　通过矩阵位移法对图示结构进行分析，不考虑轴向变形时，采用前（先）处理法建立的结构刚度矩阵的阶数是（　　）。

A. 3×3 阶　　B. 4×4 阶　　C. 5×5 阶　　D. 6×6 阶

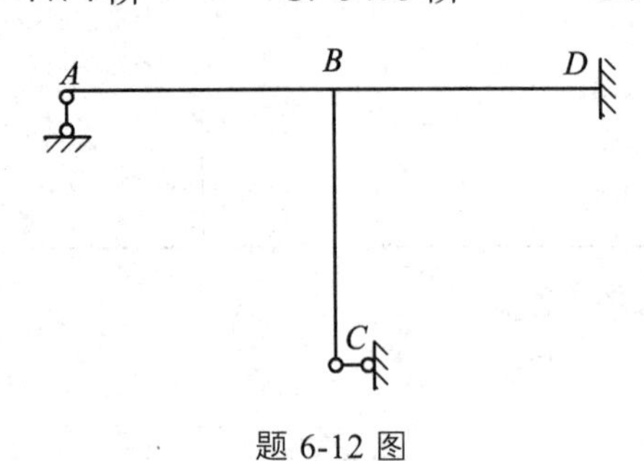

题 6-12 图

6-13　平面杆件结构用后处理法建立的原始刚度方程组（　　）。

A. 可求得全部结点位移　　　　B. 可求得可动结点的位移

C. 可求得支座结点位移　　　　D. 无法求得结点位移

6-14　图示四单元的 l、EA、EI 相同，它们局部坐标系下的单元刚度矩阵的关系是(　　)。

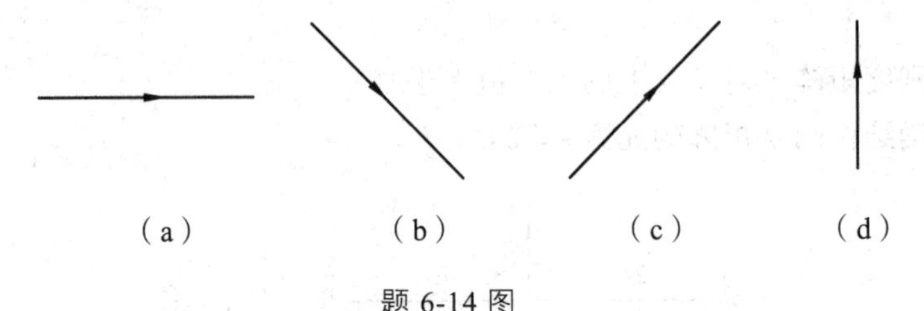

题 6-14 图

A. 情况（a）与（b）相同　　　　B. 情况（b）与（c）相同

C. 均不相同　　　　D. 均相同

6-15　单元刚度矩阵为奇异矩阵的是（　）单元。

A. 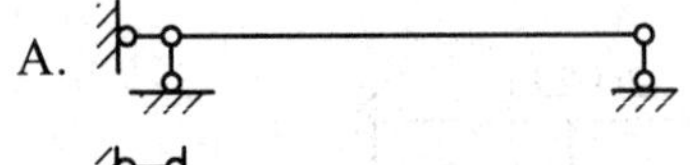　　B.

C.　　D.

6-16　矩阵位移法中，单元刚度矩阵和整体刚度矩阵均为对称矩阵，其依据是（　　）。

A. 位移互等定理　　　　B. 反力互等定理

C. 反力位移互等定理　　　　D. 虚力原理

6-17　图示连续梁结构，在用结构矩阵分析时，将杆 AB 划分成 AD 和 DB 两单元进行计算是（　　）。

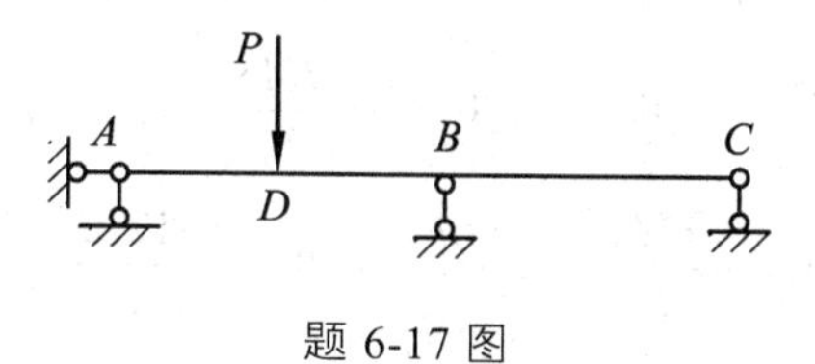

题 6-17 图

A. 最好的方法　　　　B. 较好的方法

C. 可行的方法　　　　D. 不可行的方法

6-18　因为自由式单元（6 × 6）的单元刚度矩阵是奇异矩阵，所以不能在已知________时应用单元刚度方程求________。

6-19　图示连续梁的刚度矩阵中系数 k_{21} 等于________，k_{22} 等于________。

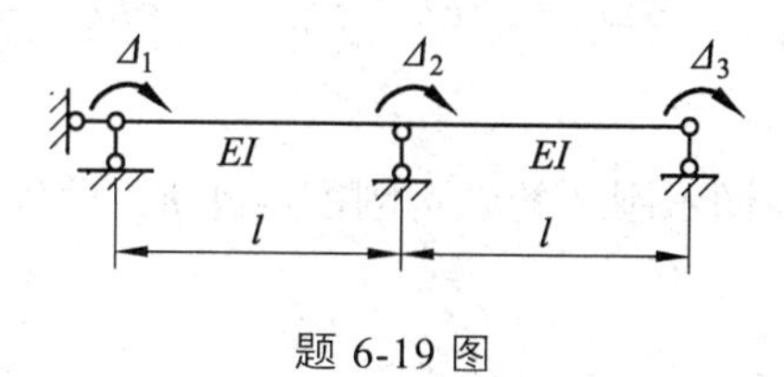

题 6-19 图

6-20　图示结构以子矩阵形式表达的结构原始刚度矩阵的子矩阵 $\boldsymbol{K}_{22}=$________，$\boldsymbol{K}_{24}=$________。单刚分块形式为 $\boldsymbol{k}^{ⓘ}=\begin{bmatrix} k_{11}^{ⓘ} & k_{12}^{ⓘ} \\ k_{21}^{ⓘ} & k_{22}^{ⓘ} \end{bmatrix}$

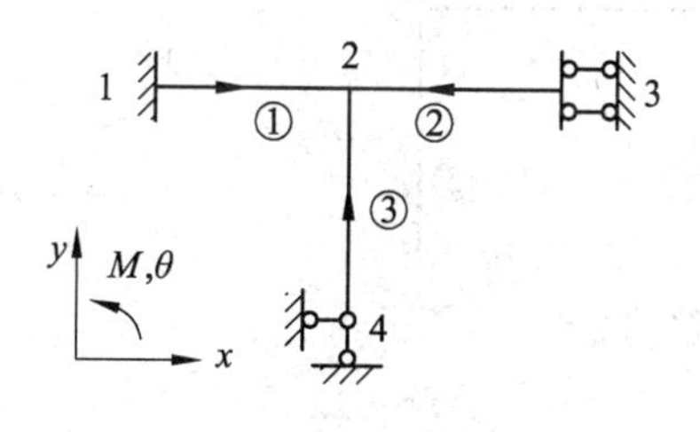

题 6-20 图

6-21　图示的刚架，忽略杆件轴向变形，利用矩阵位移法进行求解时，根据图示结点编号组集结构的刚度矩阵（考虑约束条件）。

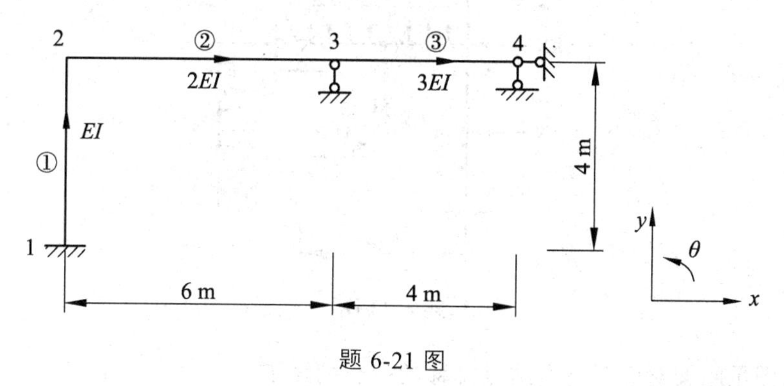

题 6-21 图

$$
[\bar{k}^e]=\begin{bmatrix}
\frac{EA}{l} & 0 & 0 & -\frac{EA}{l} & 0 & 0 \\
0 & \frac{12EI}{l^3} & \frac{6EI}{l^2} & 0 & -\frac{12EI}{l^3} & \frac{6EI}{l^2} \\
0 & \frac{6EI}{l^2} & \frac{4EI}{l} & 0 & -\frac{6EI}{l^2} & \frac{2EI}{l} \\
-\frac{EA}{l} & 0 & 0 & \frac{EA}{l} & 0 & 0 \\
0 & -\frac{12EI}{l^3} & -\frac{6EI}{l^2} & 0 & \frac{12EI}{l^3} & -\frac{6EI}{l^2} \\
0 & \frac{6EI}{l^2} & \frac{2EI}{l} & 0 & -\frac{6EI}{l^2} & \frac{4EI}{l}
\end{bmatrix}
$$

6-22　试用先处理法建立图示刚架的结构刚度矩阵 $\boldsymbol{K}$。设各杆 EI 为常数，长度为 l。（只考虑弯曲变形）

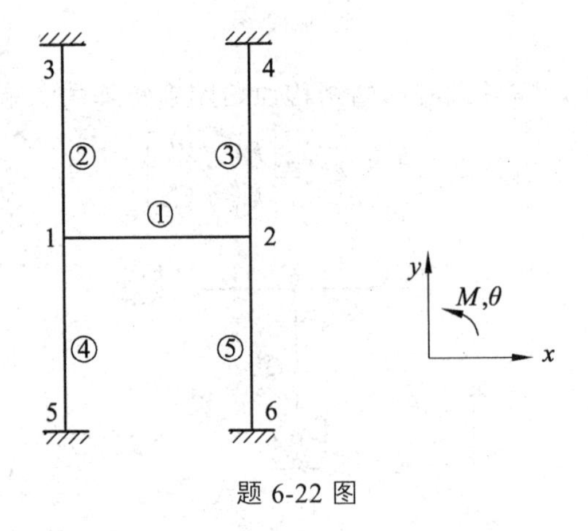

题 6-22 图

6-23　试求图示结构的综合结点荷载列阵。

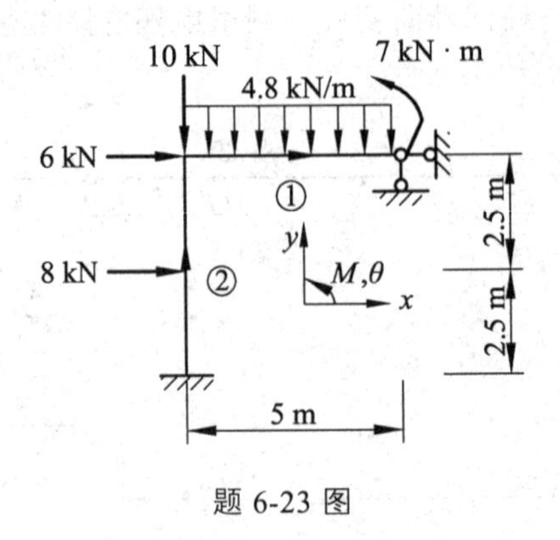

题 6-23 图

6-24　求图示刚架对应于自由结点位移的荷载列阵 $\boldsymbol{F}$。

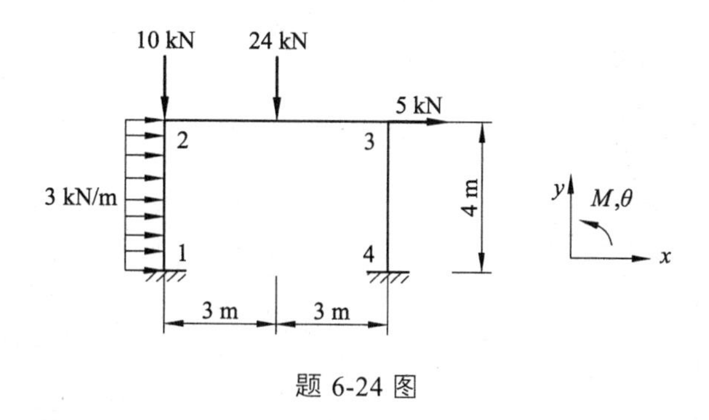

题 6-24 图

6-25 通过矩阵位移法求得图示结构的结点位移为 $\{\delta_1 \quad \delta_2\} = \{6l/EI \quad -6l/EI\}^{\mathrm{T}}$，各杆抗弯刚度已在图中进行标注，试基于以上结果求解各杆杆端弯矩，并绘制弯矩图。

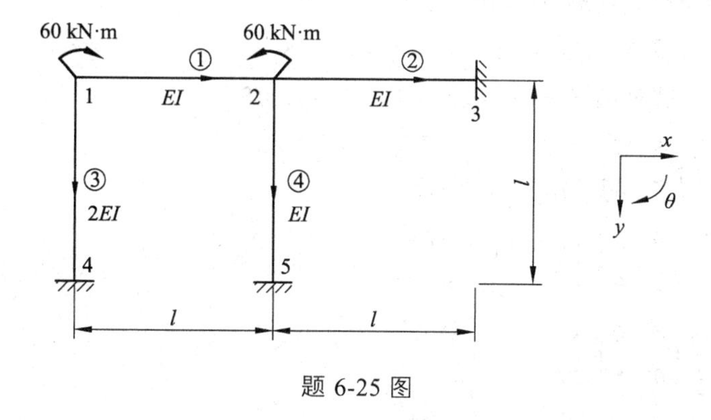

题 6-25 图

自测题答案

6-1 （√） 6-2 （√） 6-3 （×） 6-4 （×） 6-5 （×）

6-6 （√） 6-7 （×） 6-8 （√） 6-9 （×）

6-10 （A） 6-11 （C） 6-12 （B） 6-13 （D）

6-14 （D） 6-15 （B） 6-16 （A） 6-17 （C）

6-18 单元杆端力；单元杆端位移

6-19 $2EI/l$；$2EI/l$

6-20 $[K_{22}]^{①}+[K_{22}]^{②}+[K_{22}]^{③}$；$[K_{21}]^{③}$

6-21 $\boldsymbol{k}^{①}=\begin{bmatrix} EI & \dfrac{EI}{2} \\ \dfrac{EI}{2} & EI \end{bmatrix}$；$\boldsymbol{k}^{②}=\begin{bmatrix} \dfrac{4EI}{3} & \dfrac{2EI}{3} \\ \dfrac{2EI}{3} & \dfrac{4EI}{3} \end{bmatrix}$；$\boldsymbol{k}^{③}=\begin{bmatrix} 3EI & \dfrac{3EI}{2} \\ \dfrac{3EI}{2} & 3EI \end{bmatrix}$

$$\boldsymbol{K}=\begin{bmatrix} \dfrac{7EI}{3} & \dfrac{2EI}{3} & 0 \\ \dfrac{2EI}{3} & \dfrac{13EI}{3} & \dfrac{3EI}{2} \\ 0 & \dfrac{3EI}{2} & 3EI \end{bmatrix}$$

6-22　$\boldsymbol{K}=\begin{bmatrix}\dfrac{12EI}{l} & \dfrac{2EI}{l}\\ \dfrac{2EI}{l} & \dfrac{12EI}{l}\end{bmatrix}$

6-23　$\boldsymbol{F}_{\mathrm{E}}=\begin{Bmatrix}10\\-22\\-5\\17\end{Bmatrix}$

6-24　按先处理法分析：

（1）非零的结点位移 $\boldsymbol{\Delta}=\{u_2\ \ v_2\ \ \varphi_2\ u_3\ \ v_3\ \ \varphi_3\}^{\mathrm{T}}$

（2）直接作用的结点荷载 $\boldsymbol{F}_{\mathrm{D}}=[0\ \ -10\ \ 0\ \ 5\ \ 0\ \ 0]^{\mathrm{T}}$

（3）等效结点荷载 $\boldsymbol{F}_{\mathrm{E}}=[6\ \ -12\ \ -14\ \ \ 0\ \ -12\ \ \ 18]^{\mathrm{T}}$

（4）综合结点荷载列阵 $\boldsymbol{F}=[6\ \ -22\ \ -14\ \ \ 5\ \ -12\ \ 18]^{\mathrm{T}}$

6-25　$\bar{\boldsymbol{F}}^{①}=\dfrac{EI}{l}\begin{pmatrix}4&2\\2&4\end{pmatrix}\cdot\dfrac{6l}{EI}\begin{pmatrix}1\\-1\end{pmatrix}=\begin{pmatrix}12\\-12\end{pmatrix}$

$\bar{\boldsymbol{F}}^{②}=\dfrac{EI}{l}\begin{pmatrix}4&2\\2&4\end{pmatrix}\cdot\dfrac{6l}{EI}\begin{pmatrix}-1\\0\end{pmatrix}=\begin{pmatrix}-24\\-12\end{pmatrix}$

$\bar{\boldsymbol{F}}^{③}=\dfrac{EI}{l}\begin{pmatrix}8&4\\4&8\end{pmatrix}\cdot\dfrac{6l}{EI}\begin{pmatrix}1\\0\end{pmatrix}=\begin{pmatrix}48\\24\end{pmatrix}$

$\bar{\boldsymbol{F}}^{④}=\dfrac{EI}{l}\begin{pmatrix}4&2\\2&4\end{pmatrix}\cdot\dfrac{6l}{EI}\begin{pmatrix}-1\\0\end{pmatrix}=\begin{pmatrix}-24\\-12\end{pmatrix}$

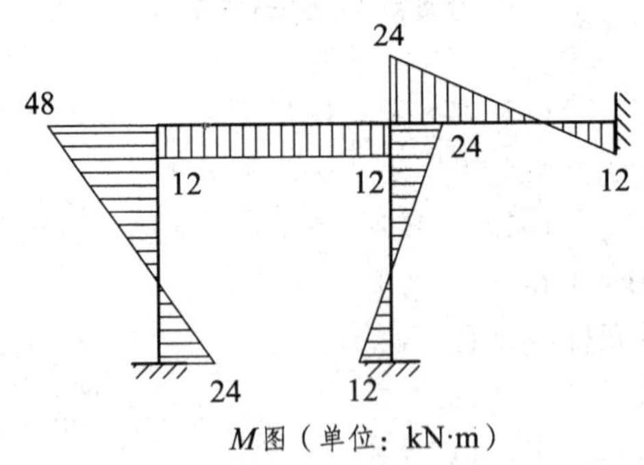

M图（单位：kN·m）

题 6-25 答案

第 7 章　影响线

§7-1　知识要点

1. 基本概念

（1）移动荷载：方向、大小不变，仅作用位置变化的荷载。

（2）当一个方向不变的单位集中荷载（$F_P=1$）在结构上移动时，表示结构某指定处的某一量值（支反力、剪力、轴力、弯矩、位移等）变化规律的图形，称为该量值的影响线。

（3）影响线的特征：静定结构的反力、内力影响线一般为直线或折线，超静定结构各量值的影响线一般为曲线。正值影响线绘在基线以上，负值影响线绘在基线以下。

（4）影响线与内力图的区别（以弯矩影响线与弯矩图为例）见表 7-1。

表 7-1　影响线与内力图的区别

线型	荷载	截面	横坐标	纵坐标
M_c 影响线	$F_P=1$ 的移动荷载	某个指定截面	$F_P=1$ 的位置	$F_P=1$ 移到该位置时，指定截面的弯矩值
M 图	大小、位置固定的荷载	各个截面	截面的位置	固定荷载作用下，该截面的弯矩值

2. 绘制影响线的方法

绘制影响线的方法有静力法和机动法。

（1）静力法：将荷载 $F_P=1$ 放在任意位置，根据所选坐标系，以 x 表示作用点的横坐标，运用静力平衡条件，建立所求量值与荷载位置之间的平衡方程，根据该方程即可绘出影响线。

（2）机动法：依据刚体虚位移原理，将绘制影响线转化为绘制位移图。

具体步骤：

① 撤去欲求某量值相应的约束（此时为一个自由度的机构），并代以正方向约束力 S；

② 沿 S 正方向施以单位虚位移，使体系各部分作符合约束条件的微小刚体运动，所得虚位移图即为该量值的影响线。

3. 影响线的应用

（1）利用影响线求量值

根据某量值 S 的影响线，利用叠加原理，可求出一组集中荷载、均布荷载和集中力偶单独作用或共同作用下的量值 S。

$$S=\sum_{i=1}^{n}F_{Pi}y_i+\sum_{j=1}^{i}q_i\omega_i+\sum_{k=1}^{m}m_i\tan\theta_i$$

式中：y_i为集中荷载F_{Pi}作用点处S影响线的竖标；q_i为均布荷载集度q_i；ω_i为q_i作用范围内S影响线的面积；m_i为给定集中力偶，$\tan\theta_i$为m_i所在段的影响线的倾角。

（2）确定最不利荷载位置

① 单一集中荷载

该集中荷载作用于影响线的纵标最大处。

② 任意断续均布荷载

正值最大：影响线正号部分布满荷载。

负值最大：影响线负号部分布满荷载。

③ 一组集中移动荷载

首先需要判断临界位置和临界。

临界位置判别：一组移动的集中荷载作用下，某量值S发生极值的必要条件：有一集中荷载位于影响线的顶点；充分条件：当该集中荷载通过顶点时，S取得极大值或极小值。

最大正值判别式为

荷载左移$\sum F_R\cdot\tan\alpha_i\geqslant 0$

荷载右移$\sum F_R\cdot\tan\alpha_i\leqslant 0$

最小值判别式为

荷载左移$\sum F_R\cdot\tan\alpha_i\geqslant 0$

荷载右移$\sum F_R\cdot\tan\alpha_i\leqslant 0$

三角形影响线临界位置判别式为

$$\frac{F_{R左}+F_{Rk}}{a}\geqslant\frac{F_{R右}}{b}$$

$$\frac{F_{R左}}{b}\leqslant\frac{F_{R右}+F_{Rk}}{a}$$

特点：把临界荷载P_k放在哪一侧，哪一侧单位长度上的平均荷载大。

当均布荷载通过三角形影响线的顶点时，极值判别式为

$$\frac{\mathrm{d}S(x)}{\mathrm{d}x}=\sum R_i\cdot\tan\alpha_i=0$$

或

$$\frac{R_{左}}{a}=\frac{R_{右}}{b}$$

特点：两边的平均荷载相等。

注：$R_{左}$—— F_P在R左侧；$R_{右}$—— F_P在R右侧。

（3）内力包络图

连接各截面内力最大值和最小值的曲线称为内力包络图。

在移动荷载（活载）和恒载的共同作用下，将结构各截面最大内力坐标的连线，结构各截面最小内力坐标的连线，并绘制在同一个图上。包络图又分弯矩包络图和剪力包络图。由于影响线的应用基于叠加原理，因此影响线只对线弹性结构适用。

（4）简支梁的绝对最大弯矩

在移动荷载作用下，简支梁中所产生的最大弯矩，即弯矩包络图中的最大竖标所代表的弯矩值。

确定简支梁绝对最大弯矩 $M_{K\max}$ 的步骤：

① 求出简支梁跨中截面产生最大弯矩时的临界荷载 F_{Pcr}，并算出此时梁上荷载的合力 F_{R} 及其作用位置。

② 移动梁上荷载，使 F_{Pcr} 与 F_{R} 间距的中点对着梁的中点（若有荷载进入或离开梁跨内，需重新计算 F_{R} 及其作用位置），此时 F_{Pcr} 下的截面弯矩就是简支梁的绝对最大弯矩。

③ 荷载位置确定后，用静力平衡条件计算绝对最大弯矩。

绝对最大弯矩计算公式为

$$M_{K\max}=\frac{F_{\text{R}}}{l}\left(\frac{l-a}{2}\right)^2-M_K$$

式中：F_{R} 为梁上外力的合力；a 为 F_{Pcr} 与 F_{R} 的距离；$\frac{l-a}{2}$ 为发生最大弯矩时距左支座的距离；M_K 为临界荷载 F_{Pcr} 作用下梁中点截面 K 的最大弯矩。

需要注意：① 应检查最终梁上荷载是否与求合力时相符，如不符（即有荷载离开梁上或有新的荷载作用到梁上），则应重新计算合力，再行安排直至相符。② 当假设不同的梁上荷载个数均能实现上述荷载布置时，则应将不同情况 F_{Pcr} 作用下截面的弯矩分别求出，然后选大者为绝对最大弯矩。

§7-2　典型例题

1. 判断题

【例 1】 图 7-1 所示结构，$F_{\text{P}}=1$ 在 AD 段移动，F_{QE} 影响线的 AC 段纵标不为零。(　　)

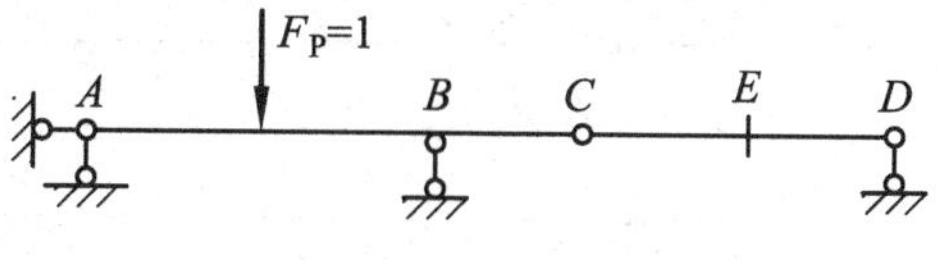

图 7-1

【答案】 ×

【分析】 AC 部分为基本部分，CD 为附属部分，E 截面位于附属部分，当荷载在基本部分上移动时，附属部分内力为零。

【例 2】 如图 7-2（a）所示，F_P 在 AF、DE 上移动时，M_K 影响线轮廓如图 7-2（b）所示。(　　)

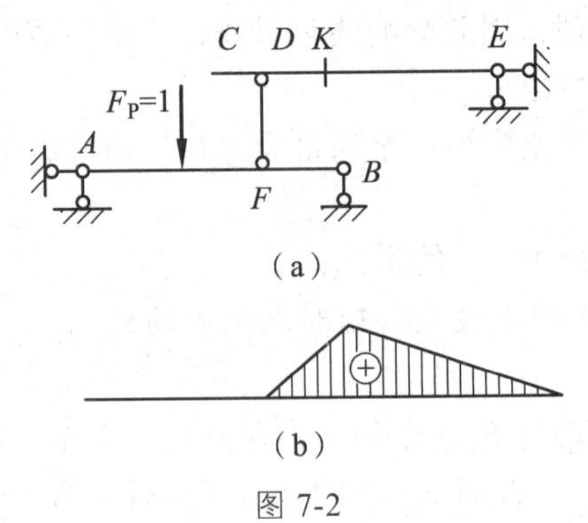

图 7-2

【答案】 √

【分析】 AB 段为基本部分，DE 段为附属部分，荷载作用在基本部分时，附属部分不产生内力，故荷载作用在 AF 段时，M_K 影响线恒为零。荷载作用在 DE 段时，DE 段为简支梁，作出 M_K 影响线轮廓如图 7-2（b）所示。

【例 3】 图 7-3 中三铰拱的 AB 杆轴力 F_{NAB} 的影响线为平直线。(　　)

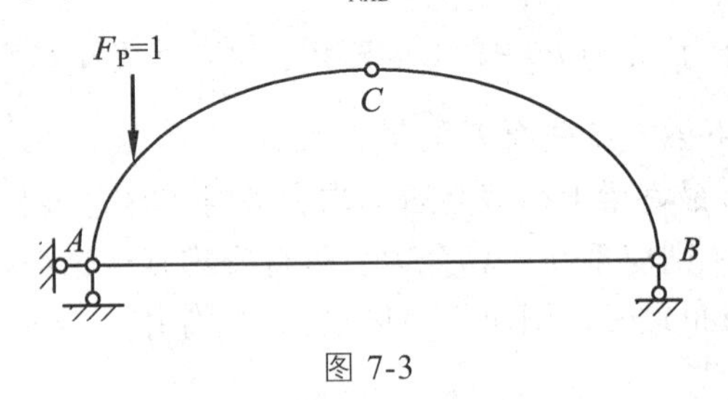

图 7-3

【答案】 ×

【分析】 图中拉杆作用等价于三铰拱的水平支座连杆，根据 $H = M_C / f$，M_C 的影响线为三角形，故拉杆 AB 的轴力 F_{NAB} 的影响线为三角形。

【例 4】 图 7-4 所示桁架 CF 杆的轴力 F_{NCF} 影响线纵标在 A—B 区段为零。(　　)

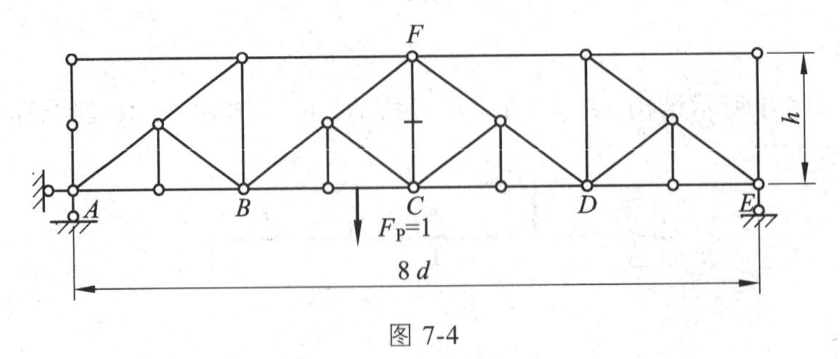

图 7-4

【答案】 √

【分析】 当荷载在 A—B 段移动时，通过零杆判断，CF 杆的轴力 $F_{NCF} = 0$。

【例 5】 图 7-5 所示梁 D 截面弯矩 M_D 影响线的最大竖标产生在 D 点。(　　)

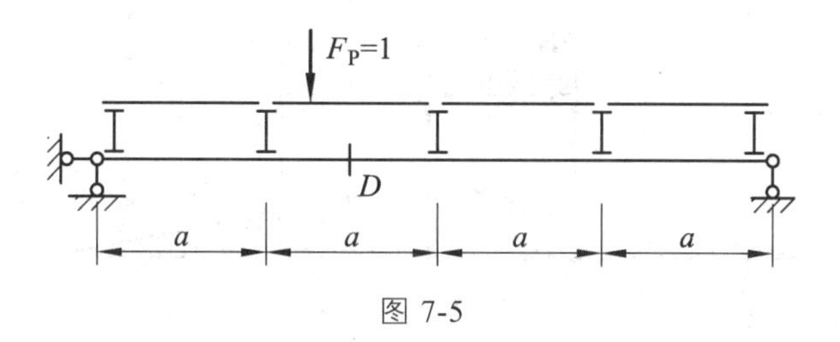

图 7-5

【答案】　×

【分析】　间接荷载作用下的影响线，相邻结点之间为一直线，M_D 影响线的最大竖标应发生在结点处，D 截面位于两结点之间。

【例 6】　图 7-6 梁 AB 在图示移动荷载作用下，截面 K 的弯矩最大值为 189.6 kN · m。(　　)

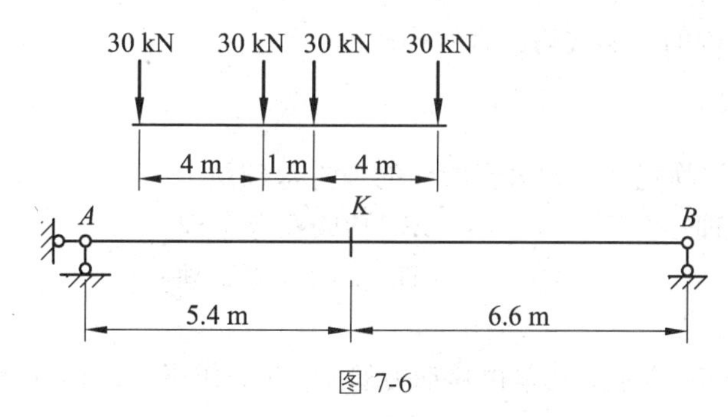

图 7-6

【答案】　×

【分析】　M_K 的影响线及临界荷载布置如图 7-7 所示，求出最大弯矩值为

$$30\times(0.77+2.97+2.52+0.72)=209.4\ \text{kN}\cdot\text{m}$$

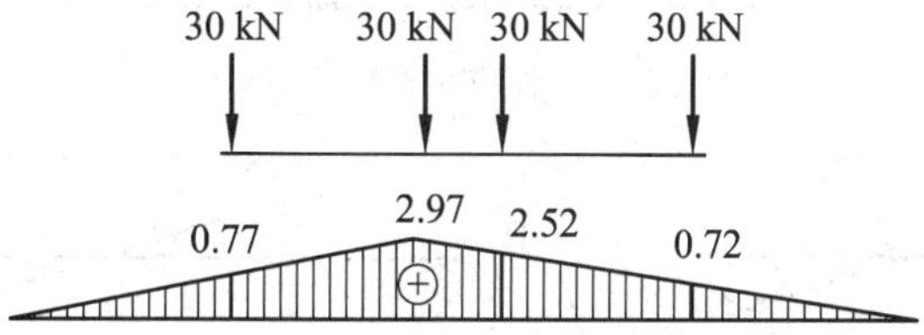

图 7-7

【例 7】　图示 7-8 所示梁的绝对最大弯矩截面距支座 A 为 6.625 m。(　　)

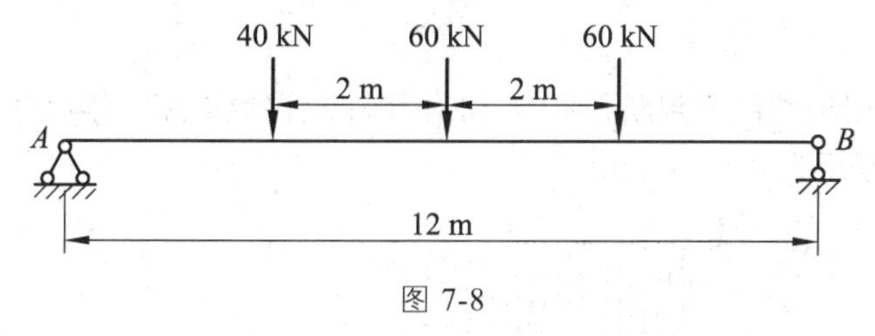

图 7-8

【答案】　×

【分析】　中点截面弯矩影响线及临界荷载布置如图 7-9 所示，合力 $F_R=40+60+60=160\ \text{kN}$，对中间 60 kN 取矩，得到合力 F_R 与 60 kN 的距离 a。

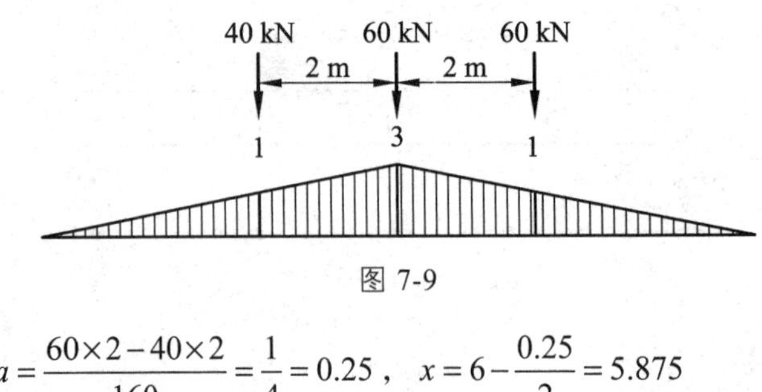

图 7-9

$$a=\frac{60\times2-40\times2}{160}=\frac{1}{4}=0.25\text{，}\quad x=6-\frac{0.25}{2}=5.875$$

即梁的绝对最大弯矩发生在距支座 A 为 5.875 m 处。

【例 8】　任何静定结构的支座反力、内力的影响线，均由一段或数段直线组成。(　　)

【答案】　√

【分析】　静定结构的影响线均由直线构成。

2. 选择题

【例 9】　机动法作静定结构内力影响线的理论基础是(　　)。

A. 刚体虚位移原理　　B. 功的互等定理

C. 位移互等定理　　D. 反力互等定理

【答案】　A

【例 10】　如图 7-10 所示，在单位移动力偶 $M=1$ 的作用下，M_C 的影响线(下侧受拉为正)为(　　)。

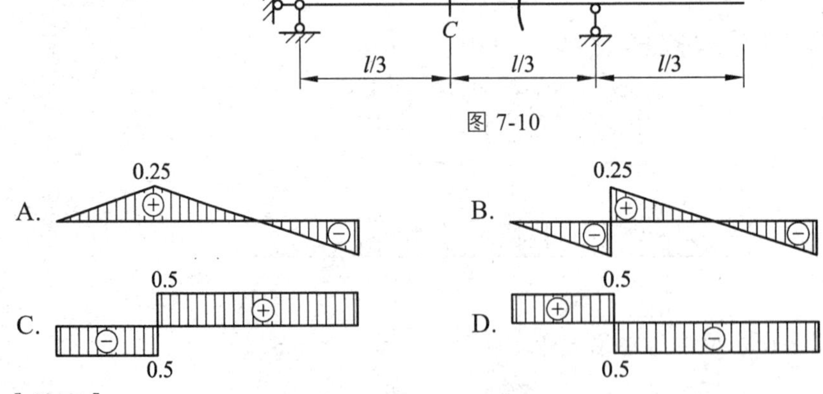

图 7-10

【答案】　D

【分析】　可采用特殊位置判断，将 $M=1$ 作用在左端铰支座，作出结构弯矩图如图 7-11 所示，此时 C 截面弯矩为 0.5 kN · m。

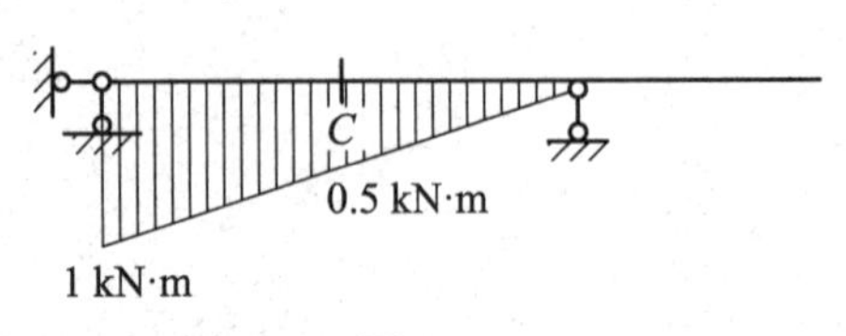

图 7-11

【例 11】　如图 7-12 所示，M_A 的影响线（M_A 以杆右侧受拉为正）B、D 两点的纵标为（　　）。

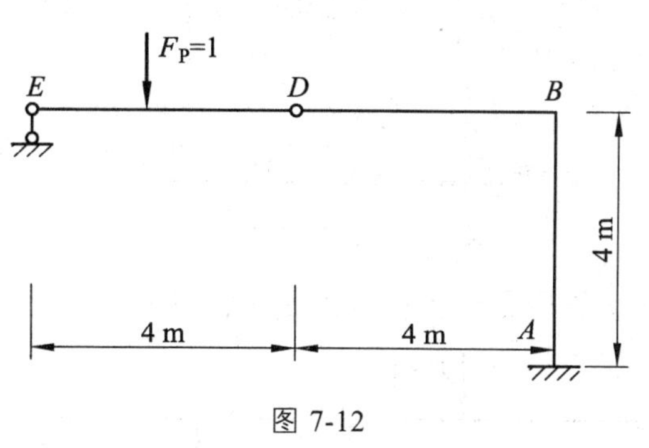

图 7-12

A. 4 m；4 m　　B. －4 m；－4 m

C. 0；－4 m　　D. 0；4 m

【答案】　D

【分析】　$F_P=1$ 作用在 B 点，$M_A=0$；$F_P=1$ 作用在 D 点，$M_A=4$ m（右侧受拉）。

【例 12】　图 7-13 所示桁架，F_P 沿下弦移动，杆 1 内力影响线为（　　）。

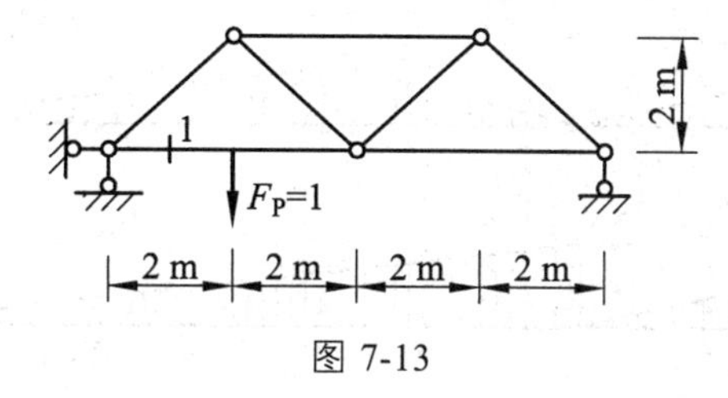

图 7-13

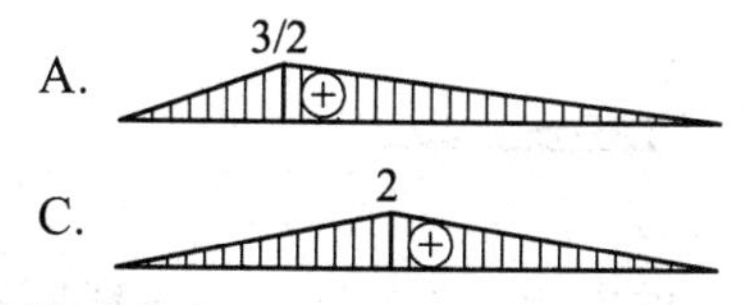

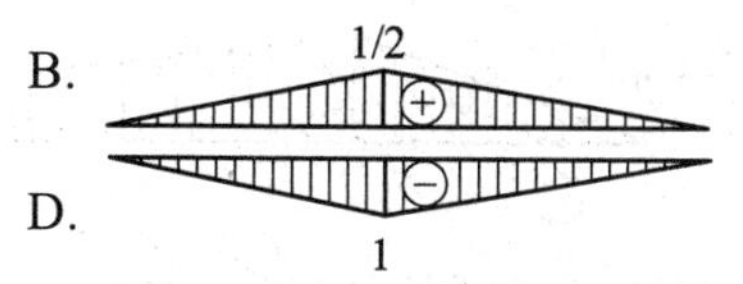

【答案】　B

【分析】　可采用特殊截面判断，当 $F_P=1$ 作用在中点时，求出 $F_{N1}=0.5$。

【例 13】　图 7-14 所示结构，M_K 影响线的直线段的数目是（　　）条。

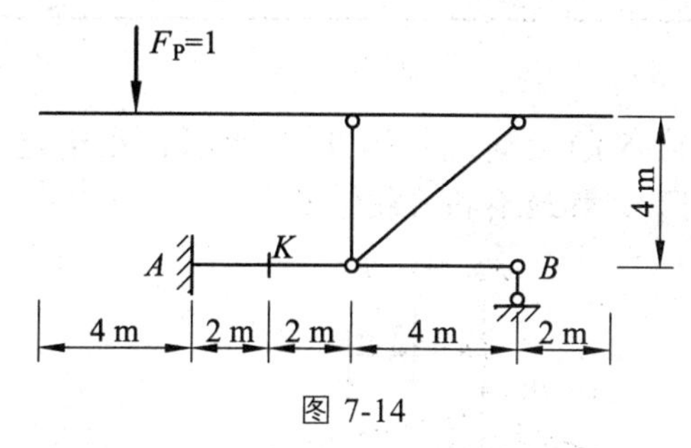

图 7-14

A. 1　　B. 2　　C. 3　　D. 4

【答案】　A

【分析】　M_K 影响线如图 7-15 所示，为 1 条直线。

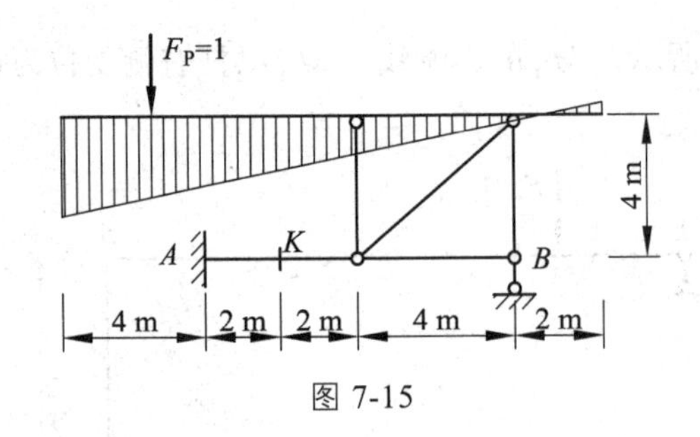

图 7-15

【例 14】　图 7-16 所示结构支座 A 右侧截面剪力影响线形状为（　　）。

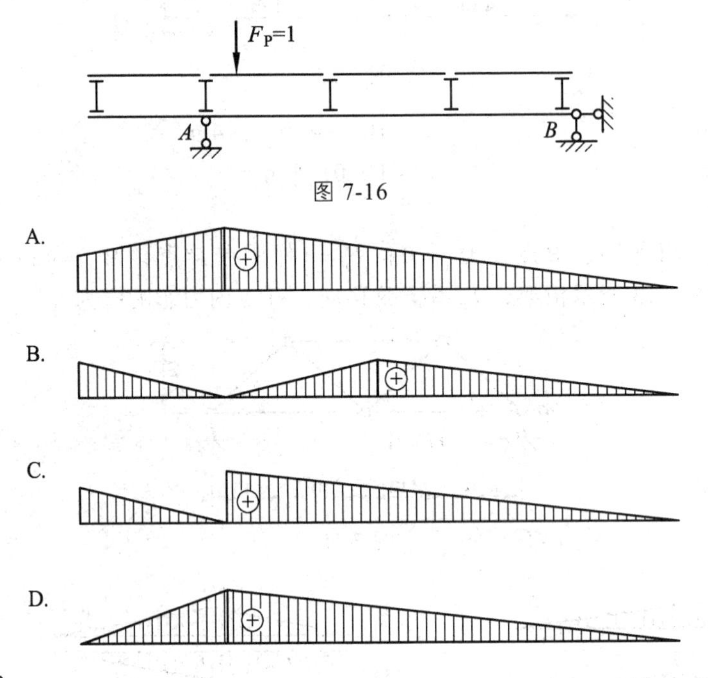

图 7-16

【答案】　B

【分析】　作出直接荷载作用下支座 A 右侧截面剪力 F_{QAR} 的影响线，如图 7-17 虚线所示，连接各结点得到选项 B。

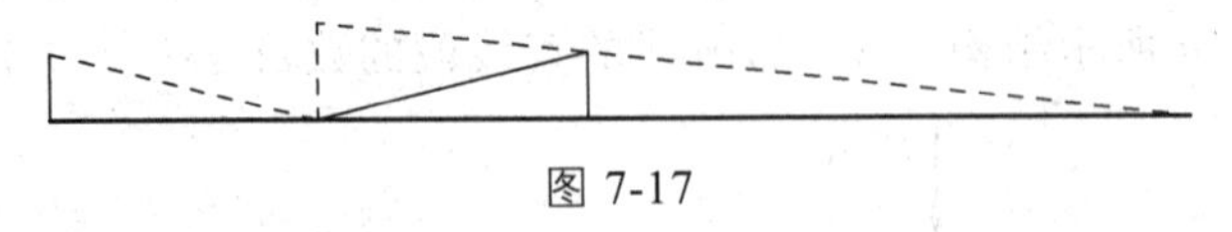

图 7-17

【例 15】　已知某量值 S 的影响线如图 7-18 所示，在给定的移动荷载 $F_{P1}=8\ \text{kN}$，$F_{P2}=1\ \text{kN}$，$F_{P3}=2\ \text{kN}$ 作用下，其最不利荷载位置为（　　）。

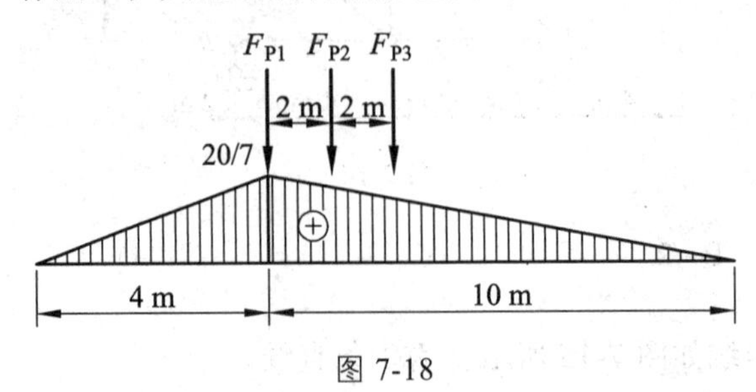

图 7-18

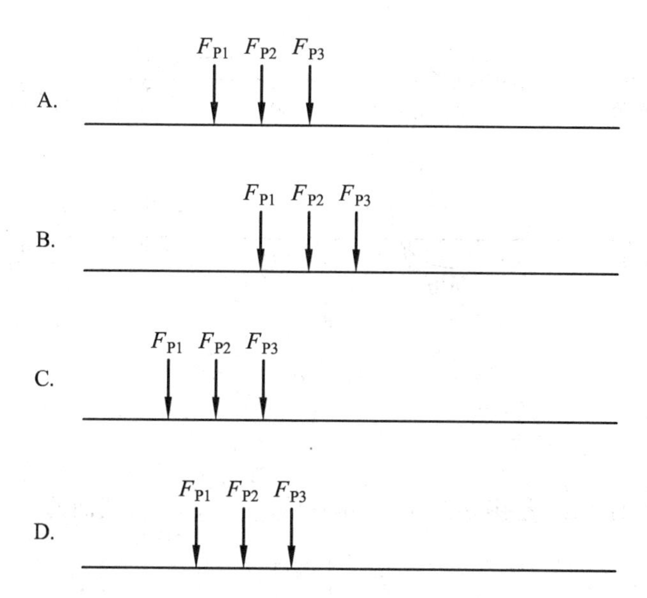

【答案】 B

【分析】 该量值 S 影响线形状为三角形，经计算，$F_{P1}=8\text{ kN}$，$F_{P2}=1\text{ kN}$ 作用于顶点时，均为临界荷载。经计算得出：A 选项中 $F_{P1}=8\text{ kN}$ 作用于顶点时，量值 $S=132/7$；B 选项中 $F_{P2}=1\text{ kN}$ 作用于顶点时，量值 $S=194/7$。

【例 16】 图 7-19 所示荷载布置为该连续梁某量值 S 的最不利布置，该量值 S 为(　　)。

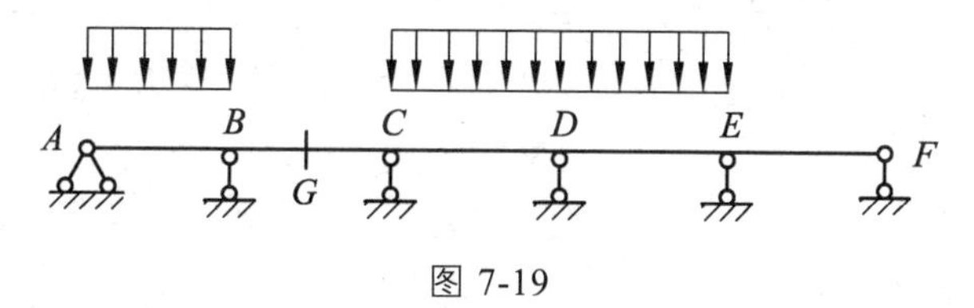

图 7-19

A. B 支座反力　　B. D 支座反力

C. BC 跨中弯矩　　D. E 支座弯矩

【答案】 B

【分析】 分别作出 B 支座反力 F_{RB}、D 支座反力 F_{RD}、BC 跨中弯矩 M_G、E 支座弯矩 M_E 的影响线的形状如图 7-20（a）、（b）、（c）、（d）所示，题中荷载分布满足的是 D 支座反力 F_{RD} 的荷载不利布置。即在此布置下 F_{RD} 有最大值。

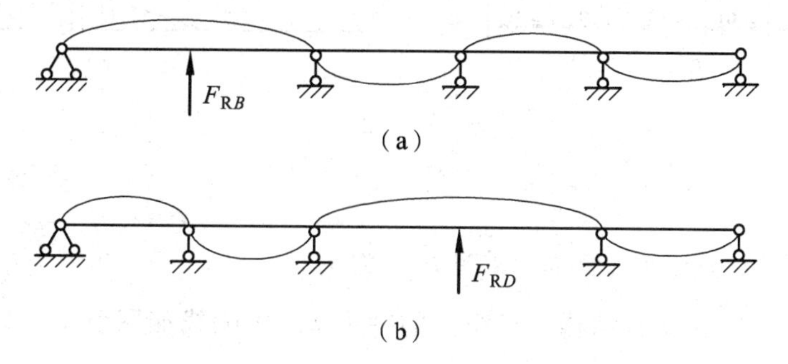

（a）

（b）

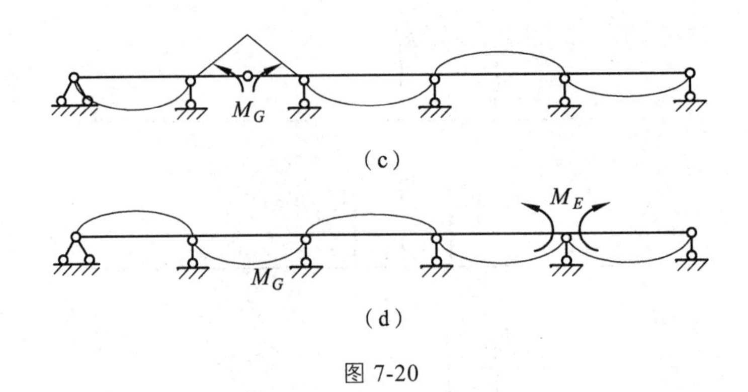

图 7-20

3. 填空题

【例 17】 图 7-21（b）是图 7-21（a）结构的＿＿＿＿＿截面的＿＿＿＿＿影响线。

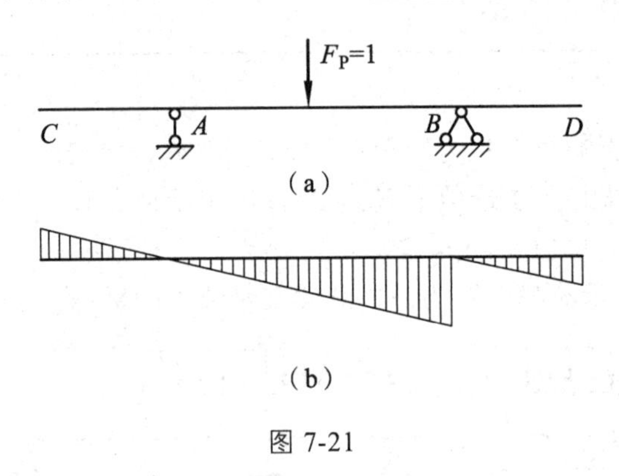

图 7-21

【答案】 B 左；剪力

【例 18】 图 7-22（a）结构主梁截面 B 右的剪力影响线 F_{QB}右如图 7-22（b）。其顶点竖标 y =＿＿＿＿＿。

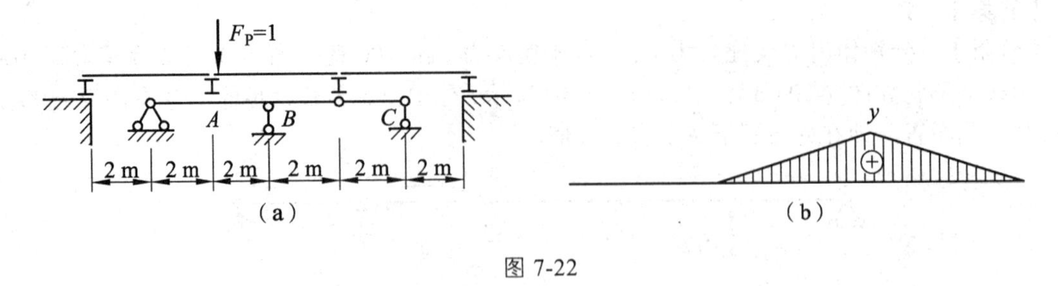

图 7-22

【答案】 1

【分析】 将荷载置于顶点截面，求出 $F_{QB右}$ 为 1。

【例 19】 图 7-23 所示结构，K 截面的轴力 F_{NK} 影响线如图所示，影响线中的竖标 y =＿＿。

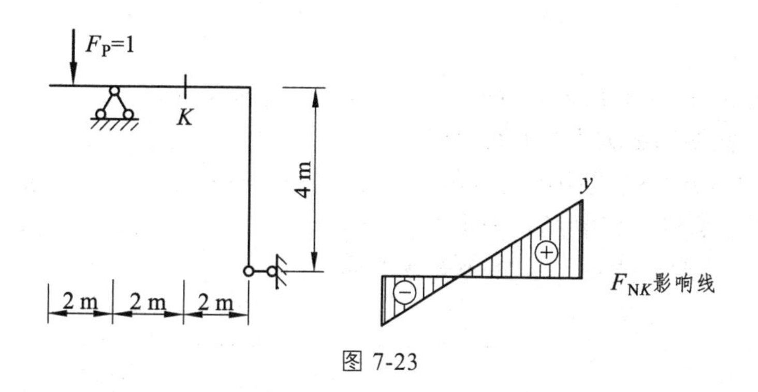

图 7-23

【答案】 1

【分析】 将 $F_P=1$ 作用在横梁最右端，求出 F_{NK} 轴力为 1。

【例 20】 如图 7-24（a）所示平行弦桁架的 F_{N2} 影响线如图 7-24（b）所示，可知单位移动荷载在______范围内移动。

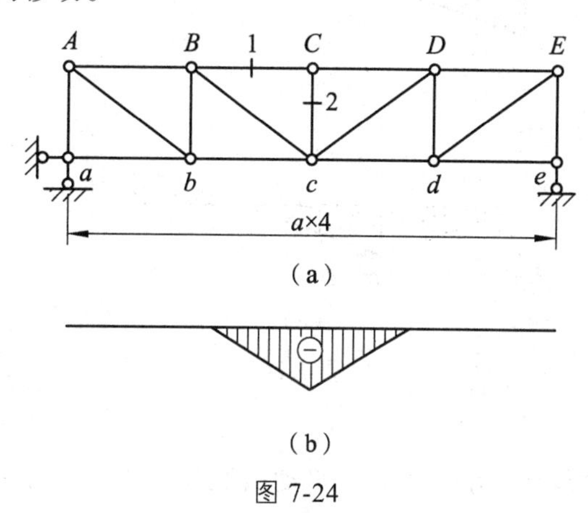

图 7-24

【答案】 AE

【解析】 当 $F_P=1$ 在下弦 ae 范围内移动时，取结点 C 可知 $F_{N2}=0$；当 $F_P=1$ 在上弦 AE 范围内移动时，F_{N2} 影响线符合图 7-24（b）。

【例 21】 由图 7-25 所示 DG 杆的轴力影响线可知该桁架是__________杆承载（上弦或下弦）。

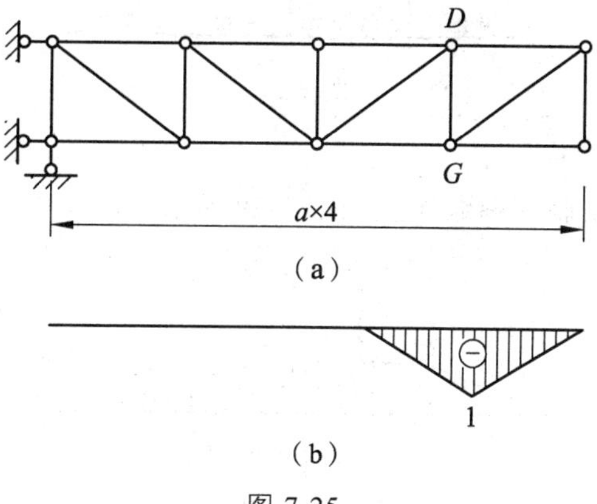

图 7-25

【答案】 上弦

【分析】 当 $F_P=1$ 在下弦结点 G 时，F_{NDG} 为零。当 $F_P=1$ 在上弦结点 D 处时，DG 杆的轴力 F_{NDG} 为 -1。故图示影响线为上弦承载的结果。

【例 22】 图 7-26（b）是图示结构在 A 点受荷载 $F_P=1\ \text{kN}$ 作用时的弯矩图，图 7-26（c）是截面 D 的弯矩影响线。其中：y_1 表示 $F_P=1\ \text{kN}$ 作用于 A 点，截面_____的弯矩，y_2 表示 $F_P=1$ 作用于_____点时，截面_____的弯矩影响线纵标。

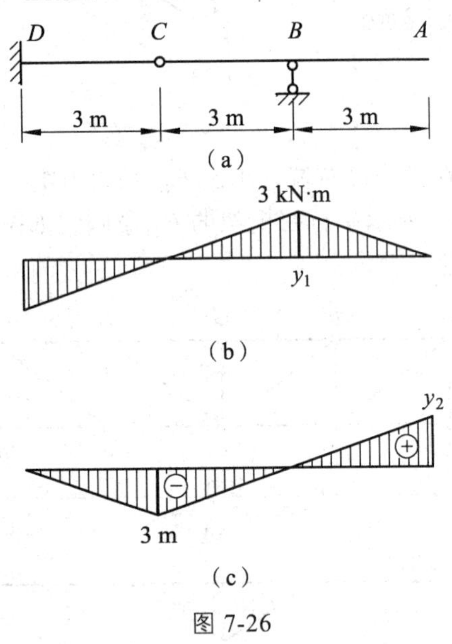

图 7-26

【答案】 B；A；D

【例 23】 图 7-27 所示结构在给定的移动荷载作用下，梁上截面 C 的弯矩最大值为________________。

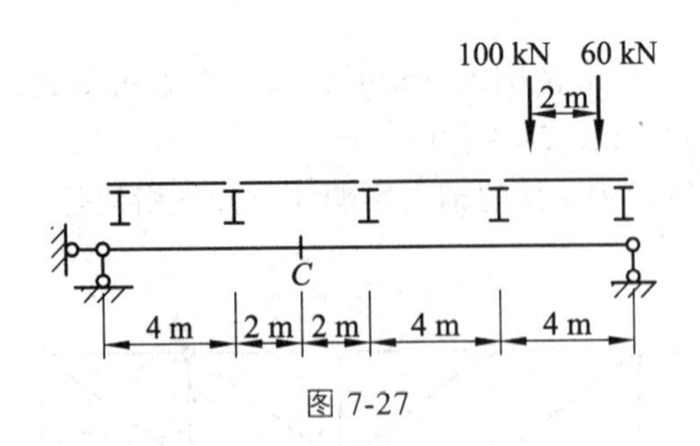

图 7-27

【答案】 455 kN · m

【分析】 M_C 影响线及临界荷载布置如图 7-28 所示，$M_C=60\times3+100\times2.75=455\ \text{kN}\cdot\text{m}$。

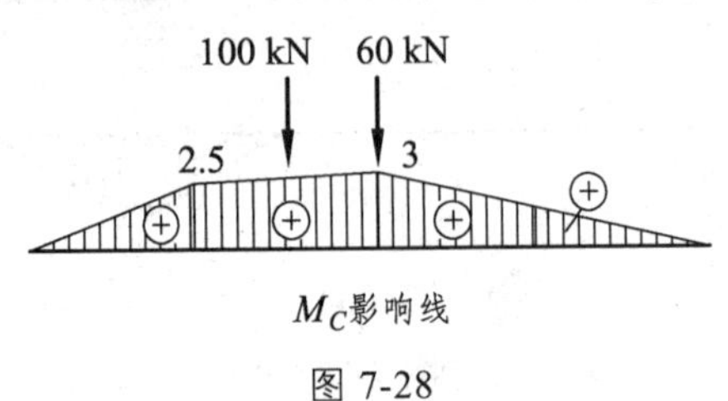

图 7-28

4. 计算题

【例 24】 作图 7-29 所示结构的 M_K、M_C、$F_{QC左}$ 的影响线。

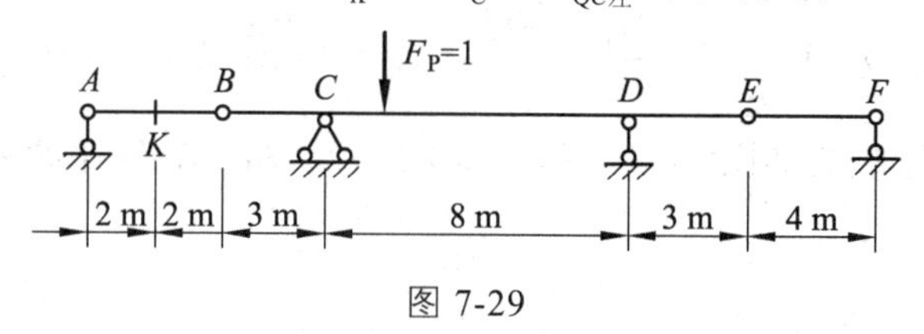

图 7-29

【解】

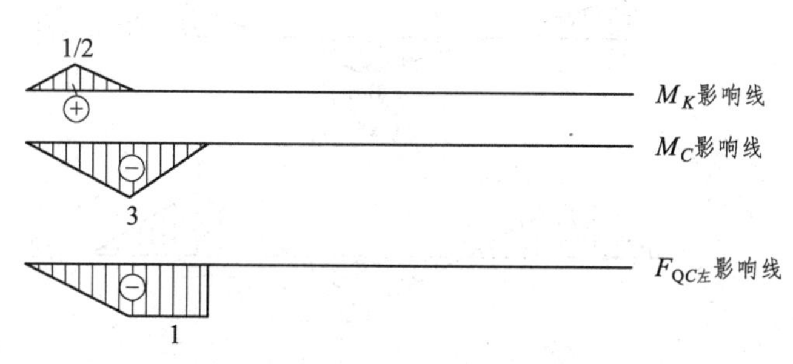

图 7-30

【例 25】 作图 7-31 所示多跨静定梁在间接荷载作用下，主梁 M_K 的影响线。

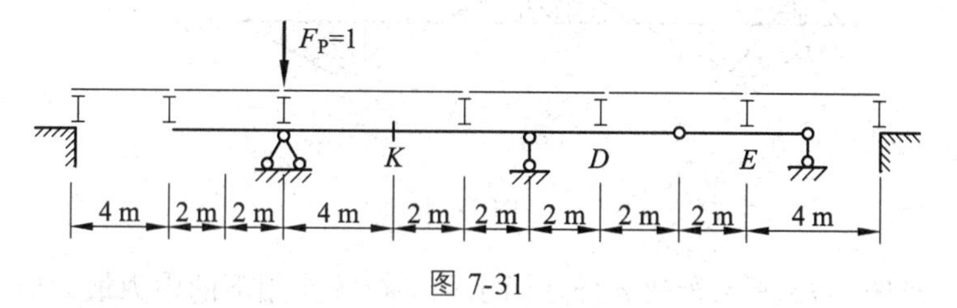

图 7-31

【解】 先按直接荷载作用情况画出主梁指定量值的影响线（虚线）（图 7-32），得各横梁处竖标；然后按每节间为直线的原则，将各横梁竖标连以直线，得间接荷载作用下主梁指定量值的影响线。

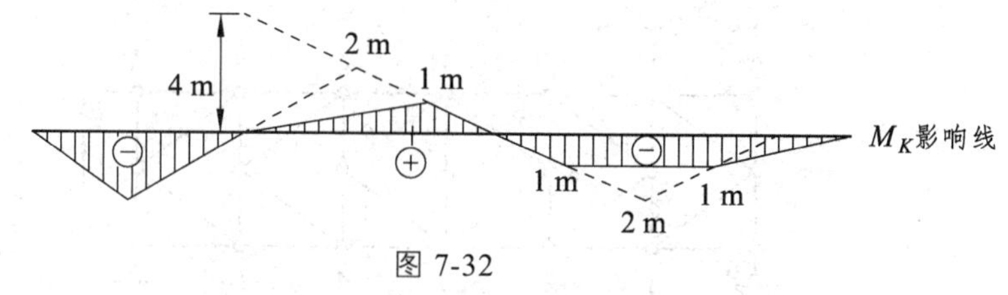

图 7-32

【例 26】 作图 7-33 所示多跨静定刚架截面 K 的弯矩影响线。

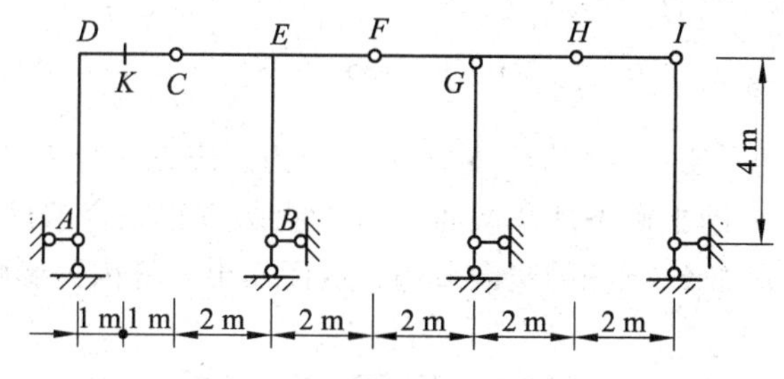

图 7-33

【解】 图 7-33 基本部分为三铰刚架，其余为附属部分。作基本部分截面 K 的影响线与绘制三铰拱量值的影响线相同。

在公式 $M_K = M_K^0 - Hy_K$ 中，$H = \dfrac{M_C^0}{f} = \dfrac{M_C^0}{4}$，$y_K = 4$。所以 $M_K = M_K^0 - Hy_K = M_K^0 - \dfrac{M_C^0}{4} \times 4 = M_K^0 - M_C^0$。$M_K^0$、$M_C^0$ 影响线如图 7-34（a）、（b）所示，将二者纵距叠加，得 M_K 影响线，如图 7-34（c）所示。

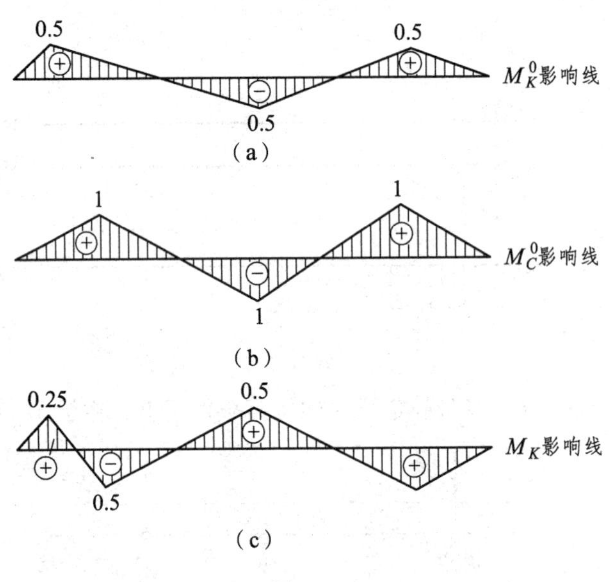

图 7-34

【例 27】 求图 7-35 所示桁架 a 杆在图示移动荷载作用下的内力最大值。

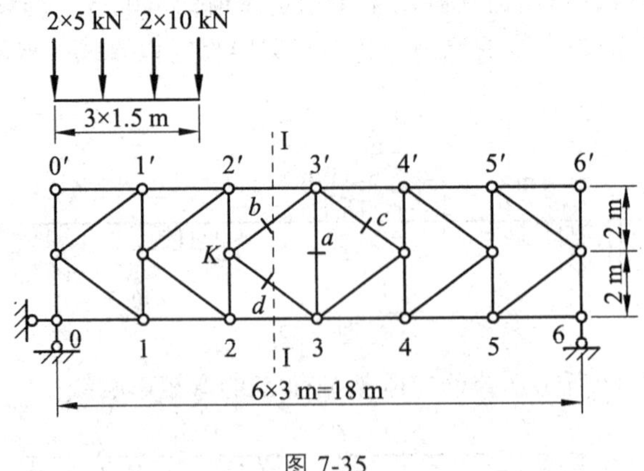

图 7-35

【解】 由结点 3′ 的平衡条件可知，欲求 a 杆内力，应先求得 b 杆及 c 杆的竖向分力。b 杆的竖向分力可由结点 K 的平衡条件及截面 I—I 的投影方程联合求得。同理，c 杆的竖向分力也可按此法求得。分别作 b、c 杆的竖向分力，从而作出 a 杆内力影响线，作 b 杆的竖向分力影响线。

由结点 K 的平衡条件可知 $F_{xb} = -F_{xd}$，因而有 $F_{Nb} = -F_{Nd}$ 及 $F_{yb} = -F_{yd}$，即 b、d 两杆的竖

向分力数值相等符号相反。再作截面 I—I，截开下弦 2-3 节间。当 $F_P=1$ 不在 2-3 节间时，$F_{yb}=-\frac{1}{2}F_{Q23}^0$，即 b、d 两杆共同承受节间 2-3 的剪力，而两杆的竖向分力又等值反号，故知每杆承受一半。其竖向分力与正向剪力方向相反。

当 $F_P=1$ 在 2-3 节间时，将 2、3 两点纵坐标连以直线即可。

由上所述，作 b 杆竖向分力的影响线 F_{yb}，先作出相应简支梁在结点荷载作用下 2-3 节间的剪力影响线，并将它的纵坐标乘以 $-\frac{1}{2}$，取 2 以左一段得到其左直线；取 3 以右一段得到其右直线；在被截 2-3 节间部分，取 2、3 两点纵坐标连以直线即得 F_{yb} 影响线，如图 7-36（a）所示。

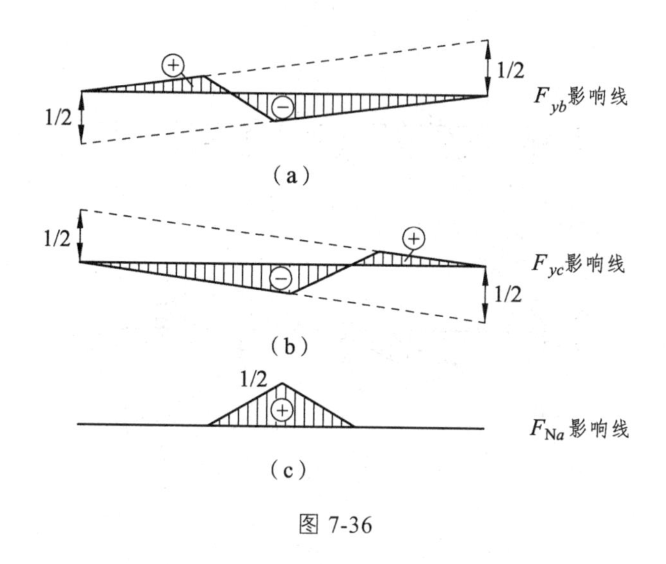

图 7-36

作 c 杆内力影响线，按上述方法可写出 $F_{yc}=\frac{1}{2}F_{Q34}^0$。

据此可作出 F_{yc} 的影响线，如图 7-36（b）所示。

作 a 杆内力影响线：取结点 3′ 为隔离体，由 $\sum F_y=0$，有 $F_{Na}=-(F_{yb}+F_{yc})$。由于结点 3′ 不在承载弦上，故此方程对于 $F_P=1$ 在下弦任意位置移动都是适用的，于是将 F_{yb}、F_{yc} 两影响线叠加并反号，得到 F_{Na} 的影响线，如图 7-36（c）所示。

在移动荷载作用下，$F_{Na\max}=\frac{1}{2}\times10+\frac{1}{4}\times10+\frac{1}{2}\times5=10\ \text{kN}$。

【例 28】 试绘出如图 7-37 所示超静定梁的 M_K、F_{QC}、F_{QL}、F_{RE} 影响线的轮廓。

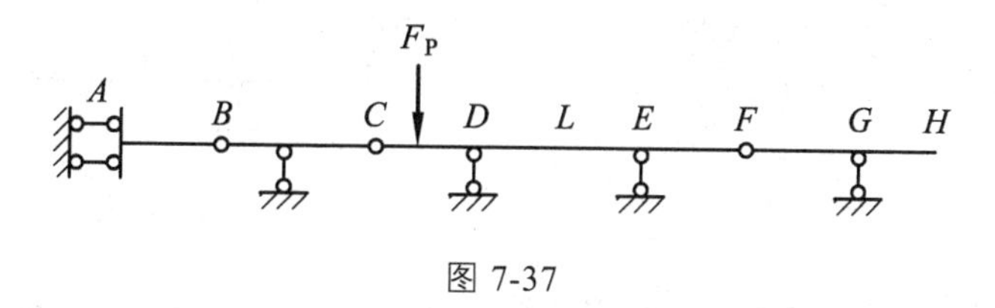

图 7-37

【解】 分别解除与 M_K、F_{QC}、F_{QL}、F_{RE} 相应的约束，并代以相应的正向约束力。然后绘出解除约束所得的结构在相应正向约束力作用下的虚位移图并将它反号，即可得 M_K、F_{QC}、F_{QL}、F_{RE} 影响线的轮廓，分别如图 7-38（a）~（d）所示。

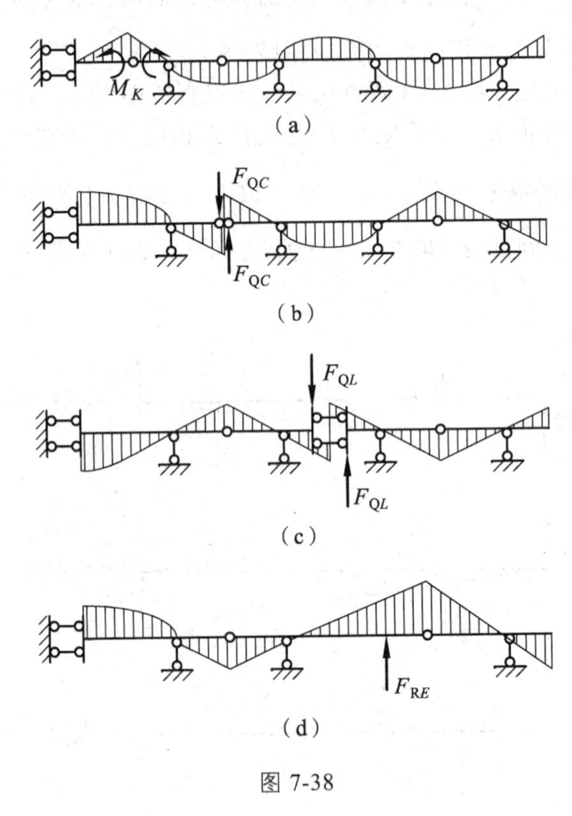

图 7-38

§7-3　自测题

7-1　图示结构 BC 杆轴力的影响线应画在 BC 杆上。（　　）

7-2　图示梁 F_{RA} 的影响线与 $F_{QA右}$ 的影响线相同。（　　）

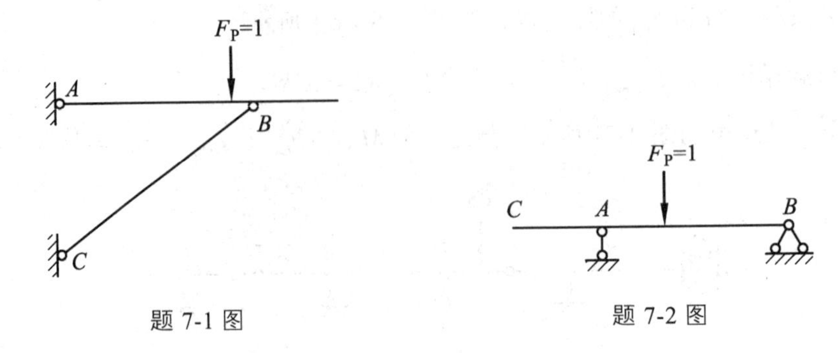

题 7-1 图　　　　题 7-2 图

7-3　利用 M_c 影响线求图示结构在固定荷载 F_{P1}、F_{P2}、F_{P3} 作用下 M_c 的值，可用它们的合力 F_R 来代替，即 $M_c = F_{P1}y_1 + F_{P2}y_2 + F_{P3}y_3 = F_R\bar{y}$。（　　）

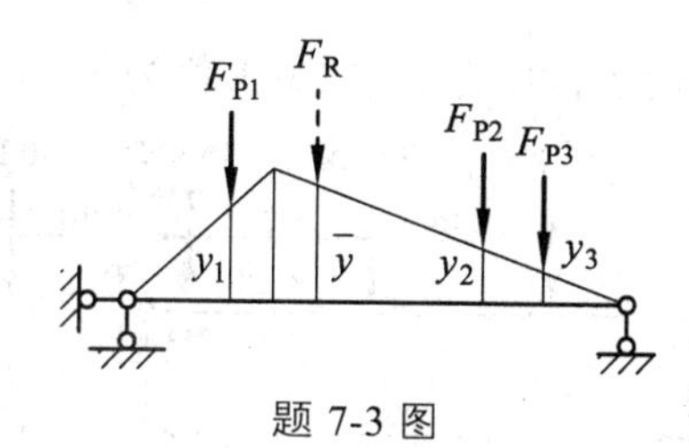

题 7-3 图

7-4 绝对最大弯矩是移动荷载作用下梁各截面最大的弯矩。(　　)

7-5 图（a）所示桁架中杆 1 的轴力影响线如图（b）所示。(　　)

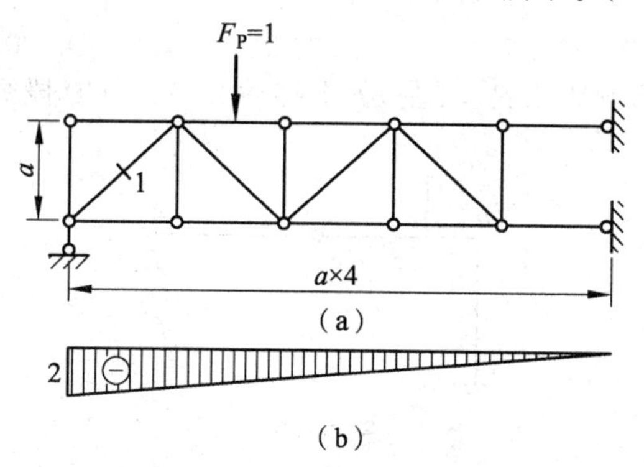

题 7-5 图

7-6 图（a）所示主梁 $F_{QC左}$ 影响线如图（b）所示。(　　)

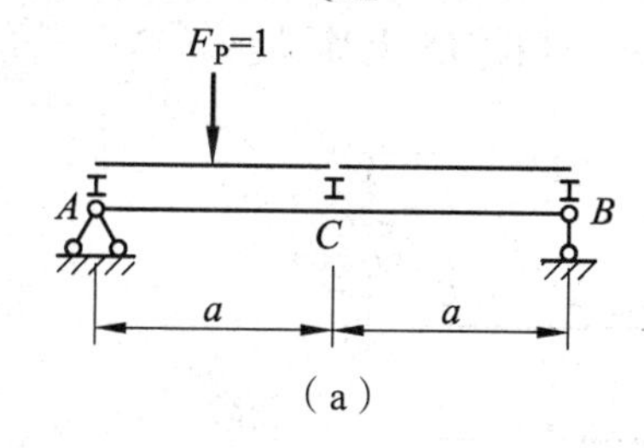

题 7-6 图

7-7 图示结构中支座 A 右侧截面剪力影响线的形状为（　　）。

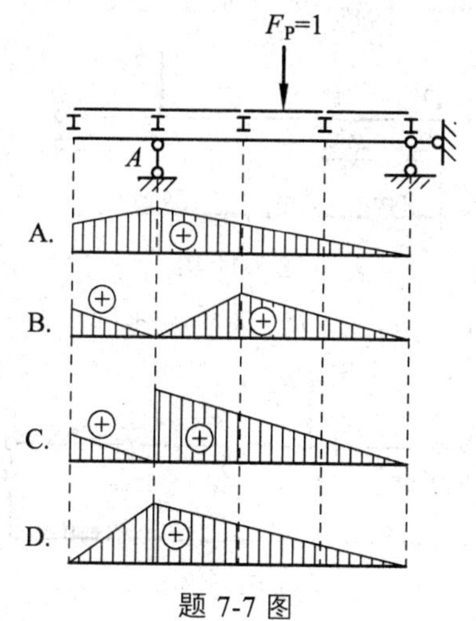

题 7-7 图

7-8　图示梁在行列荷载作用下，反力 F_{RA} 的最大值为（　　）。

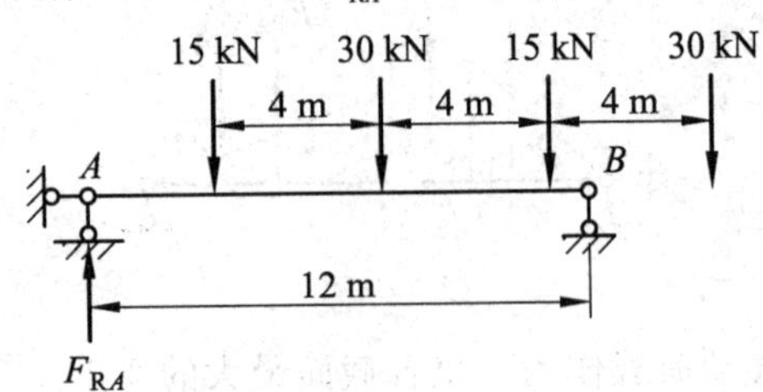

题 7-8 图

A. 55 kN　　B. 50 kN　　C. 75 kN　　D. 90 kN

7-9　图示结构 F_{QC} 影响线（$F_P=1$ 在 BE 上移动），BC、CD 段竖标特征为（　　）。

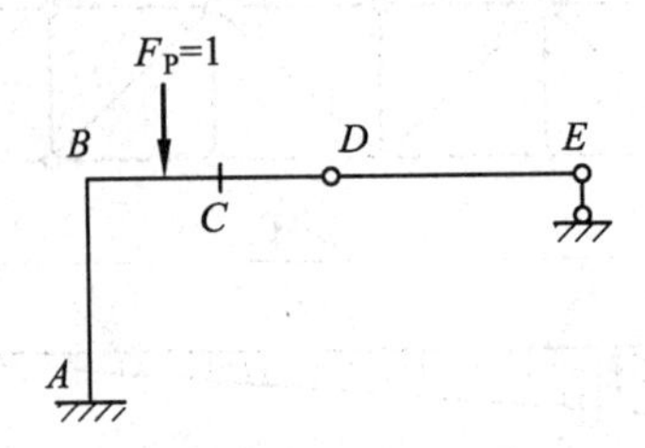

题 7-9 图

A. BC，CD 均不为零　　B. BC，CD 均为零

C. BC 为零，CD 不为零　　D. BC 不为零，CD 为零

7-10　作图示结构中 F_{NBC}、M_D 的影响线，$F_P=1$ 在 AE 上移动。

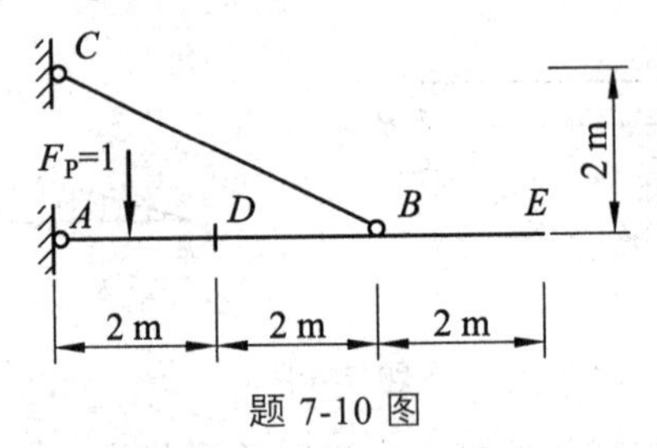

题 7-10 图

7-11　作图伸臂梁的 M_A、M_C、$F_{QA左}$、$F_{QA右}$ 的影响线。

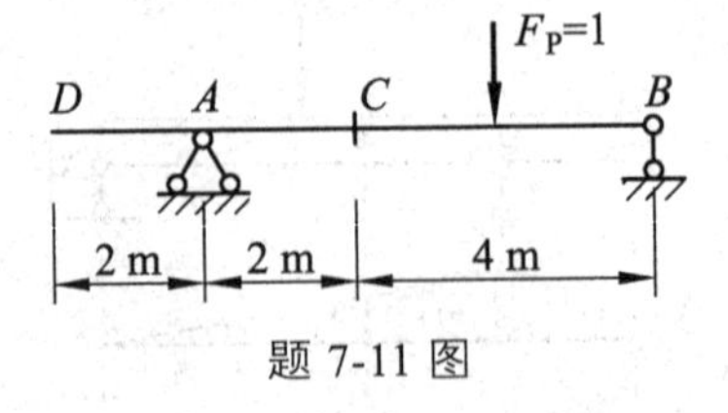

题 7-11 图

7-12　作图示结构中截面 C 的 M_C、F_{QC} 的影响线。

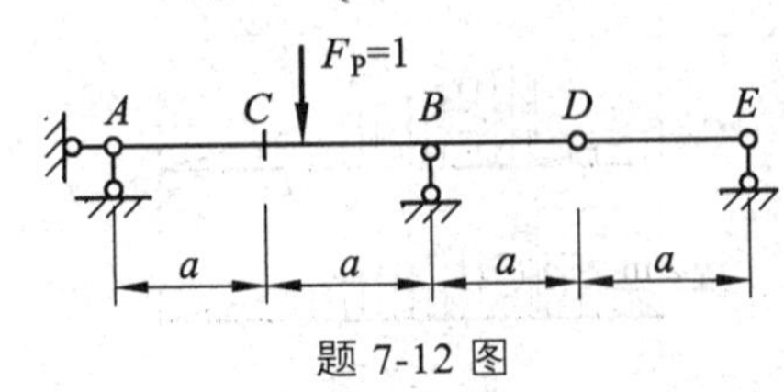

题 7-12 图

7-13 作图示主梁在间接荷载作用下的 M_K 、 F_{QK} 的影响线。

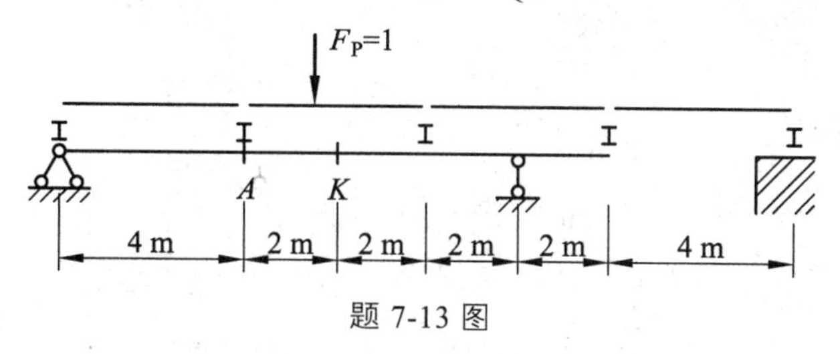

题 7-13 图

7-14 求图示桁架 a 杆在图示移动荷载作用下的内力最大值。已知 $h=3$ m 。

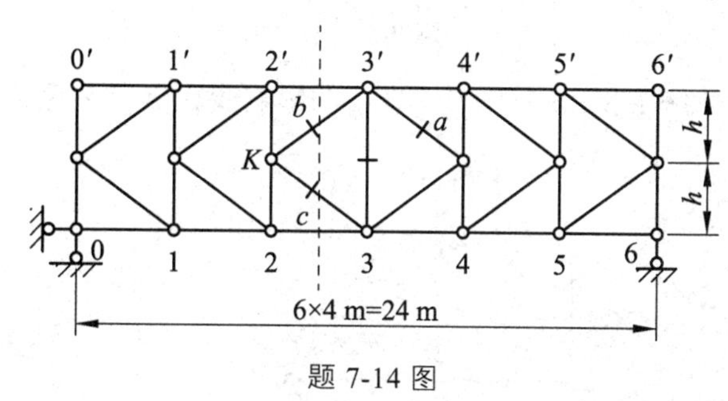

题 7-14 图

7-15 作图示梁 M_A 的影响线，并利用影响线求出给定荷载下的 M_A 值。

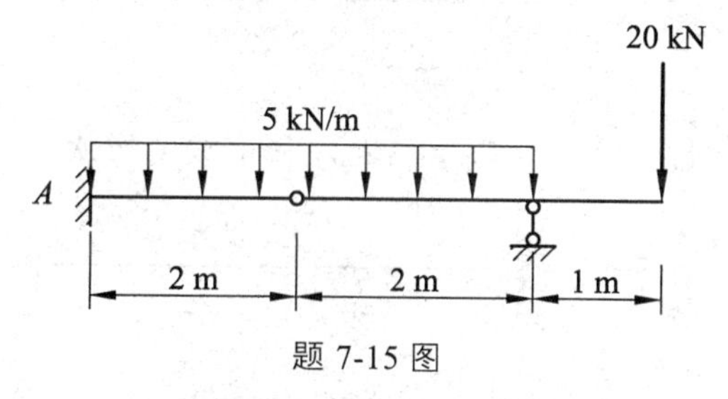

题 7-15 图

7-16 利用影响线，求图示固定荷载作用下截面 K 的内力 M_K 、 F_{QK} 。

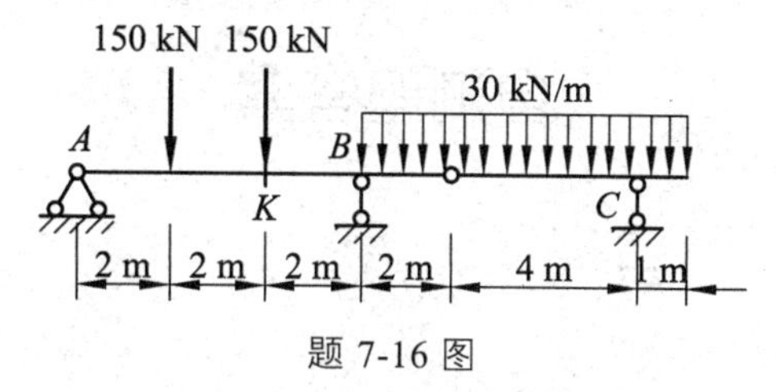

题 7-16 图

7-17 如图所示， $F_P=1$ 在 AB 上移动，作 F_{QC} 、 M_D 、 F_{QD} 的影响线。

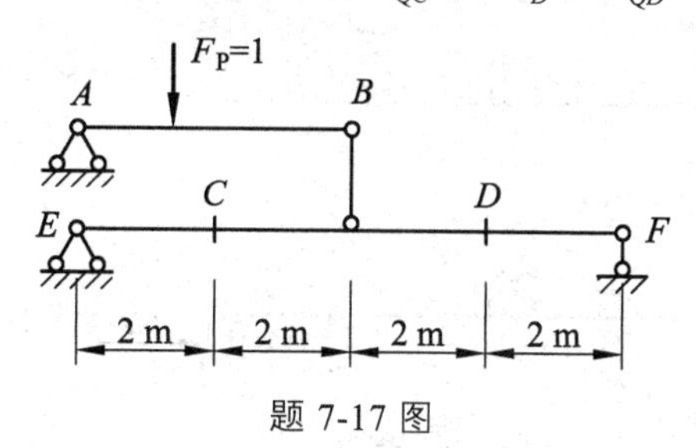

题 7-17 图

7-18 如图所示，竖向荷载 $F_P=1$ 沿 ACD 移动，求 M_B 影响线在 D 点的竖标和 B 点的竖标。

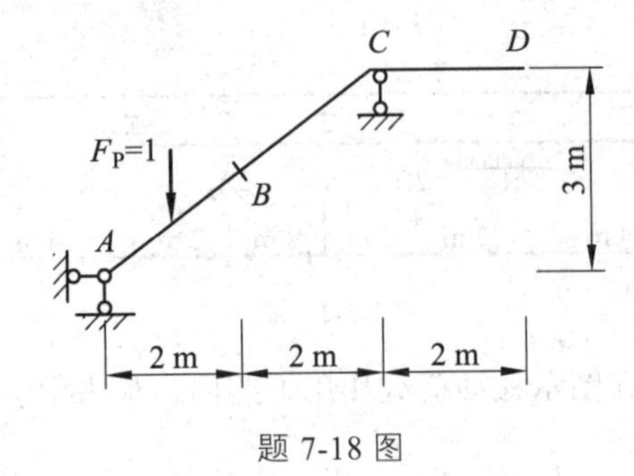

题 7-18 图

7-19 如图所示，$F_P=1$ 沿 AB 移动，求 F_{QD} 的影响线在 B 点的竖向数值。

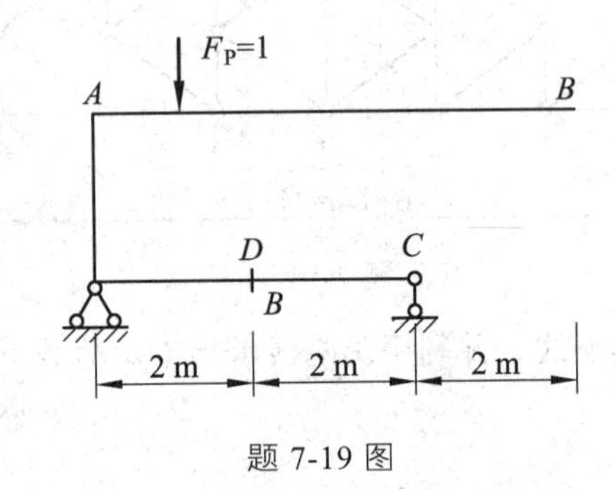

题 7-19 图

7-20 作图示连续梁 M_K、M_B、$F_{QB左}$、$F_{QB右}$ 影响线的形状。

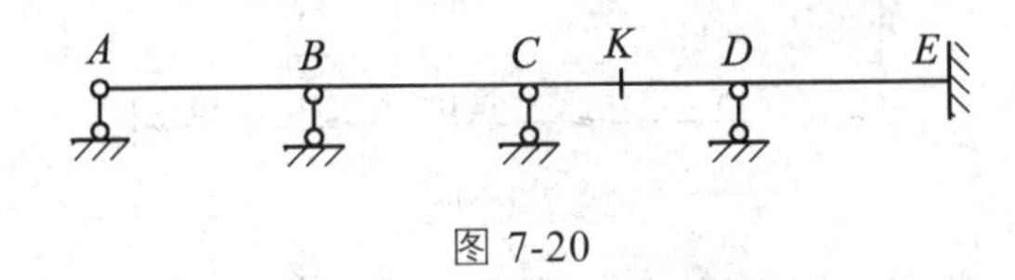

图 7-20

自测题答案

7-1 （×） 7-2 （×） 7-3 （×） 7-4 （×） 7-5 （×） 7-6 （×）
7-7 （B） 7-8 （B） 7-9 （C）

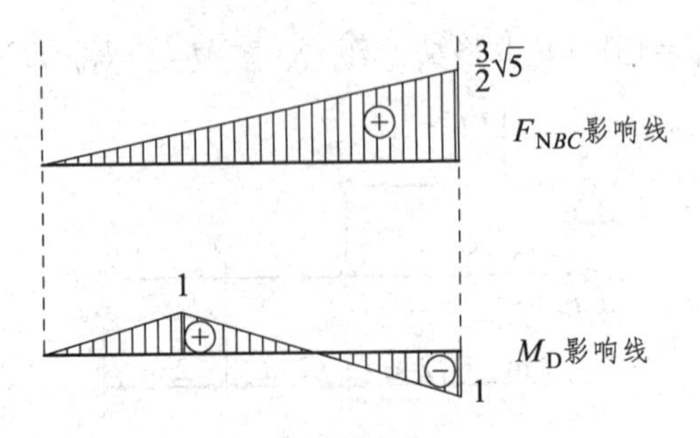

题 7-10 答案

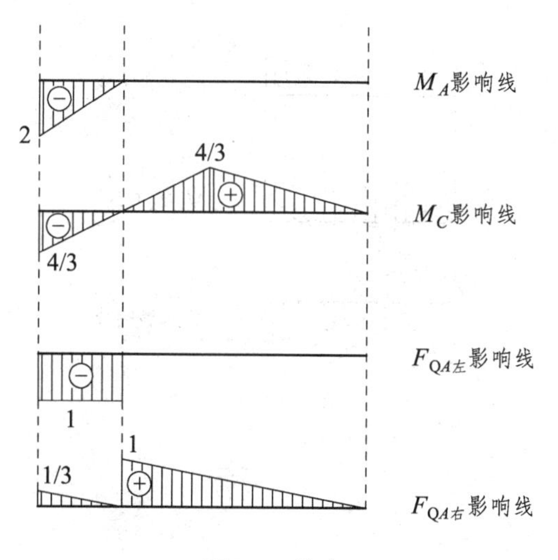

题 7-11 答案

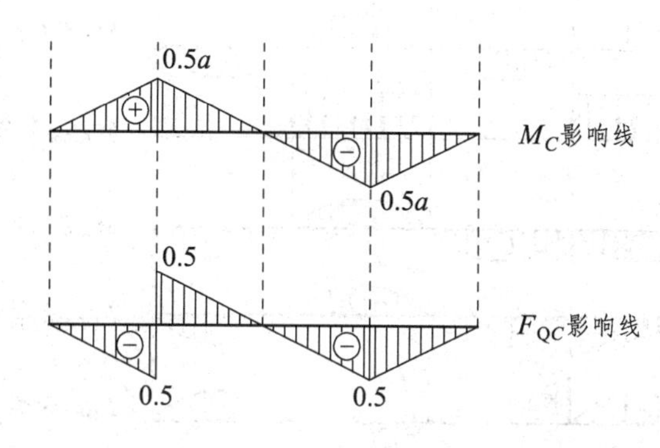

题 7-12 答案

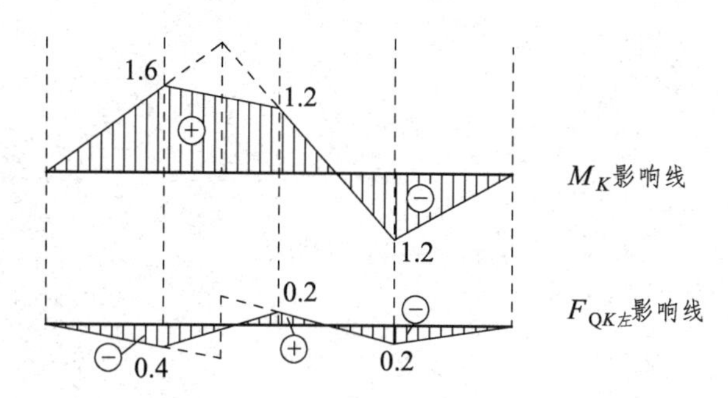

题 7-13 答案

7-14　$F_{Na\max} = 30 \times 1 = 30\ \text{kN}$

7-15　$M_A = 0$

7-16　$M_K = 185\ \text{kN}$；$F_{QK} = -28.75\ \text{kN}$

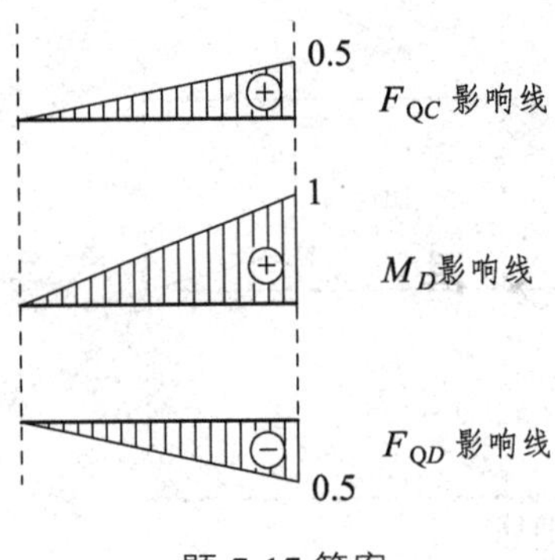

题 7-17 答案

7-18　－1 m；0

7-19　3

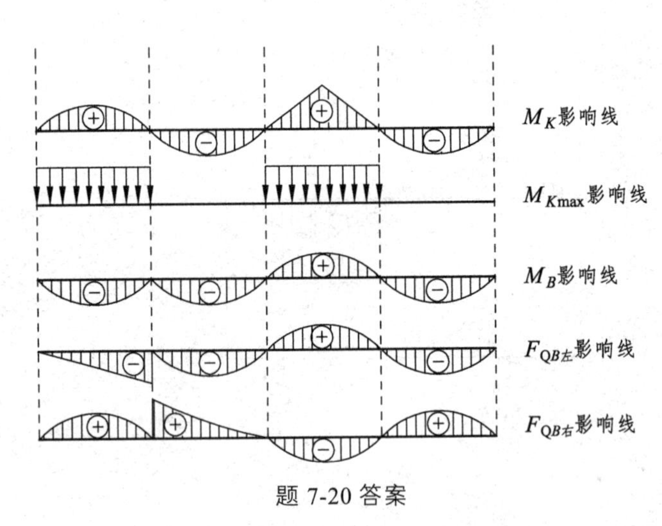

题 7-20 答案

第8章　结构动力学

§8-1　知识要点

1. 基本概念

动力荷载：大小、方向和作用位置随时间变化的荷载。在动力荷载作用下，结构的动力反应（动内力、动位移等）都随时间变化。

动力自由度：确定体系在振动过程中任意时刻全部质量的位置所需独立几何参数的数目。

自由振动：体系在没有动荷载（即干扰力）作用时，由初始干扰（初位移、初速度）的影响所引起的振动。

强迫振动：体系在动荷载作用下产生的振动。

2. 单自由度体系的自由振动

（1）不考虑阻尼时的自由振动

运动微分方程为

$$m\ddot{y}+ky=0$$

令 $\omega^2=\dfrac{k}{m}$，有

$$\ddot{y}+\omega^2 y=0$$

求解运动微分方程可得任一时刻质点位移为

$$y(t)=y_0\cos\omega t+\frac{v_0}{\omega}\sin\omega t=A\sin(\omega t+\varphi)$$

式中：y_0 为初始位移；v_0 为初始速度；ω 为自振频率。

自振频率为

$$\omega=\sqrt{\frac{1}{m\delta}}=\sqrt{\frac{k}{m}}$$

式中：δ 为柔度系数；k 为刚度系数。

振幅　$A=\sqrt{y_0^2+\dfrac{v_0^2}{\omega^2}}$

初相角　$\varphi=\arctan\dfrac{y_0\omega}{v_0}$

（2）考虑阻尼时的自由振动

运动微分方程为

$$m\ddot{y}+c\dot{y}+ky=0 \quad 或 \quad \ddot{y}(t)+2\xi\omega\dot{y}(t)+\omega^2 y(t)=0$$

式中：$\xi=\dfrac{c}{2m\omega}$，为阻尼比。

小阻尼时，$0<\xi<1$。运动微分方程的解为

$$y(t)=\mathrm{e}^{-\xi\cdot\omega\cdot t}\left(y_0\cos\omega_\mathrm{d}t+\frac{\dot{y}_0+y_0\xi\omega}{\omega_\mathrm{d}}\sin\omega_\mathrm{d}t\right)=A\mathrm{e}^{-\xi\cdot\omega\cdot t}\sin(\omega_\mathrm{d}t+\varphi_\mathrm{d})$$

其中

$$\omega_\mathrm{d}=\omega\sqrt{1-\xi^2}$$

$$A=\sqrt{y_0^2+\left(\frac{\dot{y}_0+y_0\xi\omega}{\omega_\mathrm{d}}\right)^2}$$

$$\tan\varphi_\mathrm{d}=\frac{\omega_\mathrm{d}y_0}{\dot{y}_0+y_0\xi\omega}$$

式中：ω_d为体系自振频率；A为振幅；φ_d为初相角；ξ为阻尼比。

临界阻尼：$\xi=1$。此时阻尼系数为临界阻尼系数$C_\mathrm{cr}=2m\omega$。

大阻尼：$\xi>1$。此时质点不再作往复运动，即质点离开平衡位置以后将慢慢地恢复到原来位置而不再具有波动性质。

3. 单自由度体系的强迫振动

（1）无阻尼的单自由度体系的强迫振动

① 简谐荷载作用下

运动微分方程为

$$\ddot{y}+\omega^2 y=\frac{F_\mathrm{P}(t)}{m}\sin\theta t$$

平稳阶段的动位移为

$$y=\mu\cdot y_\mathrm{st}\sin\theta t=A\sin\theta t$$

其中

$$y_\mathrm{st}=F_\mathrm{P}\delta$$

$$\mu=\frac{1}{1-\dfrac{\theta^2}{\omega^2}}$$

式中：y_st为动荷载的幅值产生的质点的静位移；A是质点的最大动位移或动位移的幅值；μ为动力系数。

② 一般荷载作用下

平稳阶段的动位移为

$$y(t)=\frac{1}{m\omega}\int_0^t F_{\mathrm{P}}(\tau)\sin\omega(t-\tau)\mathrm{d}\tau \text{（杜哈梅积分）}$$

（2）有阻尼的单自由度体系的强迫振动

① 简谐荷载作用下

运动方程为

$$\ddot{y}+2\xi\omega\dot{y}+\omega^2 y=\frac{F_{\mathrm{P}}(t)}{m}\sin\theta t$$

平稳阶段的动位移为

$$y=\mu\cdot y_{\mathrm{st}}\sin(\theta t-\varphi)=A\sin(\theta t-\varphi)$$

动力系数为

$$\mu=\frac{1}{\sqrt{\left(1-\frac{\theta^2}{\omega^2}\right)^2+\frac{4\xi^2\theta^2}{\omega^2}}}$$

位移与动荷载之间相位差

$$\varphi=\arctan\left(\frac{2\xi\omega\theta}{\omega^2-\theta^2}\right)$$

② 一般荷载 $F_{\mathrm{P}}(t)$ 作用下

动位移为

$$y(t)=A\mathrm{e}^{-\xi\cdot\omega\cdot t}\sin(\omega_{\mathrm{d}}t+\varphi)+\frac{1}{m\omega_{\mathrm{d}}}\int_0^t F_{\mathrm{P}}(\tau)\mathrm{e}^{-\xi\cdot\omega(t-\tau)}\sin\omega_{\mathrm{d}}(t-\tau)\mathrm{d}\tau$$

4. 多自由度体系的自由振动

（1）刚度法（两个自由度）

运动微分方程

$$\begin{cases}m_1\ddot{y}_1+k_{11}y_1+k_{12}y_2=0\\ m_2\ddot{y}_2+k_{21}y_1+k_{22}y_2=0\end{cases}$$

位移幅值方程

$$\begin{cases}(k_{11}-\omega^2 m_1)A_1+k_{12}A_2=0\\ k_{21}A_1+(k_{22}-\omega^2 m_2)A_2=0\end{cases}$$

频率方程

$$\begin{vmatrix}k_{11}-\omega^2 m_1 & k_{12}\\ k_{21} & k_{22}-\omega^2 m_2\end{vmatrix}=0$$

第一主振型

$$\rho_1=\frac{A_2^{(1)}}{A_1^{(1)}}=\frac{\omega_1^2 m_1-k_{11}}{k_{12}}$$

第二主振型

$$\rho_2=\frac{A_2^{(2)}}{A_1^{(2)}}=\frac{\omega_2^2 m_1-k_{11}}{k_{12}}$$

（2）柔度法

运动微分方程

$$\begin{cases}y_1=-m_1\ddot{y}_1\delta_{11}-m_2\ddot{y}_2\delta_{12}\\y_2=-m_1\ddot{y}_1\delta_{21}-m_2\ddot{y}_2\delta_{22}\end{cases}$$

位移幅值方程

$$\begin{cases}(m_1\delta_{11}\omega^2-1)A_1+m_2\delta_{12}\omega^2A_2=0\\m_1\delta_{21}\omega^2A_1+(m_2\delta_{22}\omega^2-1)A_2=0\end{cases}$$

令 $\lambda=\dfrac{1}{\omega^2}$，频率方程

$$\begin{vmatrix}m_1\delta_{11}-\lambda & m_2\delta_{12}\\m_1\delta_{21} & m_2\delta_{22}-\lambda\end{vmatrix}=0$$

第一主振型

$$\rho_1=\frac{A_2^{(1)}}{A_1^{(1)}}=\frac{\dfrac{1}{\omega_1^2}-\delta_{11}m_1}{\delta_{12}m_2}$$

第二主振型

$$\rho_2=\frac{A_2^{(2)}}{A_1^{(2)}}=\frac{\dfrac{1}{\omega_2^2}-\delta_{11}m_1}{\delta_{12}m_2}$$

（3）振型的正交性

主振型对质量矩阵具有正交性

$$\boldsymbol{A}^{(i)\mathrm{T}}\boldsymbol{M}\boldsymbol{A}^{(j)}=0\quad(i\neq j)$$

主振型对刚度矩阵具有正交性

$$\boldsymbol{A}^{(i)\mathrm{T}}\boldsymbol{K}\boldsymbol{A}^{(j)}=0\quad(i\neq j)$$

广义质量

$$\bar{M}_i = \boldsymbol{A}^{(i)\mathrm{T}} \boldsymbol{M} \boldsymbol{A}^{(i)}$$

广义刚度

$$\bar{K}_i = \boldsymbol{A}^{(i)\mathrm{T}} \boldsymbol{K} \boldsymbol{A}^{(i)}$$

第 i 阶频率计算公式

$$\omega_i = \sqrt{\frac{\bar{K}_i}{\bar{M}_i}}$$

5. 多自由度体系的强迫振动（简谐荷载）

（1）刚度法（两个自由度）

运动微分方程

$$\begin{cases} m_1\ddot{y}_1 + k_{11}y_1 + k_{12}y_2 = F_{\mathrm{P1}}\sin\theta t \\ m_2\ddot{y}_2 + k_{21}y_1 + k_{22}y_2 = F_{\mathrm{P2}}\sin\theta t \end{cases}$$

质点位移的幅值方程

$$\begin{cases} (k_{11} - \theta^2 m_1)A_1 + k_{12}A_2 = F_{\mathrm{P1}} \\ k_{21}A_1 + (k_{22} - \theta^2 m_2)A_2 = F_{\mathrm{P2}} \end{cases}$$

由此解出质点的最大动位移 A_1、A_2。

结构的最大动内力为

$$M_{动\max} = M_{\mathrm{st}} + \bar{M}_1 A_1 + \bar{M}_2 A_2$$

（2）柔度法

运动微分方程

$$\begin{cases} y_1(t) = -m_1\ddot{y}_1\delta_{11} - m_2\ddot{y}_2\delta_{12} + \Delta_{1\mathrm{P}}\sin\theta t \\ y_2(t) = -m_1\ddot{y}_1\delta_{21} - m_2\ddot{y}_2\delta_{22} + \Delta_{2\mathrm{P}}\sin\theta t \end{cases}$$

位移幅值方程

$$\begin{cases} (m_1\delta_{11}\theta^2 - 1)A_1 + m_2\delta_{12}\theta^2 A_2 + \Delta_{1\mathrm{P}} = 0 \\ m_1\delta_{21}\theta^2 A_1 + (m_2\delta_{22}\theta^2 - 1)A_2 + \Delta_{2\mathrm{P}} = 0 \end{cases}$$

由此解出质点的最大动位移 A_1、A_2。质点 i 的惯性力幅值为 $F_{\mathrm{I}i}^0 = m_i A_i \theta^2$。

结构的最大动内力

$$M_{动\max} = M_{\mathrm{st}} + F_{\mathrm{I1}}^0 \bar{M}_1 + F_{\mathrm{I2}}^0 \bar{M}_2$$

6. 对称性的利用

振动体系的对称性是指结构对称、质量分布对称，强迫振动时荷载对称或反对称。

多自由度和无限自由度对称体系的主振型不是对称就是反对称，可分别取半边结构进行计算。

对称荷载作用下，振动形式为对称的；反对称荷载作用下，振动形式为反对称的，可分别取半边结构进行计算。一般荷载可分解为对称荷载和反对称荷载两组，分别计算再叠加。

§8-2　典型例题

1. 判断题

【例 1】　图 8-1 所示结构中所有杆件 EI 为常数，体系不计杆件质量和阻尼影响，在动力荷载作用下的运动微分方程为 $y=\delta_{11}(-m\ddot{y})+\delta_{11}F_P(t)$。(　　)

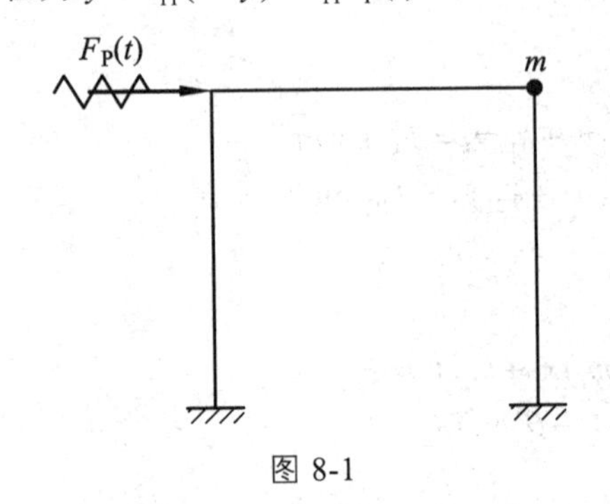

图 8-1

【答案】　√

【分析】　动力荷载没有作用在质点上，根据质点的位移，可写出运动方程为 $y=\delta_{11}(-m\ddot{y})+\Delta_{1P}F_P(t)$，注意到荷载与惯性力共线，可将荷载沿横梁平移，有 $\delta_{11}=\Delta_{1P}$，代入即得题目中的运动微分方程。

【例 2】　由于体系的动力自由度与超静定次数无关，所以图 8-2 所示两体系振动自由度相同。已知所有杆件均不计质量。(　　)

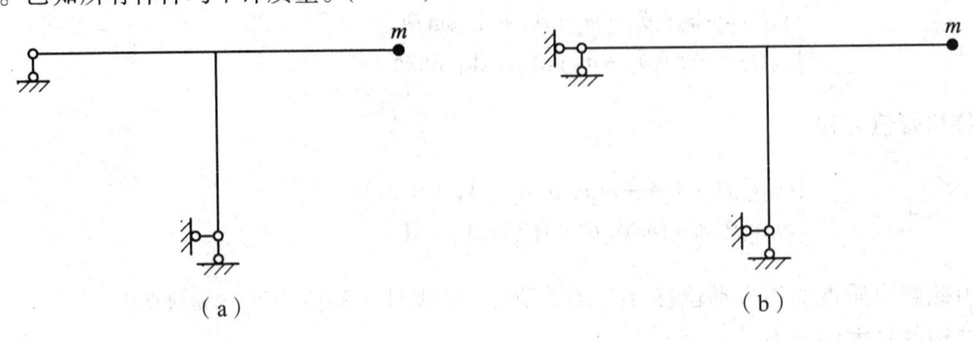

图 8-2

【答案】　×

【分析】　图(a)所示体系质点可以水平和竖直方向振动，即有两个动力自由度；图(b)所示体系质点只能在竖直方向移动，即只有一个动力自由度。

【例 3】　图 8-3 所示两体系中均不计杆件质量，则它们的动力自由度数目不相同。(　　)

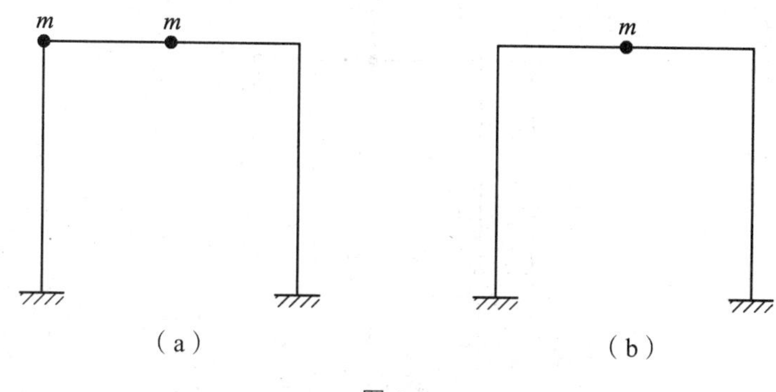

图 8-3

【答案】　×

【分析】虽然图（a）所示体系中有两个质点，但两个质点在水平方向的运动是同一个自由度，总的动力自由度数是 2；图（b）所示体系的动力自由度也是 2，因此两个体系的动力自由度数相同。

【例 4】　图 8-4 所示体系，图（a）的自振频率比图（b）的小。(　　)

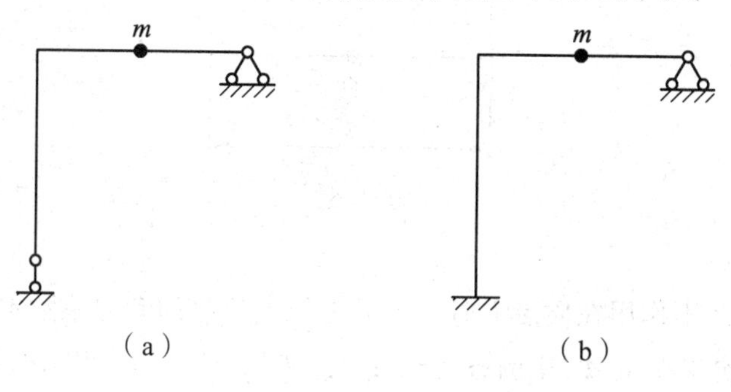

图 8-4

【答案】　√

【分析】　结构的自振频率与刚度成正比，刚度大，频率大；刚度小，频率小。由于图（a）的刚度比图（b）小，因而其自振频率比图（b）的小。

【例 5】　外界干扰力既不改变多自由度体系的自振频率，也不改变振型和振幅。(　　)

【答案】　×

【分析】　多自由度体系的自振频率和振型与外界干扰力无关，振幅与外界干扰力有关。

【例 6】　图 8-5 所示结构所有杆件 EI 为常数，体系受到简谐荷载作用，设 $\theta=0.5\omega$（ω 为自振频率），则稳态动位移求解如下：$y_{st}=\dfrac{F_P l^3}{48EI}$，$y_{dmax}=\dfrac{y_{st}}{1-\dfrac{\theta^2}{\omega^2}}=\dfrac{F_P l^3}{36EI}$。(　　)

【答案】　×

【分析】　图示结构为两个自由度体系，而题目中求解的方法是单自由度体系在简谐荷载作用下的稳态动位移的求解方法，它不能用于多自由度体系的求解。

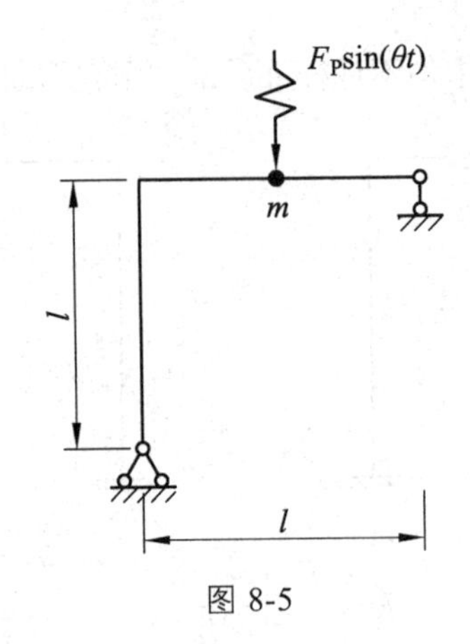

图 8-5

【例 7】　图 8-6 所示体系，最大动位移 $y_{dmax}=A=\mu\cdot y_{st}$，最大动弯矩 $M_{dmax}=\mu\cdot M_{st}$（ y_{st}、M_{st} 是荷载幅值产生的静位移和静弯矩）。(　　)

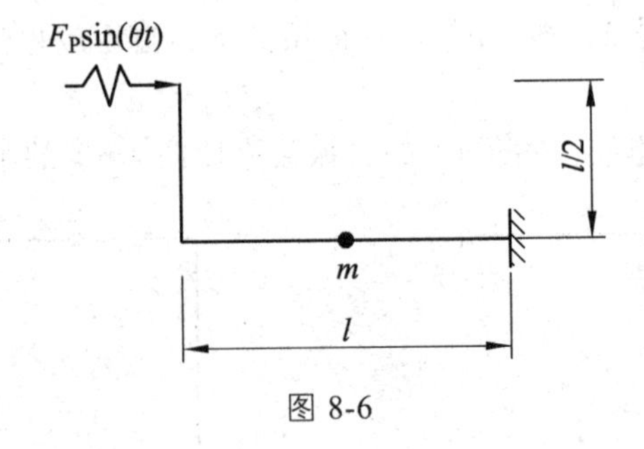

图 8-6

【答案】　×

【分析】当动荷载不作用在质点上时，内力与质点位移的动力系数不相同。

【例 8】　第 i 阶主振型 $\boldsymbol{A}^{(i)}$ 中的各元素 $A_1^{(i)}$、$A_2^{(i)}$、…、$A_n^{(i)}$ 表示的是体系按第 i 个主振型振动时各质点的振幅值。(　　)

【答案】　×

【分析】　主振型 $\boldsymbol{A}^{(i)}$ 中的各元素是体系按第 i 个主振型振动时各质点振幅间的相对比值，而不是振幅值。

2. 选择题

【例 9】　下列对多自由度体系的自由振动的描述中，哪句话有错误或不够准确。(　　)

A. 多自由度体系自由振动的主要问题是确定体系的全部自振频率及相应的主振型

B. 多自由度体系的自振频率不止一个，其数目与动力自由度数相等

C. 每个自振频率都有自己相应的主振型，主振型就是多自由度体系振动时各质点的位移变化形式

D. 与单自由度体系相同，多自由度体系的自振频率和主振型也是体系本身的固有性质

【答案】　C

【分析】　主振型是体系按某个自振频率振动时质点位移的比值，不是质点的位移变化形式。

【例 10】　体系的自振频率 ω 的物理意义是(　　)。

A. 振动一次所需时间　　B. 2π秒内振动的次数
C. 干扰力在2π秒内变化的周数　　D. 每秒内振动的次数

【答案】 B

【分析】 体系的自振频率ω称为圆频率或角频率（习惯上有时也称为频率），它表示2π秒内的振动次数。

【例 11】 图 8-7 所示桁架的动力自由度数为（　　）。

A. 4　　B. 3　　C. 2　　D. 1

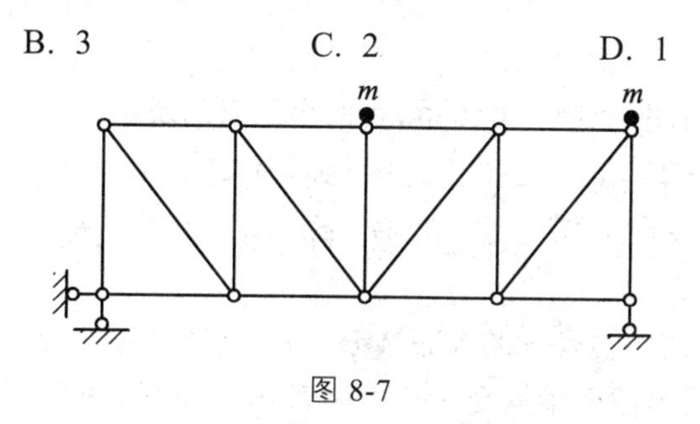

图 8-7

【答案】 A

【分析】 图示桁架结构各杆均为二力杆，应考虑轴力对变形的影响。两个质点都可以发生水平和竖向方向的振动，且水平方向的位移并不相同，因此自由度数为 4。

【例 12】 单自由度体系运动方程 $\ddot{y}+2\zeta\omega\dot{y}+\omega^2 y=F_P(t)/m$ 中没有出现重力，这是因为（　　）。

A. 重力在弹性力内考虑了

B. 重力与其他力相比，可略去不计

C. 以重力作用时的静平衡位置为y坐标零点

D. 重力是静力，不在动平衡方程中考虑

【答案】 C

【分析】 建立运动微分方程时是以质点在重力作用下的静平衡位置为y坐标原点，重力已与初始的弹性力相平衡，因此运动方程中不会再出现重力。

【例 13】 图 8-8 所示体系中所有杆件的EI为常数，在简谐荷载作用下不计阻尼时的稳态最大动位移 $y_{\mathrm{dmax}}=\dfrac{F_P l^3}{EI}$，则其最大动力弯矩为（　　）。

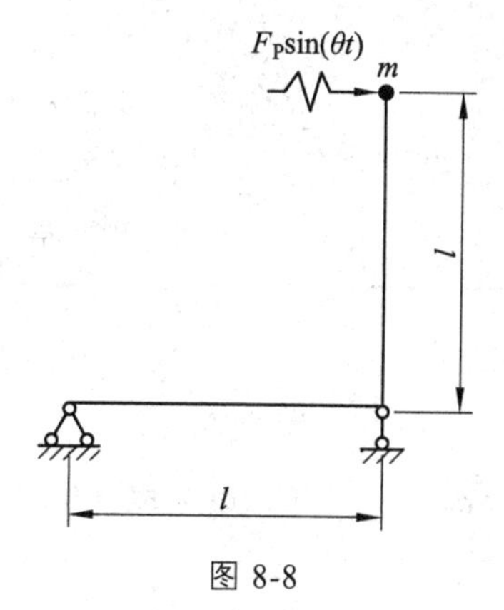

图 8-8

A. $\dfrac{F_{\mathrm{P}}l}{2}$　　B. $F_{\mathrm{P}}l$　　C. $\dfrac{3F_{\mathrm{P}}l}{2}$　　D. $2F_{\mathrm{P}}l$

【答案】 C

【分析】单自由度体系中当简谐荷载与惯性力共线时，质点位移的动力系数就是内力的动力系数。可以求出在静荷载作用下质点的水平位移为 $\dfrac{2F_{\mathrm{P}}l^3}{3EI}$，则动力系数 $\mu=\dfrac{y_{\mathrm{dmax}}}{y_{\mathrm{st}}}=\dfrac{3}{2}$，最大弯矩 $M_{\mathrm{dmax}}=\mu M_{\mathrm{st}}=\dfrac{3F_{\mathrm{P}}l}{2}$。

【例 14】 设一体系有两个自由度体系，且两个质点的质量相同。其两个主振型为(　　)。

A. $\boldsymbol{\varphi}_1=[1\ \ 2]^{\mathrm{T}}$，$\boldsymbol{\varphi}_2=[1\ \ -1]^{\mathrm{T}}$　　B. $\boldsymbol{\varphi}_1=[1\ \ 2]^{\mathrm{T}}$，$\boldsymbol{\varphi}_2=[1\ \ -0.5]^{\mathrm{T}}$

C. $\boldsymbol{\varphi}_1=[1\ \ 0.5]^{\mathrm{T}}$，$\boldsymbol{\varphi}_2=[1\ \ -1]^{\mathrm{T}}$　　D. $\boldsymbol{\varphi}_1=[1\ \ -0.5]^{\mathrm{T}}$，$\boldsymbol{\varphi}_2=[1\ \ -2]^{\mathrm{T}}$

【答案】 B

【分析】 根据振型的正交性，验算 $\boldsymbol{\varphi}_1^{\mathrm{T}}\boldsymbol{M}\boldsymbol{\varphi}_2=0$，很容易得出答案 B 正确。

【例 15】 设无阻尼等截面梁承受一静力荷载 F_{P}，如图 8-9 所示。已知杆件 EI 为常数，如果在 $t=0$ 时把荷载 F_{P} 突然撤除，则质点 m 的位移方程为（　　）。

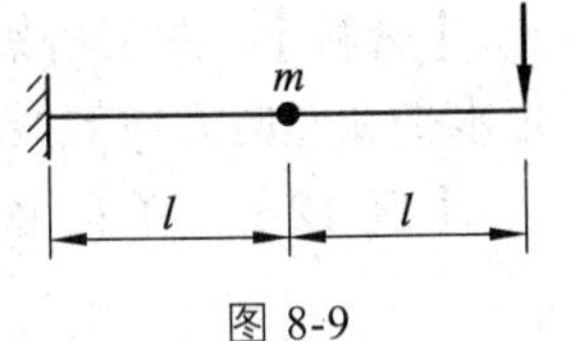

图 8-9

A. $y(t)=\dfrac{5F_{\mathrm{P}}l^3}{6EI}\cos\sqrt{\dfrac{3EI}{ml^3}}t$　　B. $y(t)=\dfrac{4mg}{3EI}\cos\sqrt{\dfrac{EI}{3ml^3}}t$

C. $y(t)\dfrac{11F_{\mathrm{P}}l^3}{6EI}\cos\sqrt{\dfrac{4EI}{3ml^3}}t$　　D. $y(t)=\dfrac{11F_{\mathrm{P}}l^3}{3EI}\cos\sqrt{\dfrac{3EI}{ml^3}}t$

【答案】 A

【分析】 用位移计算公式可得 F_{P} 作用下质点 m 处的静位移 $y_0=\dfrac{5F_{\mathrm{P}}l^3}{6EI}$，体系的自振频率 $\omega=\sqrt{\dfrac{1}{\delta m}}=\sqrt{\dfrac{3EI}{ml^3}}$，初速度 $v_0=0$，由此可写出质点的位移方程为答案 A。

【例 16】 图 8-10 两个体系中，所有杆件 EI 为常数，则图（a）所示体系的第一频率 ω_a 与图（b）所示的体系的自振频率 ω_b 的大小关系为（　　）。

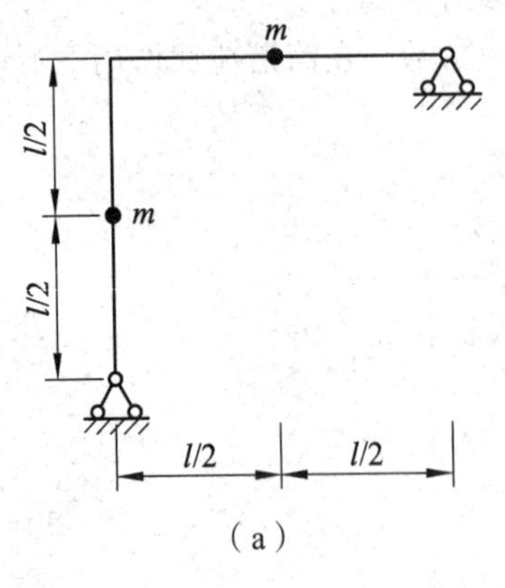

（a）

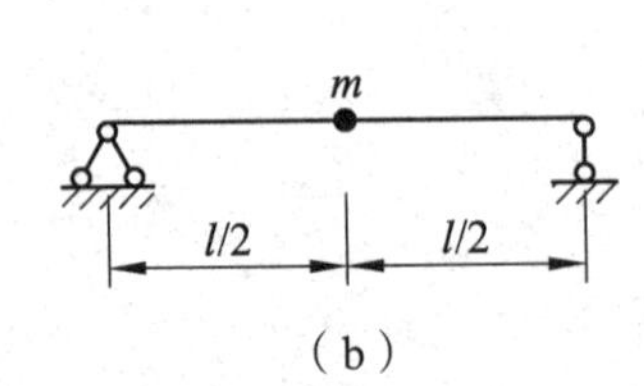

（b）

图 8-10

A. $\omega_a>\omega_b$　　B. $\omega_a<\omega_b$　　C. $\omega_a=\omega_b\neq0$　　D. 不能确定

【答案】 C

【分析】　图（a）所示体系有两个动力自由度，由于结构对称，其振型分为对称振型和反对称振型，其第一振型为反对称振型。按照反对称荷载作用时取半结构，得到的结构与图（b）体系一致，因此两者的频率相等。

【例 17】　图 8-11（a）所示体系的自振频率为（　　）。

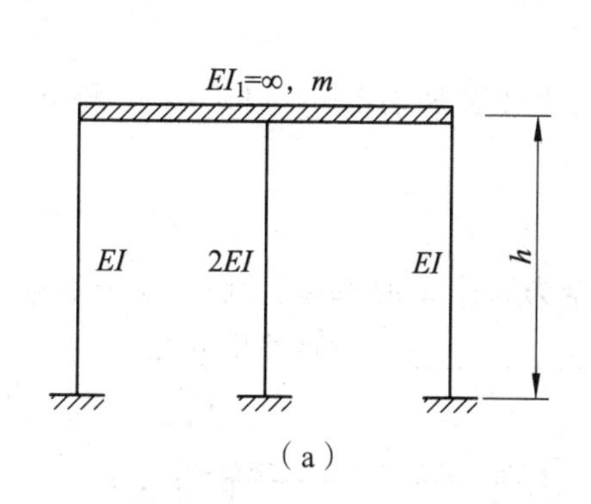

（a）

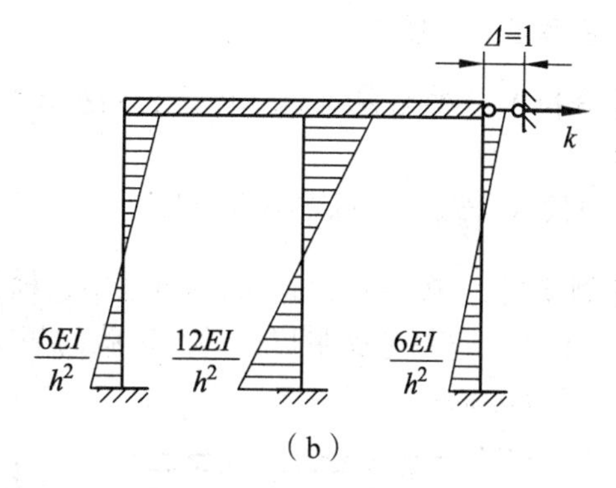

（b）

图 8-11

A. $\sqrt{\frac{48EI}{mh^3}}$　　B. $\sqrt{\frac{36EI}{mh^3}}$　　C. $\sqrt{\frac{24EI}{mh^3}}$　　D. $\sqrt{\frac{12EI}{mh^3}}$

【答案】　A

【分析】　图示刚架为超静定结构，用刚度法更方便。建立位移法基本体系如图（b）所示。令柱顶向右产生 $\Delta=1$，并作出 $\bar{M}$ 图如图（b）所示，附加链杆反力即为刚度系数 k，它等于三个柱的柱顶剪力之和，即 $k=\frac{12EI}{h^3}+\frac{24EI}{h^3}+\frac{12EI}{h^3}=\frac{48EI}{h^3}$，$\omega=\sqrt{\frac{k}{m}}=\sqrt{\frac{48EI}{mh^3}}$。

【例 18】　图 8-12 所示体系，第三个主振型的大致形状为（　　）。

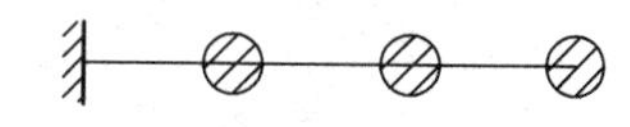

图 8-12

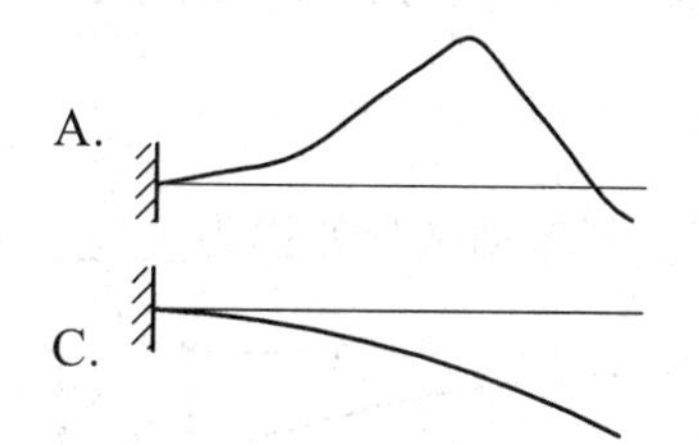

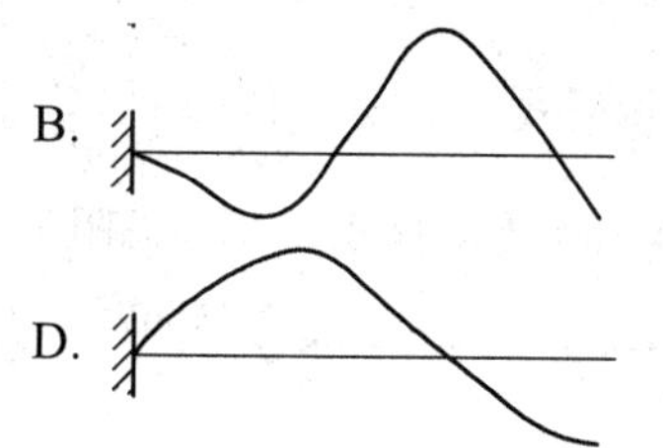

【答案】　B

【分析】　根据主振型的正交性可知，第 n 个主振型与杆轴线应有 $n-1$ 个交点，第三个主振型应有 2 个不动点。

3. 填空题

【例 19】　体系的自振频率与__________，__________，__________有关。

【答案】　质量分布，刚度分布，阻尼情况

【分析】 对于单自由度体系，自振频率与质量和刚度有关；对于多自由度体系，自振频率与质量矩阵和刚度矩阵有关，另外阻尼对自振频率也有影响。

【例 20】 单自由度体系自由振动时，实测振动 4 周后振幅衰减为 $y_4 = 0.02y_0$，则阻尼比 $\xi =$______。

【答案】 0.1557

【分析】 根据单自由度体系自由振动时的阻尼比计算公式 $\xi = \dfrac{1}{2n\pi}\ln\dfrac{y_k}{y_{k+n}}$，将 $n = 4$，$\dfrac{y_0}{y_4} = 50$ 代入公式，可得 $\xi = 0.1557$。

【例 21】 在 8-13（a）所示体系中，横梁的质量为 m，其 $EI_1 = \infty$；两柱 EI 为常数，柱的质量不计。若不考虑阻尼，动力荷载的频率 $\theta =$ ____________ 时将发生共振。

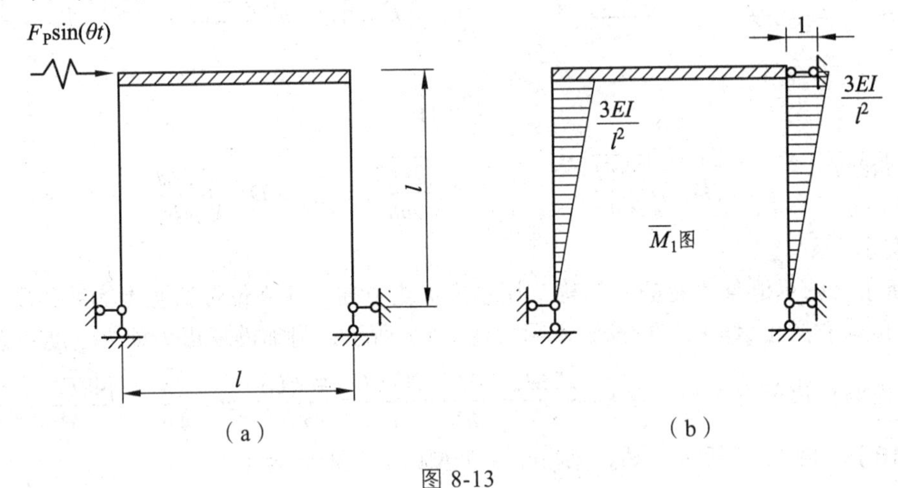

（a）　　（b）

图 8-13

【答案】 $\sqrt{6EI/(ml^3)}$

【分析】 体系在简谐荷载作用下，当荷载频率等于自振频率时会发生共振。对于本结构，计算刚度系数比计算柔度系数方便。作单位位移时的弯矩图如图 8-13（b）所示，可得 $k = \dfrac{6EI}{l^3}$，代入频率计算公式，有 $\omega = \sqrt{\dfrac{k}{m}} = \sqrt{\dfrac{6EI}{ml^3}}$。

【例 22】 图 8-14（a）所示体系，不考虑阻尼及杆件质量，其振动微分方程为________。

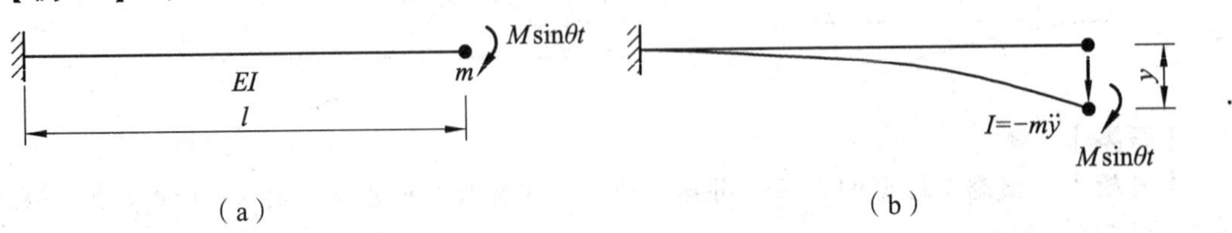

（a）　　（b）

图 8-14

【答案】 $y + \dfrac{ml^3}{3EI}\ddot{y} = \dfrac{Ml^2}{2EI}\sin\theta t$

【分析】 设体系在时刻 t 时质点的位移为 y，将惯性力 I 和动荷载作用在质点上，如图 8-14（b）所示。体系处于假想的平衡状态，则质点处的位移 $y = \delta_{11} \cdot I + \varDelta_{1P}$，其中 δ_{11} 为竖向单位力作用在质点处引起质点的位移，Δ_{1P}为荷载引起的质点处的位移。用图乘法可算出$\delta_{11}=\dfrac{l^3}{3EI}$，$\Delta_{1P}=\dfrac{Ml^2}{2EI}\sin\theta t$，代入位移表达式，得$y=\dfrac{l^3}{3EI}\cdot(-m\ddot{y})+\dfrac{Ml^2}{2EI}\sin\theta t$，整理得$y+\dfrac{ml^3}{3EI}\ddot{y}=\dfrac{Ml^2}{2EI}\sin\theta t$。

【例 23】　图 8-15 所示体系不计阻尼，$\theta=\sqrt{2}\omega$（ω为自振频率），其动力系数$\mu=$____。

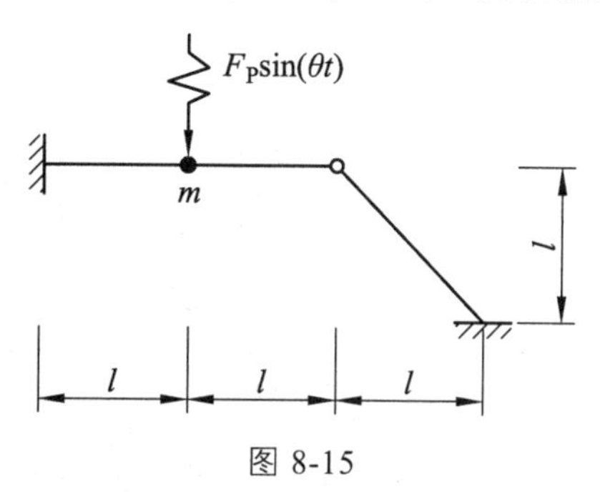

图 8-15

【答案】　−1

【分析】　根据单自由度体系在简谐荷载作用下动力系数计算公式，有$\mu=\dfrac{1}{1-\dfrac{\theta^2}{\omega^2}}=\dfrac{1}{1-2}=-1$。

【例 24】　图 8-16 所示体系杆长为l，杆件EI均为常数，则其自振频率$\omega=$__________。

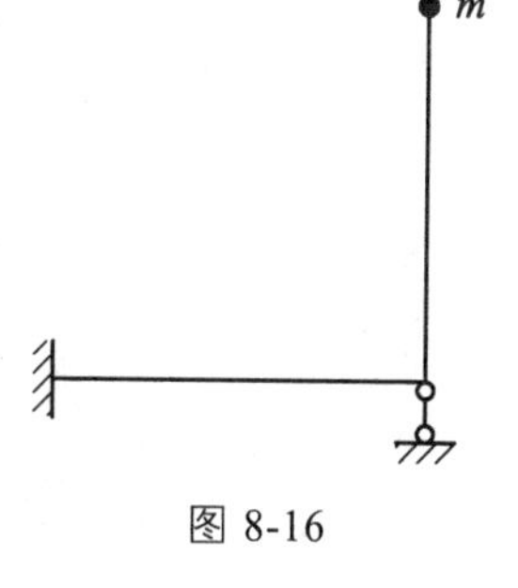

图 8-16

【答案】　$\omega=\sqrt{\dfrac{12EI}{7ml^3}}$

【分析】　作体系在单位荷载$F_P=1$作用下的弯矩图如图 8-17（a）所示，求超静定结构的位移时可将虚力状态作用在基本结构（静定结构）上，得到的弯矩图如图 8-17（b）所示。将两个弯矩图进行图乘，得$\delta_{11}=\dfrac{7l^3}{12EI}$，代入频率计算公式，得$\omega=\sqrt{\dfrac{1}{m\delta}}=\sqrt{\dfrac{12EI}{7ml^3}}$。

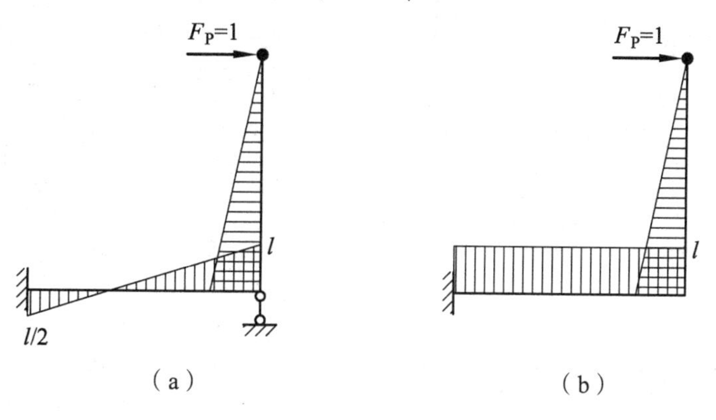

图 8-17

4. 计算题

【例 25】 求图 8-18 所示体系振动的自振频率。设各杆 EI 为常数。

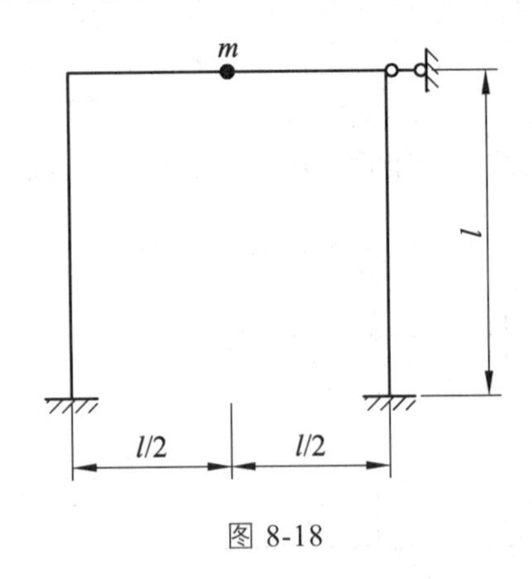

图 8-18

【解】 作体系在单位荷载 $F_P=1$ 作用下的弯矩图。由于结构为闭合框架，且所有杆件 EI 均为常数，可根据弯矩图正负面积相等的条件快速作出弯矩图如图 8-19（a）所示，求超静定结构的位移时可将虚力作用在基本结构（静定结构）上，得到的弯矩图如图 8-19（b）所示。将两个弯矩图进行图乘，有

$$\delta_{11}=\frac{l^3}{96EI}$$

代入频率计算公式，得

$$\omega=\sqrt{\frac{1}{m\delta}}=\sqrt{\frac{96EI}{ml^3}}$$

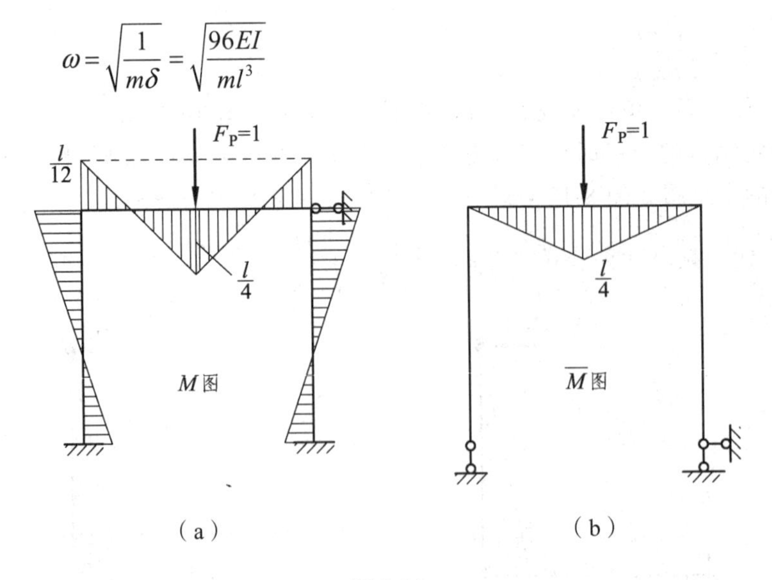

图 8-19

【例 26】 求图 8-20 所示体系的自振频率，已知杆件 EI 为常数。

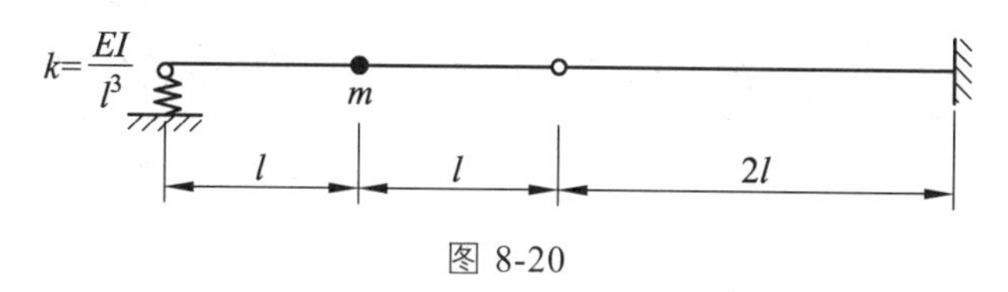

图 8-20

【解】 作体系在单位荷载 $F_P=1$ 作用下的弯矩图如图 8-21 所示。由于结构有弹簧支座，柔度系数应该包括支座位移引起的质点处的位移，即 $\delta=\delta'+\delta''$。其中 δ' 为杆件弯曲变形引起的位移，δ'' 为支座位移引起的位移。有

$$\begin{aligned}\delta&=\delta'+\delta''=\sum\frac{\omega\cdot y_c}{EI}-\sum(\overline{F_{Ri}}\cdot c_i)\\&=\frac{1}{EI}\left(2\times\frac{1}{2}\times\frac{l}{2}\times l\times\frac{2}{3}\times\frac{l}{2}+\frac{1}{2}\times 2l\times l\times\frac{2}{3}\times l\right)-\left(-\frac{1}{2}\times\frac{1/2}{k}\right)\\&=\frac{5l^3}{6EI}+\frac{l^3}{4EI}=\frac{13l^3}{12EI}\end{aligned}$$

代入频率计算公式，得

$$\omega=\sqrt{\frac{1}{m\delta}}=\sqrt{\frac{12EI}{13ml^3}}$$

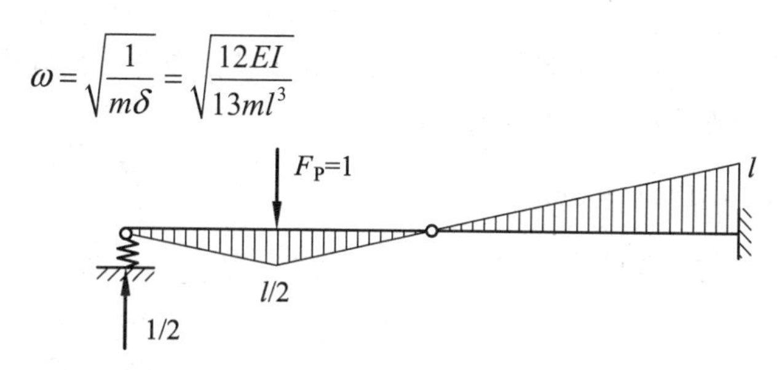

图 8-21

【例 27】 求图 8-22 所示体系的自振频率。略去杆件自重及阻尼影响。

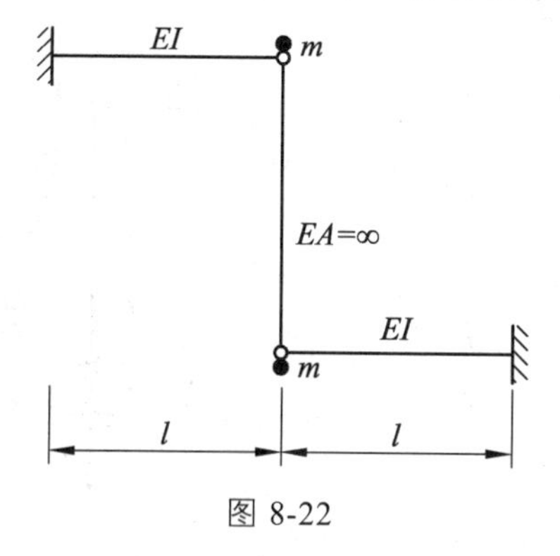

图 8-22

【解】 该体系有两个质点，但均无水平振动，仅有竖向振动且位移相同，故为单自由度体系。现分别用柔度系数 δ_{11}、刚度系数 k_{11} 求频率。

（1）求柔度系数 δ_{11}

在质点振动自由度方向施加单位力，如图 8-23（a）所示。该体系为一次超静定结构，可对此进行如图 8-23（b）、（c）所示的简化处理，图 8-23（b）不产生弯矩，最后得图 8-23

（d）所示 $\bar{M}$ 图，由此求柔度系数 δ_{11}，即 $\delta_{11}=l^3/6EI$。将两个质点合并 $m^*=2m$，代入频率公式中可得 $\omega=\sqrt{3EI/ml^3}$。

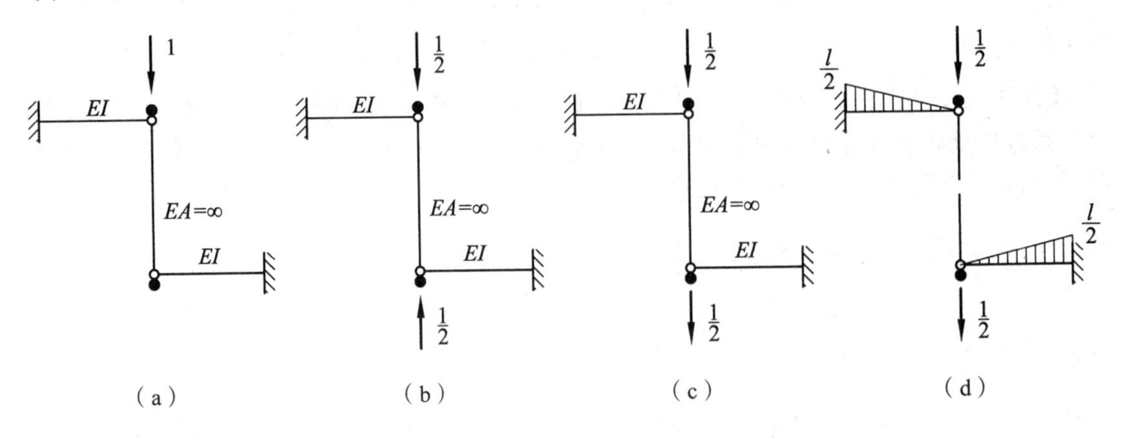

图 8-23

（2）求刚度系数 k_{11}

在质点振动自由度方向增加一个附加支座链杆，并令其沿位移方向发生单位位移，如图 8-24 所示，求出链杆反力即为刚度系数 k_{11}，有

$$k_{11}=2\times 3EI/l^3=6EI/l^3$$

此时的质量为两个质点的总质量，即

$$m^*=2m$$

代入频率公式中可得

$$\omega=\sqrt{3EI/ml^3}$$

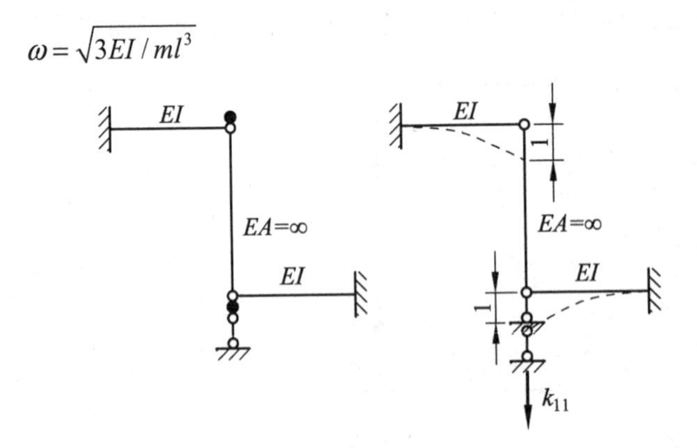

图 8-24

【例 28】 求图 8-25（a）所示梁的自振频率，略去杆件自重及阻尼影响。k_1 为横梁在 C 点的侧移刚度系数，k_2 为弹簧的刚度系数。

【解】 此题可先求刚度系数 k_{11}，再用频率公式求频率。令质点发生单位位移，取质点为隔离体，杆端剪力之和为横梁在 C 点的侧移刚度系数 k_1，弹簧中的反力为弹簧的刚度系数 k_2，如图（b）所示。刚度系数 $k_{11}=k_1+k_2$，代入频率公式中可得

$$\omega=\sqrt{\frac{k_{11}}{m}}=\sqrt{\frac{k_1+k_2}{m}}$$

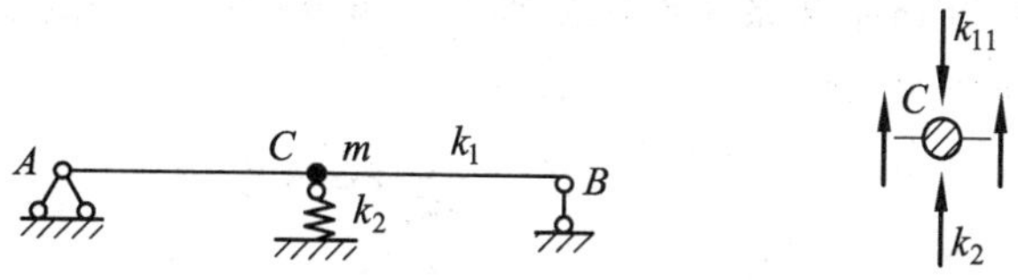

（a） （b）

图 8-25

【例 29】 求图 8-26（a）所示结构在动荷载作用下稳态阶段的最大动弯矩图，不考虑杆件自重及阻尼影响。已知 $\theta=\sqrt{\frac{EI}{ml^3}}$。

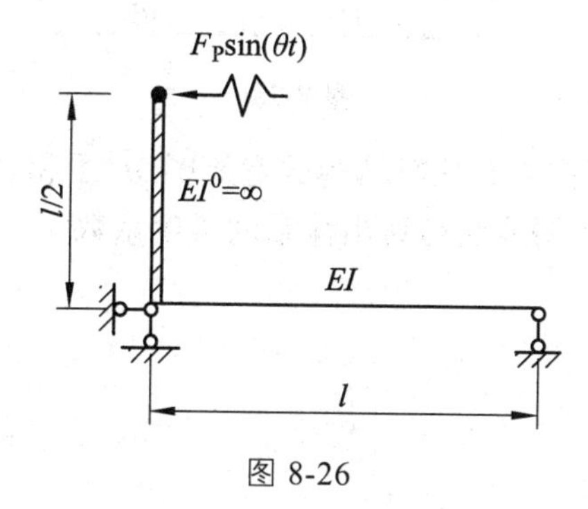

图 8-26

【解】 作单位荷载作用下结构的弯矩图，如图 8-27（a）所示。用图乘法可算出体系的柔度系数 $\delta=\frac{ml^3}{12EI}$。代入频率计算公式，有

$$\omega=\sqrt{\frac{1}{\delta m}}=\sqrt{\frac{12EI}{ml^3}}$$

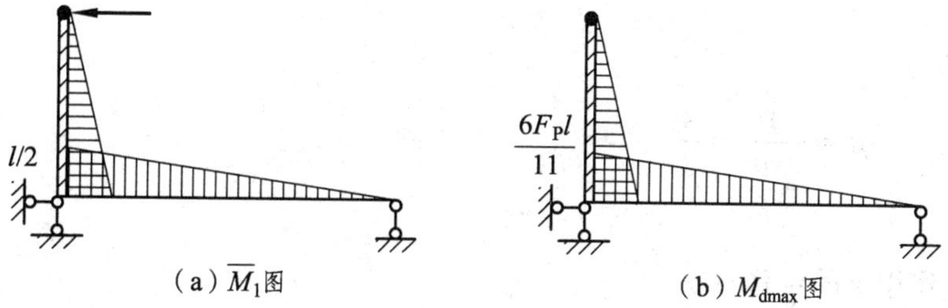

（a）$\overline{M}_1$图 （b）M_{dmax}图

图 8-27

单自由度体系在简谐荷载作用下的动力系数为

$$\mu=\frac{1}{1-\frac{\theta^2}{\omega^2}}=\frac{12}{11}$$

由于惯性力与荷载共线，体系的位移动力系数与内力的动力系数一致，因此将静力荷载作用下的弯矩图乘以动力系数即可得到稳态阶段的最大动弯矩图，如图 8-27（b）所示。

【例 30】 求图 8-28 所示体系质点的振幅，并作结构动力弯矩图。已知所有杆件 EI 为常数，不考虑阻尼，且 $\theta=0.5\omega$。

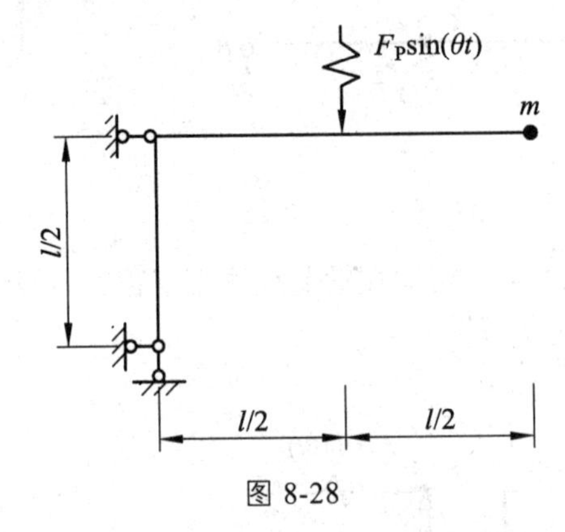

图 8-28

【解】 作单位荷载作用在质点处时结构的弯矩图 $\bar{M}_1$ 图和静载作用下的弯矩图 M_P 图，如图 8-29（a）、（b）所示。用图乘法可算出体系的柔度系数

$$\delta=\frac{l^3}{2EI}$$

自振频率

$$\omega=\sqrt{\frac{1}{m\delta}}=\sqrt{\frac{2EI}{ml^3}}$$

荷载频率

$$\theta=0.5\omega=\sqrt{\frac{EI}{2ml^3}}$$

动力系数

$$\mu=\frac{1}{1-\dfrac{\theta^2}{\omega^2}}=\frac{4}{3}$$

静力荷载作用下的位移

$$y_{st}=\Delta_{1P}=\frac{3F_Pl^3}{16EI}$$

动荷载作用下质点的振幅

$$A=\mu y_{st}=\frac{F_Pl^3}{4EI}$$

惯性力幅值

$$I^0 = mA\theta^2 = m \cdot \frac{F_P l^3}{4EI} \cdot \frac{EI}{2ml^3} = \frac{F_P}{8}$$

由 $M = \bar{M}_1 \cdot I^0 + M_P$ 绘出最大动弯矩图，如图 8-29（c）所示。

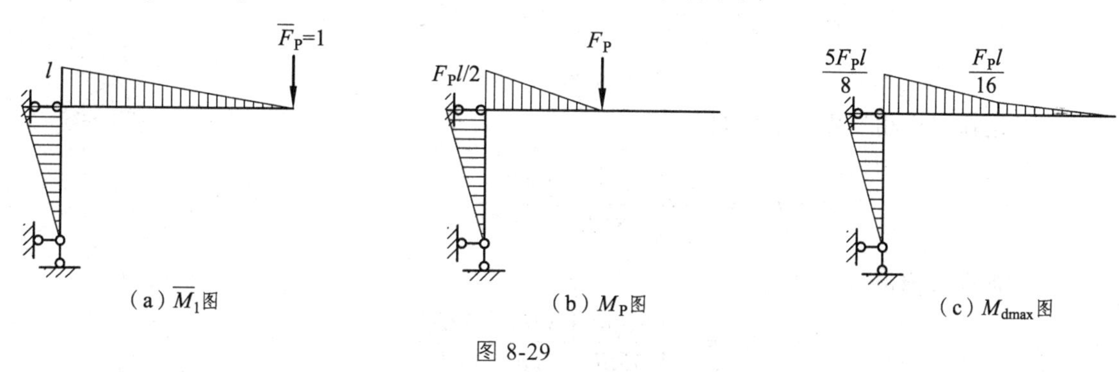

（a）$\bar{M}_1$图　（b）M_P图　（c）M_{dmax}图

图 8-29

【例 31】　求图 8-30 所示体系的动弯矩幅值图。已知所有杆件 EI 为常数，干扰力频率与自振频率比值 $\frac{\theta}{\omega} = \frac{4}{3}$。

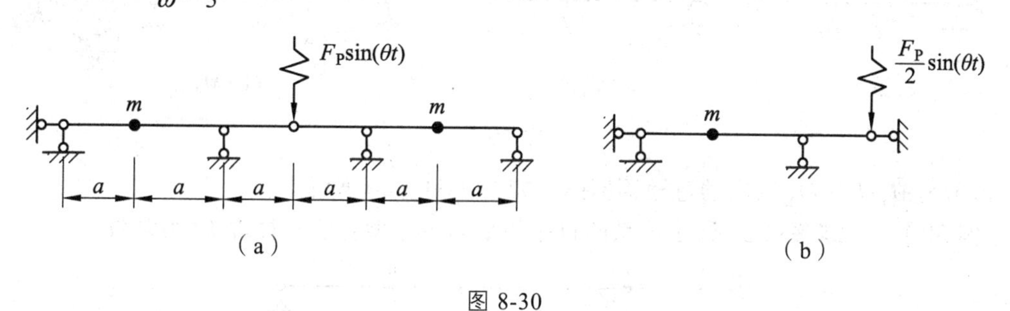

（a）　（b）

图 8-30

【解】　体系有两个自由度，但由于结构对称，而对称的动荷载只会引起对称的结构响应，因此可以按对称结构在对称荷载作用下的情况取半结构进行计算。取出的半结构如图 8-30（b）所示，作单位荷载作用在质点处时半结构的弯矩图 $\bar{M}$ 图和静载作用下的弯矩图 M_P 图，如图 8-31（a）、（b）所示。用图乘法可算出体系的柔度系数

$$\delta = \frac{a^3}{6EI}$$

静载作用下质点的位移

$$y_{st} = \Delta_{1P} = -\frac{F_P a^3}{8EI}$$

结构一阶频率（对称振型）

$$\omega = \sqrt{\frac{1}{m\delta}} = \sqrt{\frac{6EI}{ma^3}}$$

荷载频率

$$\theta=\frac{4}{3}\omega=\sqrt{\frac{32EI}{3ml^3}}$$

动力系数

$$\mu=\frac{1}{1-\dfrac{\theta^2}{\omega^2}}=-\frac{9}{7}$$

动荷载作用下质点的振幅

$$A=\mu y_{\mathrm{st}}=-\frac{9}{7}\times\left(-\frac{F_{\mathrm{P}}a^3}{8EI}\right)=\frac{9F_{\mathrm{P}}a^3}{56EI}$$

惯性力幅值

$$I^0=mA\theta^2=m\cdot\left(\frac{9F_{\mathrm{P}}a^3}{56EI}\right)\cdot\frac{32EI}{3ma^3}=\frac{12F_{\mathrm{P}}}{7}$$

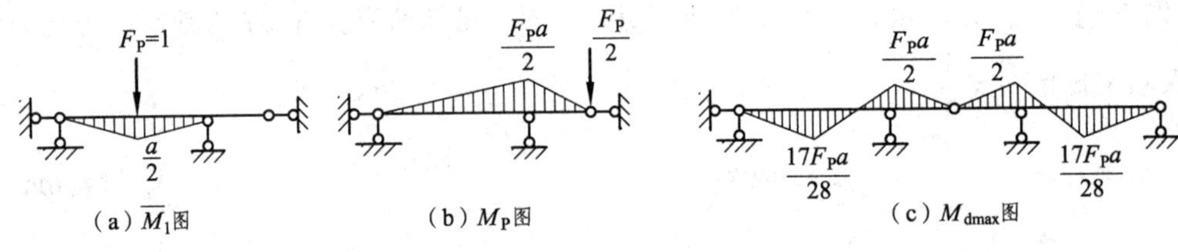

图 8-31

由 $M=\bar{M}_1\cdot I^0+M_{\mathrm{P}}$ 绘出动弯矩幅值图，如图 8-31（c）所示。

【例 32】 试求图 8-32 所示体系的自振频率和主振型。已知杆件 EI 为常数。

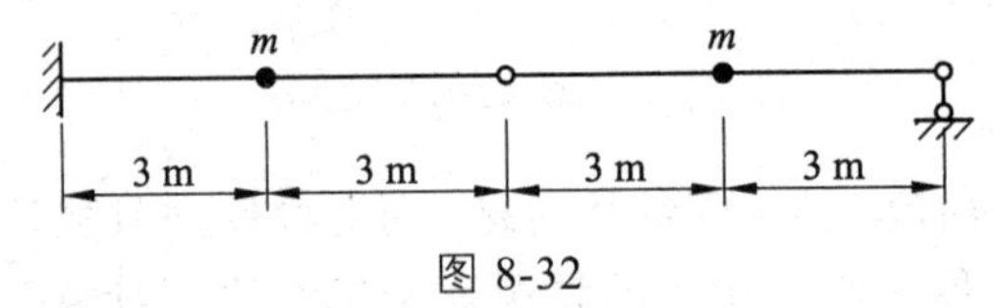

图 8-32

【解】 体系有两个自由度，按照柔度法建立运动方程，可得由柔度系数表示的振幅方程为位移幅值方程

$$\begin{cases}(m_1\delta_{11}\omega^2-1)A_1+m_2\delta_{12}\omega^2A_2=0\\ m_1\delta_{21}\omega^2A_1+(m_2\delta_{22}\omega^2-1)A_2=0\end{cases}$$

作单位荷载作用在质点处时结构的弯矩图 $\bar{M}_1$ 图和 $\bar{M}_2$ 图，如图 8-33（a）、（b）所示。

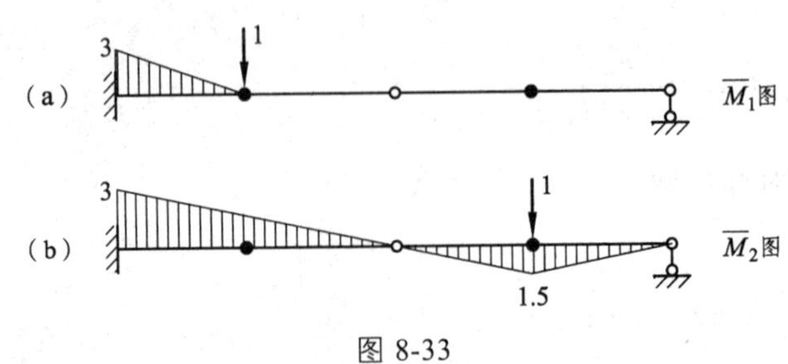

图 8-33

用图乘法可算出体系的柔度系数

$$\delta_{11}=\frac{9}{EI},\quad \delta_{12}=\frac{45}{4EI},\quad \delta_{22}=\frac{45}{2EI}$$

令 $\lambda=\frac{1}{\omega^2}$，代入频率方程 $\begin{vmatrix} m_1\delta_{11}-\lambda & m_2\delta_{12} \\ m_1\delta_{21} & m_2\delta_{22}-\lambda \end{vmatrix}=0$，解得

$$\omega_1=0.186\sqrt{\frac{EI}{m}};\quad \omega_2=0.617\sqrt{\frac{EI}{m}}$$

将 ω_1 代回振幅方程，得第一主振型

$$A^{(1)}=\begin{pmatrix}1\\1.766\end{pmatrix}$$

将 ω_2 代回振幅方程，得第二主振型

$$A^{(2)}=\begin{pmatrix}1\\-0.566\end{pmatrix}$$

体系自振主振型如图 8-34 所示。

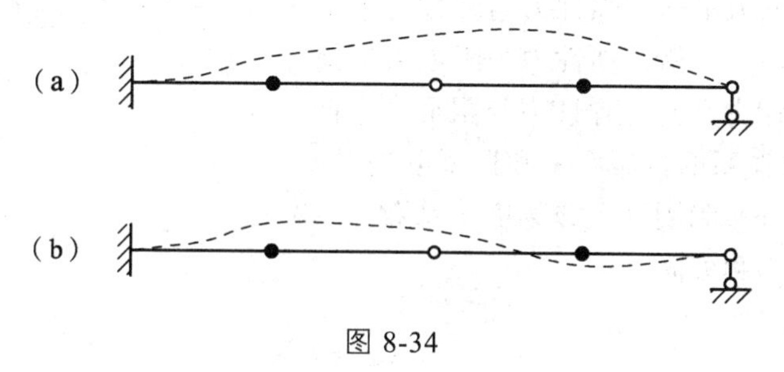

图 8-34

§ 8-3　自测题

8-1　外界干扰力只影响振幅，不影响自振频率。(　　)

8-2　在振动过程中，体系的重力对动力位移会产生影响。(　　)

8-3　确定体系在弹性变形中某个质点的位置所需独立参数的数目，称为该体系振动的自由度。(　　)

8-4　图示两梁，EI 相同，自振频率相同。(　　)

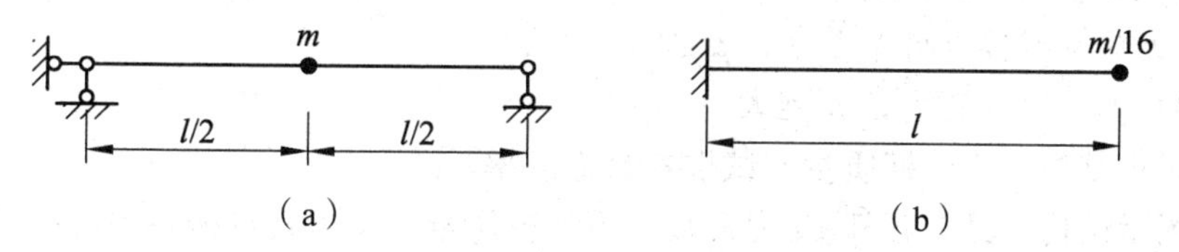

题 8-4 图

8-5　如果使单自由度体系的阻尼增大，其结果是周期变短。(　　)

8-6　单自由度体系的自振频率ω与质点的质量m成正比，m愈大，ω愈大。(　　)

8-7　杜哈梅（Duhamel）积分只适用于线性体系的动力计算。(　　)

8-8　只要结构对称（包括质量分布情况），其振型一定是对称或反对称的。(　　)

8-9　在动力计算中，图示两结构的动力自由度相同（各杆均为无重弹性杆）。(　　)

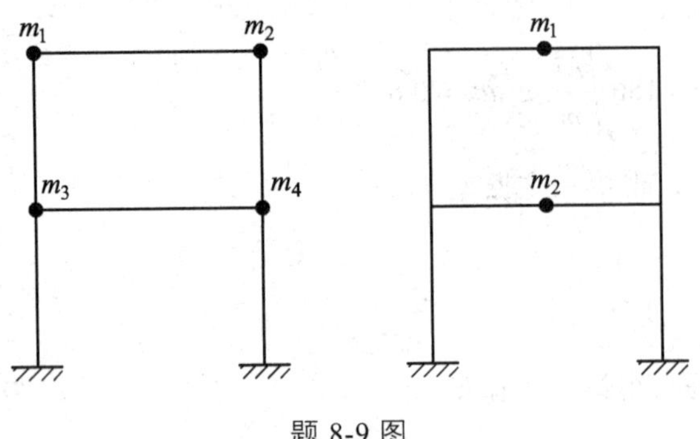

题 8-9 图

8-10　当结构发生共振时（考虑阻尼），结构的（　　）。

A. 动平衡条件不能满足

B. 干扰力与阻尼力平衡，惯性力与弹性力平衡

C. 干扰力与弹性力平衡，惯性力与阻尼力平衡

D. 干扰力与惯性力平衡，弹性力与阻尼力平衡

8-11　多自由度体系的自振频率和振型取决于（　　）。

A. 结构的质量分布和刚度（或柔度）系数

B. 干扰力的大小和方向

C. 初始位移

D. 初始速度

8-12　单自由度体系简谐受迫振动中，若算得位移放大系数μ为负值，则表示（　　）。

A. 不可能振动　　B. 干扰力频率与自振频率不同步

C. 动位移小于静位移　　D. 干扰力方向与位移方向相反

8-13　体系的自振频率ω的物理意义是（　　）。

A. 振动一次所需时间　　B. 2π秒内振动的次数

C. 干扰力在2π秒内变化的周数　　D. 每秒内振动的次数

8-14　简谐荷载作用于单自由度体系时的动力系数μ的变化规律是（　　）。

A. 干扰力频率越大，μ越大（μ指绝对值，下同）

B. 干扰力频率越小，μ越大

C. 干扰力频率越接近自振频率，μ越大

D. 有阻尼时，阻尼越大，μ越大

8-15　图示结构，不计杆质量，试求其自振频率。

8-16　图示结构，已知各杆EI为常数，不计杆质量，试求其自振频率。

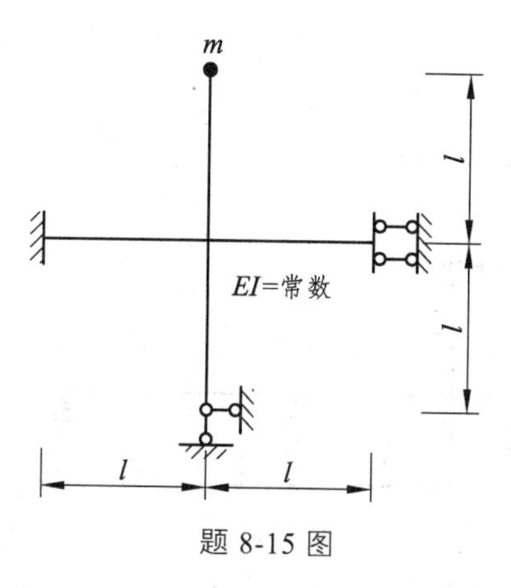

题 8-15 图

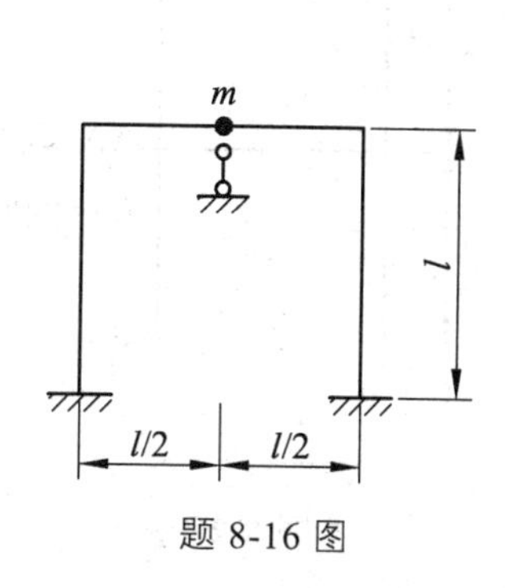

题 8-16 图

8-17 图示结构，不计杆质量，试求其自振频率。

8-18 已知 $W=12\ \text{kN}$，$F_{\text{P}}=8\ \text{kN}$，转速 $n=300\ \text{r/min}$，$EI=5\times10^{5}\ \text{kN}\cdot\text{m}^{2}$，$l=8\ \text{m}$。求 B 截面的最大弯矩 M_B。

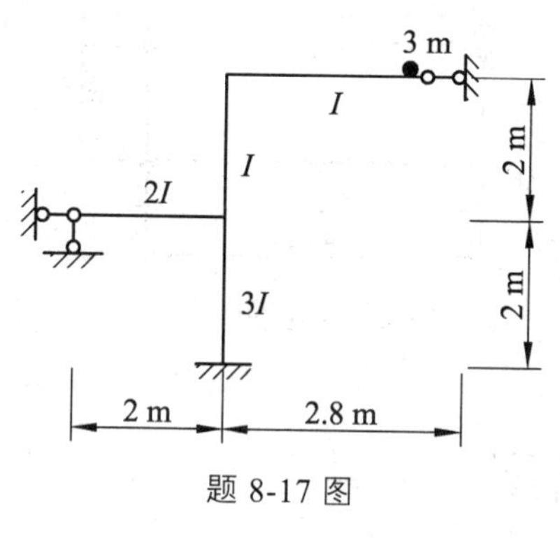

题 8-17 图

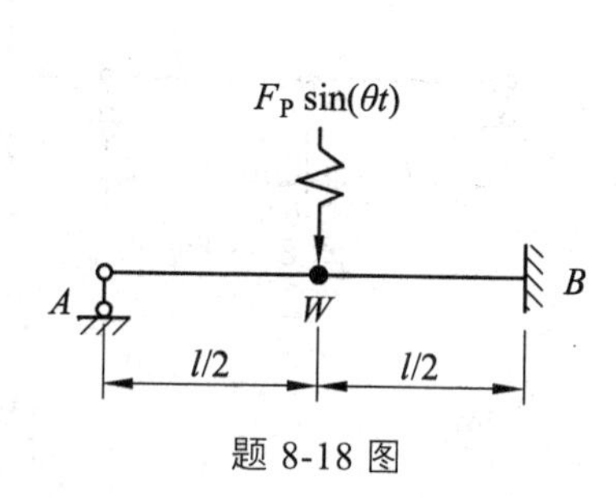

题 8-18 图

8-19 已知 $m=5\ \text{t}$，$F_{\text{P}}=15\ \text{kN}$，干扰力转速 100 r/min，不计杆件的质量，$EI=5\times10^{3}\text{kN}\cdot\text{m}^{2}$。试作此刚架的最大动力弯矩图。

8-20 试求图示体系稳态阶段的最大动位移。已知 $\theta=0.75\omega$（ω 为自振频率），EI 为常数。

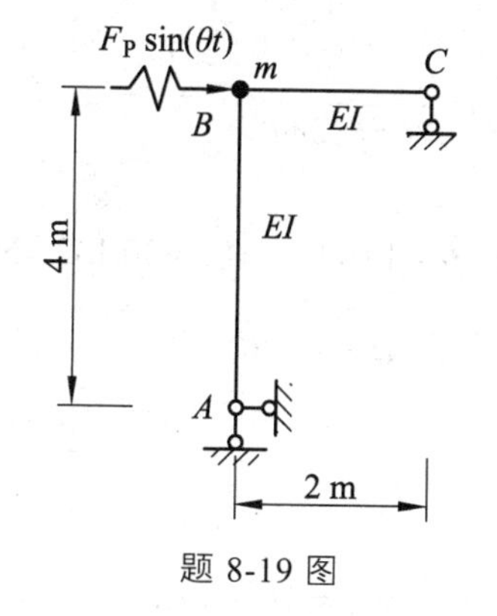

题 8-19 图

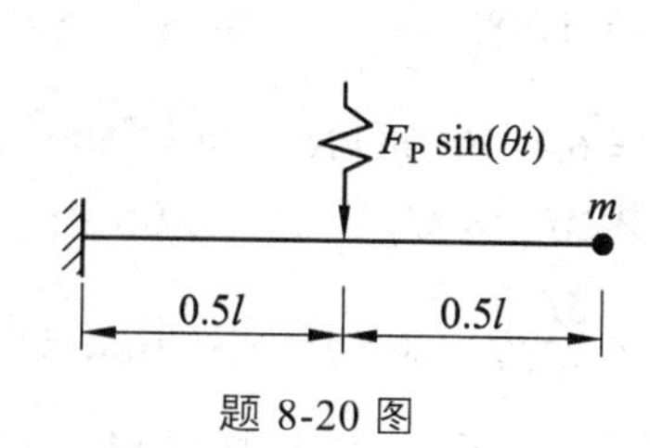

题 8-20 图

8-21 作图示结构在 $F_{\text{P}}(t)$ 作用下的动弯矩图。各杆 EI 为常数，$\theta=2\omega$。

8-22 已知 $m=4\ \text{t}$，$P=10\ \text{kN}$，$\theta=21.42\ \text{s}^{-1}$，$k=900\ \text{kN/m}$，不计梁的质量，$EI=\infty$。试求图示体系质点的最大位移。

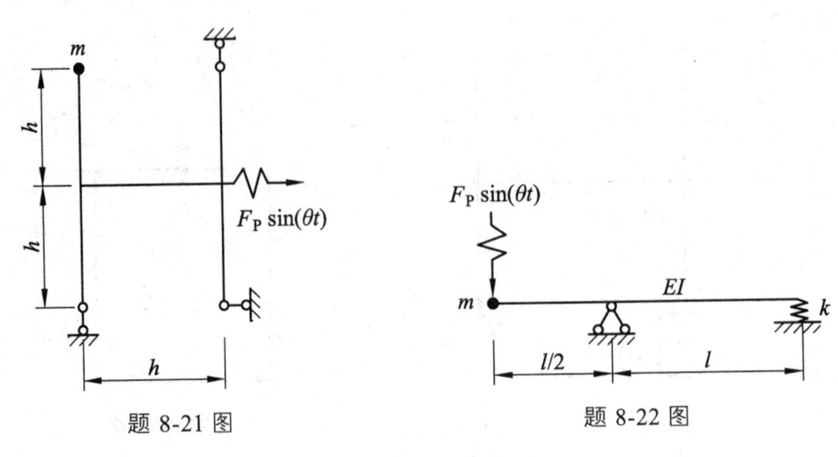

题 8-21 图　　题 8-22 图

8-23　求图示体系的自振频率。已知各杆 EI 为常数。

8-24　求图示体系的自振频率和主振型。已知 EI 为常数。

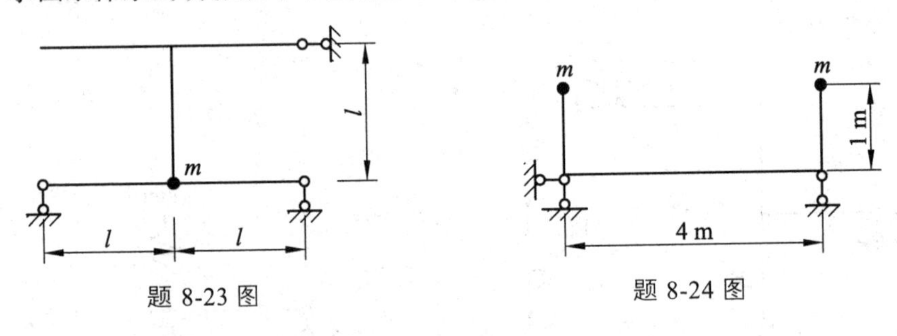

题 8-23 图　　题 8-24 图

自测题答案

8-1 （√）　8-2 （×）　8-3 （×）　8-4 （√）　8-5 （×）　8-6 （×）

8-7 （√）　8-8 （√）　8-9 （×）　8-10 （B）　8-11 （A）　8-12 （D）

8-13 （B）　8-14 （C）

8-15　$\omega=\sqrt{\dfrac{24EI}{11ml^3}}=1.477\sqrt{\dfrac{EI}{ml^3}}$　　8-16　$\omega=\dfrac{1}{l}\sqrt{84EI/5ml}$

8-17　$\omega=0.1708\sqrt{\dfrac{EI}{m}}$　　8-18　$\omega=298.8\ \text{s}^{-1}$，$\mu=1.011$，$M_B=30.132\ \text{kN}\cdot\text{m}$

8-19　$\delta_{11}=6.4\times10^{-3}\text{m/kN}$，$\omega=5.59$，$\theta=10.47\ \text{s}^{-1}$，$\mu=-0.40$，
最大动弯矩 $M_{BA}=M_{BC}=15\times0.40\times4=24\ \text{kN}\cdot\text{m}$

8-20　$Y_{st}=\dfrac{5Pl^3}{48EI}$，$\mu=16/7$，$Y_{dmax}=0.238\dfrac{Pl^3}{EI}$

8-21　$\omega^2=EI/mh^3$，$\theta^2=4EI/mh^3$，$I^0=-2F_P/3$，$M_D=M_P+M_1I^0$

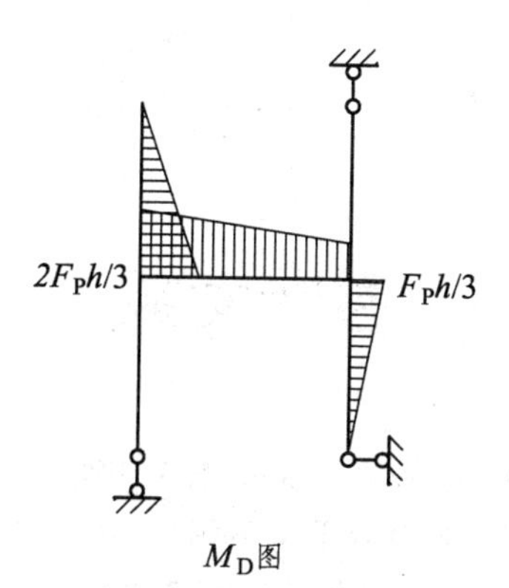

M_D图

题 8-21 答案

8-22 $\omega=\sqrt{4k/m}=30\ \text{s}^{-1}$， $\mu=2.03$， $y_{\max}=0.017\ \text{m}$

8-23 $\delta_{11}=l^3/(6EI)$， $\delta_{12}=0$， $\delta_{22}=l^3/(2EI)$， $\omega_1=1.414\sqrt{EI/ml^3}$ ， $\omega_2=2.45\sqrt{EI/ml^3}$

8-24 取正对称半结构， $\delta_{11}=2.3333/(EI)$， $\omega_1=0.6547\sqrt{(EI/m)}$；

取反对称半结构， $\delta_{22}=1/(EI)$， $\omega_2=\sqrt{(EI/m)}$

参考文献

[1] 罗永坤，蔡婧，刘怡，等. 结构力学（上册）[M]. 北京：高等教育出版社，2022.
[2] 罗永坤，蔡婧，刘怡，等. 结构力学（下册）[M]. 北京：高等教育出版社，2022.
[3] 杜正国，蔺安林，刘蓉华，等. 结构力学教程[M]. 成都：西南交通大学出版社，2004.
[4] 李廉锟. 结构力学上册[M]. 6 版. 北京：高等教育出版社，2017.
[5] 李廉锟. 结构力学下册[M]. 6 版. 北京：高等教育出版社，2017.
[6] 刘蓉华，蔡婧. 结构力学学习指导与典型例题解析[M]. 成都：西南交通大学出版社，2011.